普通高等教育“十一五”国家级规划教材

能源工程概论

刘柏谦　洪　慧　王立刚　编著

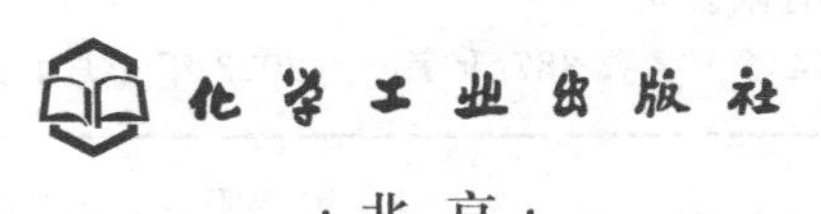

·北京·

本书是普通高等教育“十一五”国家级规划教材。

全书分为两篇，在常规能源篇中介绍了常规能源、能量储存技术、工业企业自备电厂及其蒸汽管道系统、联合发电工程、火电厂投资评估和能源工程的环境评估；在新能源篇中介绍了洁净煤技术和煤的洁净料生产、新能源和可再生能源（包括太阳能、生物质能、地热能、海洋能、风能及风力发电、氢能与燃料电池、氢能、燃料电池、核能、可燃冰）、清洁能源促进技术等内容。

本书可作为高等院校能源、环境、冶金、化工、等专业师生的教材，也可供相关专业技术人员、管理人员和政府部门管理人员参考使用。

图书在版编目（CIP）数据

能源工程概论/刘柏谦，洪慧，王立刚编著．—北京：化学工业出版社，2009.1（2023.1重印）
普通高等教育“十一五”国家级规划教材
ISBN 978-7-122-04453-2

Ⅰ．能…　Ⅱ．①刘…②洪…③王…　Ⅲ．能源-工程-高等学校-教材　Ⅳ．TK01

中国版本图书馆CIP数据核字（2008）第205917号

责任编辑：杨　菁　　文字编辑：荣世芳
责任校对：蒋　宇　　装帧设计：王晓宇

出版发行：化学工业出版社（北京市东城区青年湖南街13号　邮政编码100011）
印　　装：涿州市般润文化传播有限公司
787mm×1092mm　1/16　印张14½　字数387千字　2023年1月北京第1版第4次印刷

购书咨询：010-64518888　　售后服务：010-64518899
网　　址：http://www.cip.com.cn
凡购买本书，如有缺损质量问题，本社销售中心负责调换。

定　　价：49.00元

第2篇 新能源概论

第1篇
常规能源概论

第1章　常规能源和中国的能源工业

广义而言，任何比较集中而又容易转化的含能物质都可以称作能源。对于工业过程，能源可以描述成："比较集中的含能体或能量过程"，可以直接或经过转换提供的光、热、电、动力等任何形式能量的载能体资源。

通常将能源分成三类。第一类来自太阳能。除了直接利用阳光能量之外，煤炭、石油、天然气等化石燃料也是太阳能的聚集，此外还有生物质能、流水能、风能、海洋能、雷电等也都是由于太阳能经过某种方式转换形成的。第二类是地球自身蕴藏的能量，主要指地热、核燃料，此外还包括地震、火山喷发、温泉等自然呈现的能量。第三类是地球与其他天体相互作用形成的能量，主要指潮汐能。

能源还可按照相对比较的方法分类，如分成一次能源和二次能源、可再生和不可再生能源、常规能源与新能源、燃料能源与非燃料能源等。

常规能源主要指工业过程和日常生活中广泛使用的能源。这些能源的存在形式不一，有固体、液体和气体等形式。固体燃料有煤、油页岩、草炭、植物等，液体燃料以各种油类为主，如汽油、柴油、煤油以及重油和渣油等，气体燃料有天然气、人造气（高炉煤气、焦炉煤气、液化石油气）等。这些能源多数属于一次性消费能源，具有不可再生性，是地球形成后为人类累积存留下来的资源。

1.1　煤炭

煤炭是一种由多种有机物和无机物混合组成的复杂的碳氢化合物固体燃料，是由远古时代的植物遗体在地表湖泊或海湾环境中经历复杂的生物化学变化逐渐形成的。随着地壳的运动，植物遗体被埋入地下，在高温和高压的作用下，原来植物中的纤维素、木质素经过脱水腐蚀，含氧不断减少，含碳不断增加，逐渐变成化学稳定性强、含碳量高的固体碳氢化合物燃料——煤炭。

煤炭本身的结构十分复杂，由于自身的复杂性，限制了科学仪器在分析煤结构中的应用，常规仪器只能获得很少的信息。随着计算机技术的发展，煤结构研究已经从平面发展到立体，又发展出缔合模型、主客体结构模型、两相模型等模型。由于煤种的多样性和成因、碳化程度等多种原因，建立普适的煤结构模型难度较大。

1.1.1　煤的成分和煤质指标

1.1.1.1　煤的成分

煤是远古植物遗体经过碳化而形成，其形成过程不仅植物遗体变成了煤，植物遗体之间的地质成分也随着进入煤基体，这就使煤炭成分变得复杂起来。作为燃料，人们关心煤的成分主要从燃烧和环境保护角度出发。哪些成分可以燃烧？哪些成分燃烧或经历燃烧过程后会危害环境？从这些角度出发，将煤的成分分为碳、氢、氧、氮、硫、灰分和水分。除了上面提到的元素外，所有寄身煤炭中的元素或化合物都归类到灰分中去。

① 碳。碳是煤炭中有机成分的主导成分和最主要的可燃成分。一般含碳量越高，煤炭

的热值就越高。碳完全燃烧生成二氧化碳时，放出 32.866MJ/kg 热量，不完全燃烧生成一氧化碳时，仅放出 9.27MJ/kg 热量。纯碳的着火和燃烧都比较困难，含碳量高的煤种要有针对性地设计燃烧室。

② 氢。是煤中发热量最高的元素，燃烧热值可达到 120.37MJ/kg。随着煤的炭化程度加深，氢含量减少。

③ 氧。虽然氧不是可燃元素，但氧可以参加燃烧。与氢一样，随着碳化程度加深氧含量减少。

④ 氮。主要来自成煤植物，燃烧时常呈游离状态逸出，不产生热量。煤中的氮氧化后形成的氮氧化合物是重要的大气污染物。

⑤ 硫。煤中的主要有害物质。煤中的硫分为无机硫和有机硫，前者以矿物杂质形式存在于煤中，可分为硫化物硫和硫酸盐硫。后者是直接结合于有机母体中的硫，主要是硫醇、硫化物（烷基、烷基-烷环基、环化合物）和二硫化物，以及后来发现的单质硫。

煤中的硫酸盐硫主要是石膏、绿矾等物质，在热解过程中失去结晶水，并被热解产生的氢还原成亚硫酸盐或硫化物，硫酸盐并不析出，也不形成污染环境的气态物质，而是变成灰分的一部分。有机硫和硫化物可以燃烧，燃烧放出的热量为 9100kJ/kg。

煤成分的测定方法如下。

碳含量和氢含量通常在同一实验操作中测定。将盛有煤样的瓷舟放入燃烧管中，通入氧气，在 800℃温度下充分燃烧。碳和氢分别生成二氧化碳和水。用无水氯化钙或过氯酸镁在吸收管中首先吸收水分，再以装有碱石棉或钠石灰的吸收管吸收二氧化碳，根据吸收管的增重计算出煤中碳和氢的含量。

直接测量煤中含氧量的方法为数甚少，比较成熟的方法是舒兹法。有机物在纯氮气氛中于 1120℃下高温裂解，纯碳与析出裂解产物中有机结合态的氧和部分可能存在于水中的氧反应生成 CO，CO 同五氧化二碘定量反应，析出当量的碘，此时 CO 转化成 CO_2，根据析出碘量或生成的 CO_2 量即可计算出试样中原有的氧含量。

硫分为有机硫、无机硫和硫化物硫，有时也存在微量的硫元素，这些形态硫的总和称为全硫。全硫的测定有艾氏法［各国通用标准方法，将艾氏试剂（碳酸钠和氧化镁 1∶2 混合）与煤样均匀混合，在马弗炉中加热缓慢燃烧，煤中的硫全部转化为硫酸钠和硫酸镁］、高温燃烧法（高温氧气流中燃烧，煤中的硫全部氧化成二氧化硫，用过氧化氢吸收）和弹筒燃烧法三种。

煤中水分测定采用干燥失重法、直接测量法、直接容量法和真空或氮气干燥法 4 种，国内多采用干燥失重法。

煤中的灰分测定通常在 (815±10)℃温度下完全燃烧，称重残留物质作为灰分。

挥发分测定：1g 空气干燥基煤样放入 900℃高温炉中隔绝空气加热 7min，以煤样在 (900±10)℃的失重百分数减去 M_{ad} 作为空气干燥煤样的挥发分。

煤的发热量通常采用氧弹量热仪测量。燃烧工程中使用的低位发热量，是氧弹热量减去测定过程中的酸生成热和点火热以及煤中水分的气化潜热后的、针对燃烧装置的实际发热量。

1.1.1.2　常用煤质指标

① 水分。不参加燃烧。分为外部水分、内部水分和化合水分三部分。外部水分取决于环境以及煤本身对外部水的容纳能力；在 102～105℃条件下将空气干燥煤样烘干，失去的水分就是内部水分，煤中的氢氧化生成的水叫化合水分。

② 灰分。煤完全燃烧后的固体剩余物。来自煤本身杂质、成煤过程的外来物、开采和运输过程的掺杂物。

③ 挥发分。在隔绝空气条件下，将煤加热到 850℃左右，煤中有机质分解出来的液体和气体产物。碳化程度越高，挥发分含量越少。

④ 发热量。单位质量煤完全燃烧放出的热量。煤中可燃成分主要是碳、氢和硫。因此，煤的发热量可以通过计算获得。但由于煤质的复杂性，计算得到发热量与该煤种燃烧放热有差别，工业应用的发热量主要来自实验测定值。煤的热值可以采用仪器测量，如采用氧弹量热仪，测得的热量叫做氧弹热量。由于测量过程中有引火物热量、酸生成热等因素，煤的实际发热量是换算出来的，叫做高位发热量。在工业燃烧时，煤的热量并不是全部用于工业目的，如燃烧过程中产生的烟气排到大气中都具有比较高的温度，水在烟气中只能以蒸汽形式随烟气排掉，水蒸气带走的热量是工业炉窑等装置无法获得或不能回收的。因此，在工业炉窑装置进行热力计算时所使用的燃料发热量是高位发热量中扣除水蒸气携带热量后的热值，此时的热量就是低位发热量。

1.1.1.3 煤成分的表达方法

煤由碳、氢、氧、氮、硫、灰分和水分组成，所有成分之和应为100%。但由于使用目的不同，煤成分分析可以分为元素分析和工业分析。前者要在专业实验室中获得，后者在一般的工业锅炉用户和几乎所有电厂都能进行。

(1) 煤的元素分析　只考虑煤中可燃质，不计入灰分和水分的质量，形成的百分数叫做干燥无灰基成分（dry ash free）；不计入水分质量形成的百分数叫做干燥基成分（dry）；考虑水分质量，但为了消除外部水分的影响，将煤样在20℃以上温度、60%相对湿度条件下放置，使其失去外部水分所形成的百分数叫做空气干燥基成分（air dry）；在进入燃烧室之前取样获得的煤分析成分叫做收到基成分（as received）。形成的百分数分别记作：

收到基　$C_{ar}+H_{ar}+O_{ar}+N_{ar}+S_{ar}+A_{ar}+M_{ar}=100\%$

空气干燥基　$C_{ad}+H_{ad}+O_{ad}+N_{ad}+S_{ad}+A_{ad}+M_{ad}=100\%$

干燥基　$C_d+H_d+O_d+N_d+S_d+A_d=100\%$

干燥无灰基　$C_{daf}+H_{daf}+O_{daf}+N_{daf}+S_{daf}=100\%$；

式中，C、H、O、N、S 分别表示煤中相应的化学元素；A 代表灰分；M 代表水分；角标是不同基成分英文词组的缩写（图1-1）。

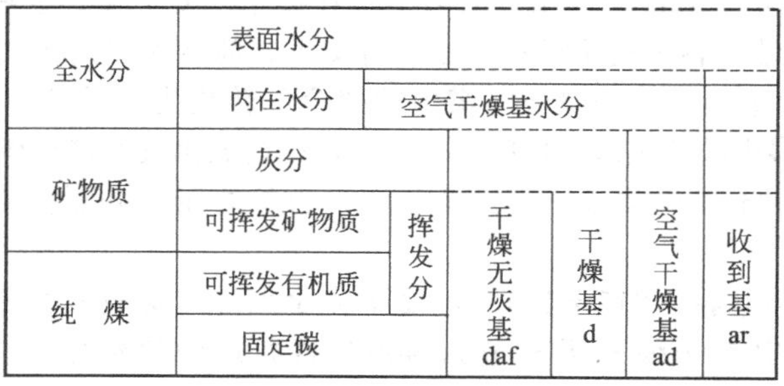

<table>
<tr><td rowspan="2">全水分</td><td colspan="2">表面水分</td><td colspan="3"></td><td rowspan="6">收到基 ar</td></tr>
<tr><td colspan="2">内在水分</td><td colspan="2">空气干燥基水分</td><td rowspan="5">空气干燥基 ad</td></tr>
<tr><td rowspan="2">矿物质</td><td colspan="2">灰分</td><td></td><td rowspan="4">干燥基 d</td></tr>
<tr><td>可挥发矿物质</td><td rowspan="2">挥发分</td><td rowspan="3">干燥无灰基 daf</td></tr>
<tr><td rowspan="2">纯　煤</td><td>可挥发有机质</td></tr>
<tr><td colspan="2">固定碳</td></tr>
</table>

图1-1　各种基准之间的关系

(2) 煤的工业分析　煤的工业分析用简单的电炉和天平就可以获得，主要是测量燃烧过程的重量损失。煤热处理过程中，首先失去水分，然后失去挥发分和固定碳，剩下的就是灰分。按照元素分析的表达方法，工业分析表示如下。

收到基　$M_{ar}+V_{ar}+F_{ar}+C_{ar}+A_{ar}=100\%$

空气干燥基　$M_{ad}+V_{ad}+F_{ad}+C_{ad}+A_{ad}=100\%$

干燥基　$V_d+F_d+C_d+A_d=100\%$

干燥无灰基　$V_{daf}+FC_{daf}=100\%$

根据上述百分数的定义，可以将一种百分数换算到另一种百分数，很多专业书籍中都列出了换算公式，读者也可以简单地根据百分数关系推导出来。

1.1.2　煤的分类

煤的分类方法很多，不同国家和不同行业都有分类。中国煤炭分类标准中将煤分为无烟煤（分一、二、三号）、贫煤、贫瘦煤、瘦煤、焦煤、肥煤、气肥煤、气煤和中黏煤（表 1-1）。中国动力用煤分为无烟煤、贫煤、烟煤（有高低挥发分之分）和褐煤。美国国家标准 ASTM 将煤分为长焰煤、半烟煤、低挥发分烟煤、中挥发分烟煤、高挥发分烟煤和无烟煤。

表 1-1　中国煤炭分类的完整体系

项　目	技术分类/商业编码	科学/成因分类
国家标准	技术分类:GB 5751—86,中国煤炭分类 商业编码:GB/T 16772—1997,中国煤炭编码系统	GB/T 17607—1998,中国煤层煤分类
应用范围	① 煤加工(筛分煤、洗选煤、各粒级煤) ② 非单一煤层煤或配煤 ③ 商品煤 ④ 指导煤炭利用	① 煤视为有机沉积岩(显微组分和矿物质) ② 煤层煤 ③ 国内外煤炭资源储量统一计算基础
目的	① 技术分类:以利用为目的(燃烧、转化) ② 商业编码:国内贸易与进出口贸易 ③ 煤利用过程较详细的性质与行为特征 ④ 对商品煤给出质量评价或类别	① 科学/成因为目的 ② 计算资源量与储量的统一基础 ③ 统一不同国家资源量、储量的统计与可靠计算 ④ 对煤层煤质量评价
方法	① 人为制定分类编码系统 ② 数码或商业类别(牌号) ③ 有限的参数,有时是不分类别 ④ 基于煤的化学性质和部分煤岩特征	① 自然性质 ② 定性描述类别 ③ 有类别界限 ④ 分类参数主要基于煤岩特征

1.1.3　中国的煤炭资源

中国煤炭资源主要形成于古生代的石炭纪、二叠纪，中生代的侏罗纪和新生代的第三纪，大体上可以划分为近海型煤系和内陆型煤系。

中国先后组织了三次全国煤田预测，20 世纪 90 年代已经完成资料。截至 1992 年，中国已经发现煤炭资源 1.02Tt（10^{12}t），其构成为：

已发现煤炭资源 1.02Tt
- 已查证资源 0.68Tt
  - 储量 0.44Tt
    - 生产和在建矿井所占储量 0.19Tt
    - 未被占用储量 0.25Tt
  - 普查资源量 0.24Tt
- 待查资源量 0.34Tt

中国煤炭资源的自然分布有以下几个特征。一是侏罗纪成煤量大，占 39.6%，依次为二叠纪（北方 38%）、白垩纪（12.2%）、二叠纪（南方 7.5%）、第三纪（2.3%）以及三叠纪（0.4%）；二是煤炭资源比较集中，重要的分布区包括山西、陕西、宁夏、内蒙古、河南和塔里木河以北以及川南、黔西、滇东；三是煤种分布齐全，但数量和分布不均衡，褐煤占 12.7%；硬煤中，低变质烟煤占 42.4%，中变质烟煤（炼焦煤）占 27.6%。目前的情况是，预测的资源量多，经过勘查的资源量少，可供开发利用的更少。图 1-2 是中国煤炭资源分布示意图。

近海型煤系的沉积区往往是滨海平原或海边的潟湖、海湾以及浅海，是一种海陆交替相煤系，往往含有黄铁矿、白铁矿结核，因此含硫量较高，通常为 2.5%～4%，有时高达 10%。与海水进入沼泽有关，海水中的硫酸盐与植物遗体及分解产物接触，被还原形成硫化铁。我国两个重要的近海型煤系有华北石炭二叠纪煤系和华南晚二叠纪煤系。

内陆型煤系完全在大陆上，常见的有山间盆地、内陆盆地及山前盆地。煤系沉积过程中，未发生海水进入，全部都是陆相沉积物。陆相沉积物一般较厚，结构也复杂，煤层的水平方向稳定性差。

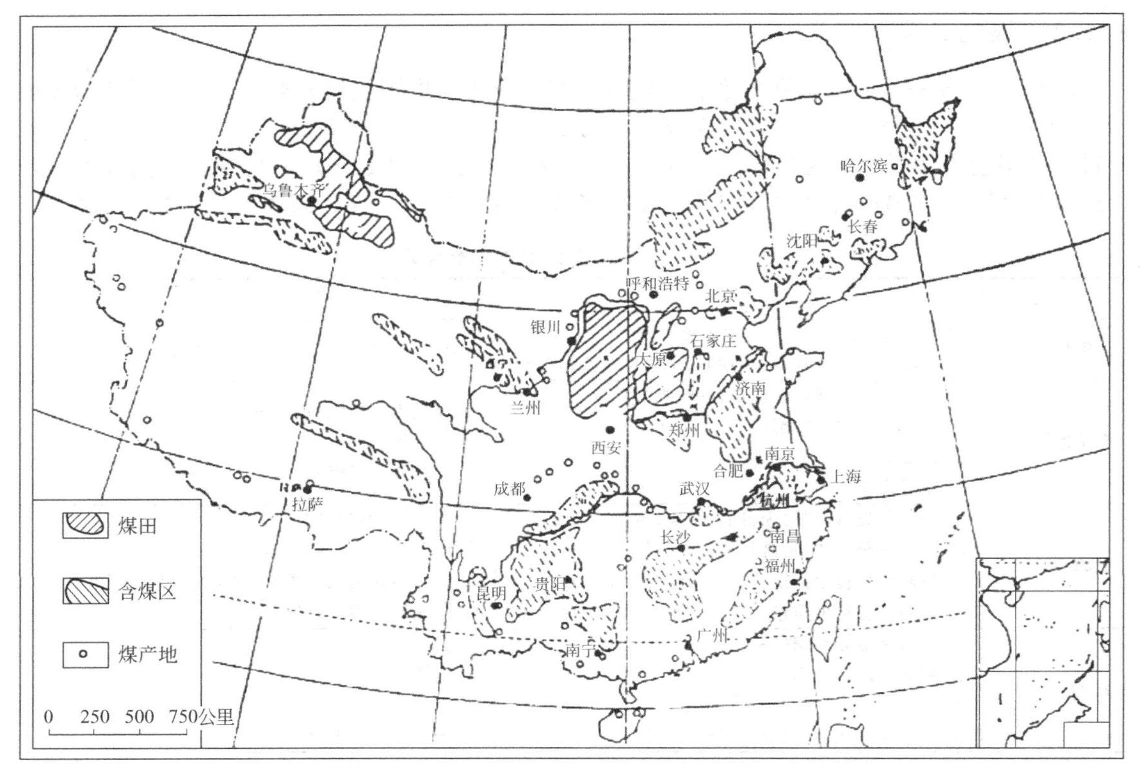

图 1-2　中国煤炭资源分布示意图

由于煤燃烧放出的有害气体中二氧化硫对自然和人工物体的破坏最大，因而煤中所含的硫备受关注。中国不同地域煤炭含有的硫，存在方式和成分有很大区别，分别叙述如下。

① 东北和内蒙古区域：含硫量普遍低于1%，从北向南逐渐升高，个别煤田超过2%。

② 华北煤田：上部煤田含硫多在0.5%～1.5%左右，下部煤层含硫多在2%～4%以上。

③ 西北煤田低硫煤多，但陕西省煤田含硫量平均为2.84%。

④ 华东煤田高硫煤比例较大，除安徽淮南、淮北煤田外其他各省份含硫高于1%，山东几个矿的含硫较高，而下部煤层高硫煤产量逐年增长。

表 1-2　中国高硫煤矿区硫的赋存形式

项　目	煤层煤样/%					商品煤样/%				
	$S_{t,d}$	$S_{p,d}$	$S_{s,d}$	$S_{o,d}$	有机硫占有率/%	$S_{t,d}$	$S_{p,d}$	$S_{s,d}$	$S_{o,d}$	有机硫占有率/%
全国	2.76	1.61	0.11	1.04	37.7	2.76	1.47	0.09	1.20	43.5
动力煤	2.76	1.69	0.13	0.94	34.1	2.66	1.87	0.11	0.68	25.6
炼焦煤	2.75	1.54	0.09	1.12	40.7	—	1.34	0.07	—	—
华东	2.16	1.09	1.09	0.98	45.4	2.65	1.21	0.09	1.35	50.9
中南	3.20	1.62	0.12	1.46	45.6	3.42	1.53	0.07	1.82	53.2
西南	3.54	2.69	0.11	0.74	20.9	3.48	2.63	0.08	0.77	22.1
华北	2.50	1.39	0.13	0.98	39.2	2.30	1.03	0.08	1.19	51.7
西北	2.82	1.14	0.09	1.59	56.4	2.36	1.04	0.07	1.25	53.0
东北	2.70	1.91	0.17	0.62	23.0	2.66	1.67	0.30	0.69	25.9

⑤ 西南煤田煤中平均硫分在各大区中最高，平均为 2.13%。高硫煤成煤时代多为二叠系上统乐平（龙潭）煤系，属海陆交互相沉积，贵州六枝和重庆等矿区含硫量最高。但各矿区煤中硫的赋存状态及脱硫可选性又很大不同。

全国 97 个国有重点煤矿中，平均含硫超过 2%的有 28 个矿务局，主要集中在西南。从各地高硫煤的赋存形式看，黄铁矿硫 S_p 占 58%，有机硫 S_o 占 38%，硫酸盐硫 S_s 仅占 4%。西南地区高硫煤中黄铁矿硫高达 75%。中国高硫煤矿区硫的赋存形式见表 1-2。

全国 2093 个煤层取样，按不同煤炭类别的统计结果显示，硫分总的趋势是低碳化程度煤的硫分低。最低的是长焰煤，平均 0.74%；最高的是肥煤，平均 2.33%。我国多数煤种除长焰煤、气煤和不黏结煤外，平均含硫量超过 1%。煤中硫的分类如图 1-3 所示。

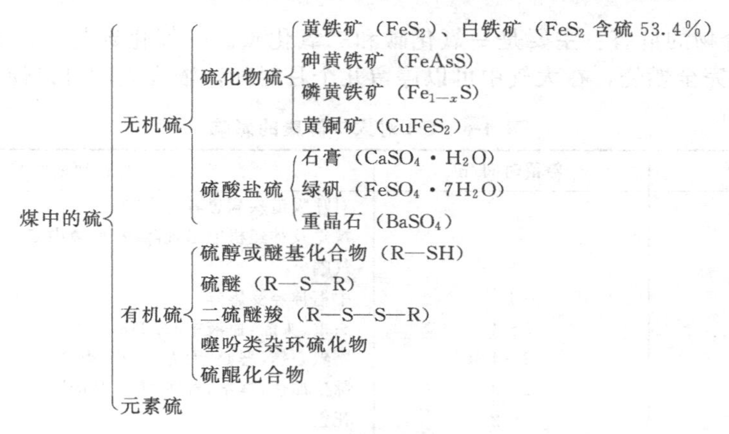

图 1-3　煤中硫的分类

煤燃烧过程放出的有害物质主要有颗粒物、硫氧化合物、氮氧化合物和碳氧化合物。这些物质不仅破坏环境，对人体健康也有很大甚至是破坏性影响。表 1-3～表 1-6 是不同大气污染物的危害。

① 颗粒物的危害：颗粒物包括各种灰尘、烟雾、烟尘、液体雾滴和云雾等，粒径大到 200μm，小到 0.1μm 以下。可以分为飘尘和降尘两类。当颗粒直径小于 10μm，形成固-液-气混合的气溶胶，随着气流一起运动，不会在重力作用下沉降，所以叫做飘尘。

表 1-3　不同飘尘浓度对人体健康的影响

飘尘含量/$\times10^{-6}$	影　响
100(全年平均值)	慢性支气管炎等非传染性呼吸道疾病增多，幼儿气道不顺，呼吸紧张
150(日平均值)	老弱病患者死亡，视程小于 8km，飞机飞行困难
300(小时平均值)	死亡率增加

② 硫氧化合物的危害：硫氧化合物主要是二氧化硫，一种无色有臭味的气体。二氧化硫在大气中不是稳定气体，在大气中发生光化学反应和催化反应形成硫酸和硫酸盐气溶胶。二氧化硫对人体的危害更显示在与飘尘结合的共同作用，毒性增加许多倍。

表 1-4　二氧化硫对人体健康的影响

SO_2 含量/$\times10^{-6}$	对人体健康的危害	SO_2 含量/$\times10^{-6}$	对人体健康的危害
1～3	开始感到胸部有压迫感，嗅到臭味	20	刺激眼睛的最低浓度
5	是 8h 最高允许浓度	400～500	人直接感到呼吸困难与生命危险
6～12	对鼻和咽喉产生直接刺激，发生咳嗽	1350	实验表明，10min 白鼠死亡

③ 氮氧化合物的危害：氮氧化合物包括一氧化氮、二氧化氮和氧化亚氮（N_2O，亦称笑气），通常用NO_x表示。其中95%是一氧化氮，一氧化氮无色无臭，浓度大时，毒性甚大。二氧化氮为红棕色有毒恶臭气体。

表 1-5 NO_x 对人体的危害

含量/$\times10^{-6}$	影响	含量/$\times10^{-6}$	影响
1	嗅到臭味	80	3～5min引起胸痛
5	闻到强烈臭味	100～150	30～60min引起人肺水肿而死亡
10～15	眼、鼻、呼吸道受到刺激	200以上	瞬时死亡
50	1min内人体呼吸异常		

④ 碳氧化合物的危害：主要是一氧化碳和二氧化碳。一氧化碳是无色无臭气体，主要是来自燃料的不完全燃烧，在大气中可以停留几个月时间，浓度大时可以使人窒息。

表 1-6 CO对人体健康的影响

CO含量/10^{-6}	停留时间/h	对人体健康的影响
5～30		对呼吸道疾病患者有影响
30	≥8	视觉及神经机能出现障碍，血液中Co-Hb=5%
40	8	气喘
70～100	1	中枢神经受影响
250	2～4	头重，头痛，血液中Co-Hb=40%
500	2～4	剧烈心痛，恶心，无力，眼花，虚脱
1000	2～3	脉搏加速，痉挛，昏迷，潮式呼吸
2000	1～2	死亡
3000	0.5	死亡

二氧化碳是无毒气体，但浓度过高会造成氧气减少，引起人体不适。二氧化碳是重要的温室气体，已经引起联合国高度重视。

⑤ 煤中微量元素的危害：煤中含有60多种微量元素，有些如Ge、Ga和V等可看作有益伴生矿；有些则是有害元素或潜在有害元素，如As、F、Cr和Hg，这些微量元素在燃烧、运输、加工和堆放过程中以各种形式进入大气、土壤和水域造成污染。据报道煤中有害元素共22种：Ag、As、Ba、Be、Cd、Co、Cl、Cu、Cr、F、Hg、Mn、Mo、Ni、Pb、Se、Sb、Th、Tl、U、V、Zn，其中Be、Cd、Hg、Pb、Tl为有毒元素，As、Be、Cd、Cr、Ni和Pb为致癌元素。我国煤中某些有害元素含量见表1-7。

表 1-7 我国煤中某些有害元素含量（中国/世界）

元素	含量/(μg/g)	算数平均值/(μg/g)	几何平均值/(μg/g)	样品数
汞	(0.003～10.5)/(0.02～1.0)	0.158/0.012		990
硒	(0.12～56.7)/(0.2～10)	6.22/3.0	3.64	118
镍	(0.5～50)/(15～20)		15.22	

微量元素按转化行为大体上可分为三类。第一类是燃烧后在底灰和飞灰中均量分布。第二类是明显地向飞灰中富集，底灰中含量少。第三类元素具有挥发性，甚至在飞灰中也不会富集，全部或大部分以气态形式进入大气。微量元素或其氧化物在高温下的行为与沸点高低密切相关。

燃烧形成的有害物质不仅对人体健康有很大危害，对森林、农作物、建筑物等都有严重的危害。对农作物的危害主要通过叶背面的气孔进入植物体，破坏叶绿素，使组织脱水坏死，阻碍新陈代谢，抑制植物生长。危害植物的物质主要是二氧化硫、氟化物和光化学烟雾，危害可以分为急性、慢性和不可见三类。

1.1.4　工业用户对煤质的要求和主要煤质指标

1.1.4.1　火力发电厂固态排渣煤粉炉的煤质要求

固态排渣煤粉炉可以使用无烟煤、烟煤（贫煤）和褐煤。对煤质的要求见表 1-8～表 1-11。

表 1-8　发电锅炉对挥发分的要求

挥发分 V_{daf}/%	热值 $Q_{ar,net}$/(kJ/kg)	挥发分 V_{daf}/%	热值 $Q_{ar,net}$/(kJ/kg)
V_1＞6.5～10.0	＞20930	V_4＞27.0～40.0	＞15488.2
V_2＞10.0～19.0	＞18418.4	V_5＞40.0	＞11720.8
V_3＞19.0～27.0	＞16325.4		

表 1-9　锅炉对灰分和硫分的要求

灰分 A_d	$S_{t,d}$/%
A_1≤24	A_1≤1.0
A_2＜24～34	S_2＞1.0～3.0
A_3＞34～46	

表 1-10　锅炉对水分的要求

M/%		V_{daf}	M/%		V_{daf}
M_t	M_1≤8 M_2＞8～12	(≤40)	M_t	M_1≤22 M_2＞22～40	(＞40)

表 1-11　锅炉对煤灰渣熔融性要求

软化温度 ST/℃	$Q_{ar,net}$/(kJ/kg)
＞1350	＞12558
不限	≤12558

1.1.4.2　冶金炼焦的煤质要求

适用于炼制高炉冶金焦用精煤，可作为煤炭洗选加工、炼焦配煤的依据。冶金炼焦对煤质的要求见表 1-12。

表 1-12　冶金炼焦对煤质的要求

名　称	技 术 要 求	试 验 方 法
灰分 A_d/%	一级≤10.00 二级 10.01～12.5	GB 212
全硫 $S_{t,d}$/%	一级≤1.50 二级 1.51～2.50	GB 214
全水分 M_t/%	≤12.0	GB 211

1.1.4.3　铸造焦用煤质要求

适用于铸造焦用精煤，可作为煤炭分类依据。铸造焦用煤质要求见表 1-13。

表 1-13　铸造焦用煤质要求

名　称	灰分 A_d/%	全硫 $S_{t,d}$/%	全水分 M_t/%
技术要求	≤10.00	≤1.00 10.1～1.50	≤12.0
试验方法	GB 212	GB 214	GB 211

1.1.4.4 常用固定床煤气发生炉煤质要求

适用于常用固定床煤气发生炉，也可作为制定矿区工业用煤质量标准、煤炭资源评价、煤炭分配、煤田开发和煤炭加工利用规划的依据。常用固定床煤气发生炉煤质要求见表1-14。

1.1.4.5 合成氨用煤质要求

适用于直径2.74～3.60m的固定床气化炉的中型合成氨厂的原料用煤煤质要求见表1-15。

1.1.4.6 高炉顶喷用无烟煤的煤质标准

适用于各种类型高炉喷吹用无烟煤煤质要求见表1-16。

表1-14 常用固定床煤气发生炉煤质要求

名称	技术要求	试验方法
粒度分级/mm	烟煤：13～25；25～50；50～100；25～80 无烟煤：6～13；13～25；25～50	GB 189
块煤限下率	50～100mm，粒度级≤15% 25～50mm和25～80mm，粒度级≤18%	MT 1
含矸率	一级<2.0%；二级2.0%～3.0%	
灰分 A_d	一级 A_d≤18.0%；二级 A_d>18.0%～24%	GB 212
全硫 $S_{t,d}$	$S_{t,d}$≤2.0%	GB 214
煤灰软化温度	ST≥1250℃（但当 A_d≤18.0%，ST≤1150℃）	GB 219
热稳定性	TS_{+6}>60.0%	GB 1573
抗碎强度(>25mm)	>60.0%	GB 7561
胶质层厚度 Y	发生炉无搅拌装置 Y<12mm；有搅拌装置 Y<16mm	GB 479
发热量 $Q_{ar,net}$	无烟煤：$Q_{ar,net}$>23.0MJ/kg 烟煤：$Q_{ar,net}$>21.0MJ/kg	GB213

表1-15 合成氨用煤质要求

名称	技术要求	试验方法
类别	无烟煤	GB 5751
品种	块煤	GB 189
粒度	大块50～100mm；中块25～50mm；小块13～25mm； 洗混中块13～70mm	GB 189
含矸率	<4%	MT 1
限下率	大块煤≤15%；中块煤≤18%； 小块煤≤21%；洗混中块≤12%	MT 1
水分 M_t	<6%	GB 211
挥发分 V_{daf}	≤10%	GB 212
灰分 A_d	一级<16%；二级16%～20%；三级>20%～26%	GB 212
固定碳 FC_d	一级>75%；二级>70%～75%；三级65%～70%；	GB 212
全硫 $S_{t,d}$	一级≤0.50%；二级0.51%～1.00%；三级1.01%～2.00%	GB 214
煤灰熔融性ST	一级>1350℃；二级>1300～1350℃；三级1250～1300℃	GB 219
热稳定性 ST_{+6} 抗碎强度(>25mm)	≥70% ≥65%	GB 15473

表1-16 高炉顶喷用无烟煤的煤质要求

项目	技术要求	测定方法
粒度	<25mm	GB 189
灰分 A_d/%	特级≤8.00；一级>8～11；二级>11～14；三级>14～17	GB 212
全硫 $S_{t,d}$/%	一级≤0.50；二级>0.50～1.10	GB 214
全水分 M_t/%	筛选煤≤7.0 水采煤≤10.0 洗选煤≤12.0	GB 211

1.2 燃料油

石油是天然的能源物资，也是工业化国家的经济支柱。第一次能源危机造成了主要依赖中东石油的国家经济秩序的剧烈动荡，进入 21 世纪，石油更成为各国角力的舞台。2006 年，世界石油期货价格突破 70 美元/桶，达到 77.03 美元/桶，当时被认为有冲击 100 美元/桶的可能。经过 2006 年下半年连续下降后，2007 年国际油价连续上扬，纽约商交所 9 月份交货的轻质原油期货价格达到 78.21 美元/桶，创出了历史新高。到 2008 年上半年，石油期货价格稳定在 100 美元/桶附近，已经被世界广泛接受，据说还将向更高的纪录冲击。

石油的成因虽然有争议，但普遍接受的一个理论是：石油是由沉积岩中有机物质变成的。石油的放热量平均是煤炭的 2～3 倍左右（以煤发热量 20MJ/kg，石油发热量 40MJ/kg 计为 2 倍），但原油经炼制，可以出产汽油、柴油、煤油等多种用途的燃料油和化工产品，而煤炭则只能出产较少质量百分数的气体或液体燃料。

与运输工具（汽车、飞机和航天器）相比，作为工业过程的燃烧过程，所能获得的燃料油几乎都是石油炼制过程的残余产物。这不仅是资源供应和价格问题，还是一个能源合理利用问题。

石油及其制品首先是能源和化工原料或产品，工业燃烧用油主要是重油和渣油，都是石油炼制过程的残油。重油是由裂解重油、减压重油、常压重油或蜡油等按不同比例调制而成。根据在 80℃温度条件下不同的运动黏度分成 20 号、60 号、100 号和 200 号 4 种牌号。石油炼制过程中排出的残余物不经处理而直接作为燃料油，习惯上称为渣油，渣油没有统一的质量指标。表 1-17 是锅炉用燃料油的质量标准。

表 1-17　锅炉用燃料油的质量标准

质量指标		单位	20 号	60 号	100 号	200 号
恩氏黏度，	≤	$°E_{60}$	5.0	11.0	15.5	
恩氏黏度，	≤	$°E_{100}$				5.5
闪点，	≥	℃	80	100	120	130
凝固点，	≤	℃	15	20	25	36
灰分，	≤	%	0.3	0.3	0.3	0.3
水分，	≤	%	1.0	1.5	2.0	2.0
含硫，	≤	%	1.0	1.5	2.0	3.0
机械杂质，	≤	%	1.5	2.0	2.5	2.5

重油成分和煤一样也分成碳、氢、氧、氮、硫、灰分和水分，但主要成分是碳和氢，而且含量变化不大，碳含量一般在 81%～84%，氢含量一般在 11%～14%，热值变化也不大，一般在 37.7～44MJ/kg。重油的特性指标主要有黏度、凝固点、闪点、燃点、含硫量和灰分等。

① 黏度。表征液体燃料流动性能的指标。常用恩氏黏度计测量，黏度越小，流动性越好。为了保证燃烧性能，需要对重油加热，降低黏度，提高雾化效果。

② 凝固点。燃油丧失流动性的温度。在倾斜 45°的试管中油面保持 1min 不变的温度。

③ 闪点和燃点。油表面有蒸发的油蒸气，油气与空气混合物与明火接触而发生短促闪光时的油温称为燃油的闪点。油气与空气混合物与明火接触发生燃烧，火焰维持 5s 以上的最低油温叫做燃点。

④ 含硫量。按照含硫量多少将重油分为低硫油（$S_{ar}<0.5\%$）、中硫油（$S_{ar}=0.5\%\sim2.0\%$）和高硫油（$S_{ar}>2.0\%$）。燃油含硫高于 0.3%就要注意防腐。

⑤ 含灰量。重油的含灰量虽然比较少，但灰分中含有钒、钠、钾和钙等元素，生成的燃烧产物熔点很低，约 600℃，对壁温高于 610℃的受热面会产生高温腐蚀。

燃料油燃烧时会产生很多技术问题，主要有燃烧、结垢和腐蚀三个方面。在燃烧方面如雾化质量、空气供应与混合、燃烧积炭等。燃烧室结垢问题能使燃气轮机功率下降 40%，是个不容忽视的问题。燃气轮机叶片上取样分析，结垢大致有三种成分：燃烧不完全而形成的和沥青一样的物质；灰分中的钒盐在 1200℃以下氧化生成 V_2O_5，以及由 V_2O_5 与各种金属氧化物作用形成的复杂化合物；燃料灰分中的钾、钠、镁、铁等杂质与燃烧后产生的 SO_2 和 SO_3 化合生成硫酸盐，其中主要是 Na_2SO_4。腐蚀问题主要反映在透平叶片。沉积在透平叶片上的灰分以复杂的机理与叶片金属发生物理化学作用。我国某台 20MW 机组在 900℃条件下运行数千小时后出现严重的高温硫化腐蚀，机组效率下降了 25%左右。

1.3 燃料气

工业上的气体燃料主要有天然气体燃料和人工气体燃料两大类。所有气体燃料都是多种成分混合而成，其中可燃成分有氢、一氧化碳、甲烷、硫化氢以及各种碳氢化合物。不可燃气体主要有二氧化碳、氮气和水蒸气等。

按照国际煤联（IGU）的分类，燃气分为一类燃气、二类燃气、L 族、H 族和三类燃气。表 1-18 给出国际煤联燃气分类。表 1-19 和表 1-20 给出了一些我国燃气和单一燃气的主要性质。

表 1-18　国际煤联的燃气分类

燃气分类	一类燃气	二类燃气	L 族	H 族	三类燃气
桦白数	17.8～35.8	35.8～53.7	53.8～51.7	51.6～53.7	71.5～87.2
典型燃气	人工燃气、烃-空气混合物	天然气			液化石油气

通常根据热值将气体燃料分为三类。高热值煤气：热值大于 $15.07\times10^6 J/Nm^3$。中热值煤气：热值介于 $(6.28\sim15.07)\times10^6 J/Nm^3$。低热值煤气：热值低于 $6.28\times10^6 J/Nm^3$。气体燃料性质与其成分有密切关系。

由于天然气一般不含有钒、钠等有害物质，发热值又很高，在燃气轮机和联合循环中获得了广阔的应用。由于能源危机和国际燃料价格起伏波动，煤和渣油的气化问题受到广泛关注。

表 1-19　中国各种煤气成分和特性（干煤气，0℃，0.101325MPa，体积分数/%）

煤气种类		H_2	CO	CH_4	C_2H_4	C_2H_6	C_3H_6	C_3H_8	C_4H_8	C_4H_{10}	O_2	N_2	CO_2
人工煤气	炼焦气	59.2	8.6	23.4	2.0						1.2	3.6	2.0
	直立炉煤气	56.0	17	18	1.7						0.3	2.0	5.0
	混合煤气	48	20	13	1.7						0.8	12	4.5
	发生炉煤气	8.4	30.4	1.8	0.4						0.4	56.4	2.2
	水煤气	52	34.4	1.2	—						0.2	4.0	8.3
	催化油煤气	58.1	10.5	16.6	5.0	—	—	—	—	—	0.7	2.5	6.6
	热裂解煤气	31.5	2.7	28.5	23.8	2.6	5.7	—	—	—	0.6	2.4	2.1
天然气	干井天然气	—	—	98.0	—	—	—	0.3	—	0.3		1.0	
	油田伴生气	—	—	81.7	—	—	—	6.0	—	4.7	0.2	1.8	0.7
液化石油气		—	—	1.5	—	1.0	9.0	4.5	54.0	26.2	—	—	—

续表 19

煤气种类		相对分子质量 M	气体常数 R/[kg·m/(kg·℃)]	密度 γ_0/(kg/m³)	相对密度 S(空气=1)	定压比热容 C_p/[kJ/(m³·℃)]	绝热指数 K	高热值 Q_g/(MJ/m³)	低热值 Q_s/(MJ/m³)	桦白数 W_s(Q_s/$\sqrt{\gamma_0}$)	动力黏度 $\rho\times10^5$/(Pa·s)	运动黏度 $\nu\times10^6$/(m²/s)	爆炸极限 Z(上/下)	理论空气量/(m³/m³)	理论烟气量/(干 m³/m³)	干烟气最大 CO_2 体积分数/%	理论燃烧温度 t_L(℃)	最大燃烧速度 μ(m/s)
人工煤气	炼焦气	10.50	80.79	0.468	0.362	1.391	1.37	19.84	17.63	6150	1.184	24.76	35.8/4.5	4.21	3.76	10.6	1998	0.857
	直立炉煤气	12.39	68.49	0.553	0.427	1.384	1.38	18.06	16.15	5180	1.273	22.60	40.9/4.9	3.80	4.47	13.0	2003	0.851
	混合煤气	15.00	56.54	0.670	0.518	1.370	1.38	15.42	13.87	4040	1.240	18.29	42.6/6.1	3.18	3.06	13.9	1986	0.842
	发生炉煤气	20.14	42.10	1.163	0.899	1.320	1.40	6.01	5.75	1270	1.764	13.93	67.5/21.5	1.16	1.84	19.3	1600	0.194
	水煤气	15.69	54.04	0.700	0.542	1.330	1.39	11.46	10.39	2960	1.519	21.28	70.4/6.2	2.16	2.19	20.0	2175	1.418
	催化油煤气	12.04	70.46	0.537	0.416	1.392	1.38	18.49	16.53	5380	1.245	22.73	42.9/4.7	3.89	3.54	12.4	2009	0.978
	热裂解煤气	17.71	47.87	0.791	0.612	1.619	1.32	37.98	34.81	9340	1.001	12.42	25.7/3.7	8.55	7.81	13.2	2038	0.603
天然气	干井天然气	16.65	50.92	0.754	0.575	1.561	1.31	40.43	36.47	10100	1.054	13.92	15.0/5.0	9.64	8.65	11.8	1970	0.380
	油田伴生气	23.33	36.35	1.041	0.805	1.813	1.28	52.87	48.42	11300	0.887	8.36	14.2/4.2	12.52	11.33	12.7	1986	0.380
液化石油气		56.61	14.98	0.791	1.954	3.521	1.15	123.77	43.68	10580	0.717	9.62		28.28	26.58	14.6	2050	0.435

表 1-20 单一燃料气体特性（0℃，0.101325MPa）

序号	气体名称/分子式	相对分子质量 M	气体常数 R /[kg·m/(kg·℃)]	密度 γ_0/(kg/m³)	相对密度 S(空气=1)	定压比热容 C_p/[kJ/(m³·℃)]	绝热指数 K	热导率 λ/[kJ/(mh·℃)]	动力黏度 $\rho\times10^5$/(Pa·s)	运动黏度 $\nu\times10^6$/(m²/s)	爆炸极限 Z（上/下）	着火温度 t_L/℃
1	氢/H_2	2.016	420.5	0.089	0.069	1.299	1.407	0.779	0.852	93.00	75.9/4.0	400
2	一氧化碳/CO	28.01	30.27	1.250	0.967	1.303	1.403	0.083	1.690	13.30	74.2/12.5	605
3	甲烷/CH_4	16.04	52.85	0.717	0.555	1.546	1.309	0.109	1.060	14.50	15.0/5.0	540
4	乙炔/C_2H_2	26.04	32.58	1.171	0.906	1.911	1.269	0.067	0.960	8.05	80.0/2.5	335
5	乙烯/C_2H_4	28.05	30.22	1.261	0.975	1.890	1.258	0.059	0.950	7.46	34.0/2.7	425
6	乙烷/C_2H_6	30.70	28.2	1.355	1.048	2.246	1.198	0.067	0.877	6.41	13.0/2.9	515
7	丙烯/C_3H_6	42.08	20.15	1.914	1.479	2.677	1.170	—	0.780	3.99	11.7/2.0	460
8	丙烷/C_3H_8	44.10	19.23	2.010	1.554	2.962	1.161	0.055	0.765	3.81	9.5/2.1	450
9	丁烯/C_4H_8	56.11	15.11	2.597	2.008	—	1.146	—	0.747	2.81	10.0/1.6	385
10	空气	28.97	29.27	1.293	1.000	1.307	1.401	0.090	1.750	13.40		365

1.4　能源利用设备——锅炉

能源利用可以分为能源直接利用和能源转换利用。能源的直接利用，以燃料的直接燃烧最为典型。由于燃料含能比较高，燃料含有的化学能直接燃烧放出热量，这样的过程以火力发电、供热采暖、民用炊事等过程最为典型。燃料直接燃烧利用虽然方便，但不利因素和危害比较多，如装置效率（或全厂效率）低、环境破坏力强等。中国工业锅炉平均热效率约60%，而发达国家的工业锅炉效率约80%。主要是因为中国工业锅炉中燃煤锅炉数量庞大，同时锅炉自动化水平、锅炉管理水平都有待提升。能源的转换利用通常有燃料发电、脏差燃料的气化和液化以及新能源方法等过程。

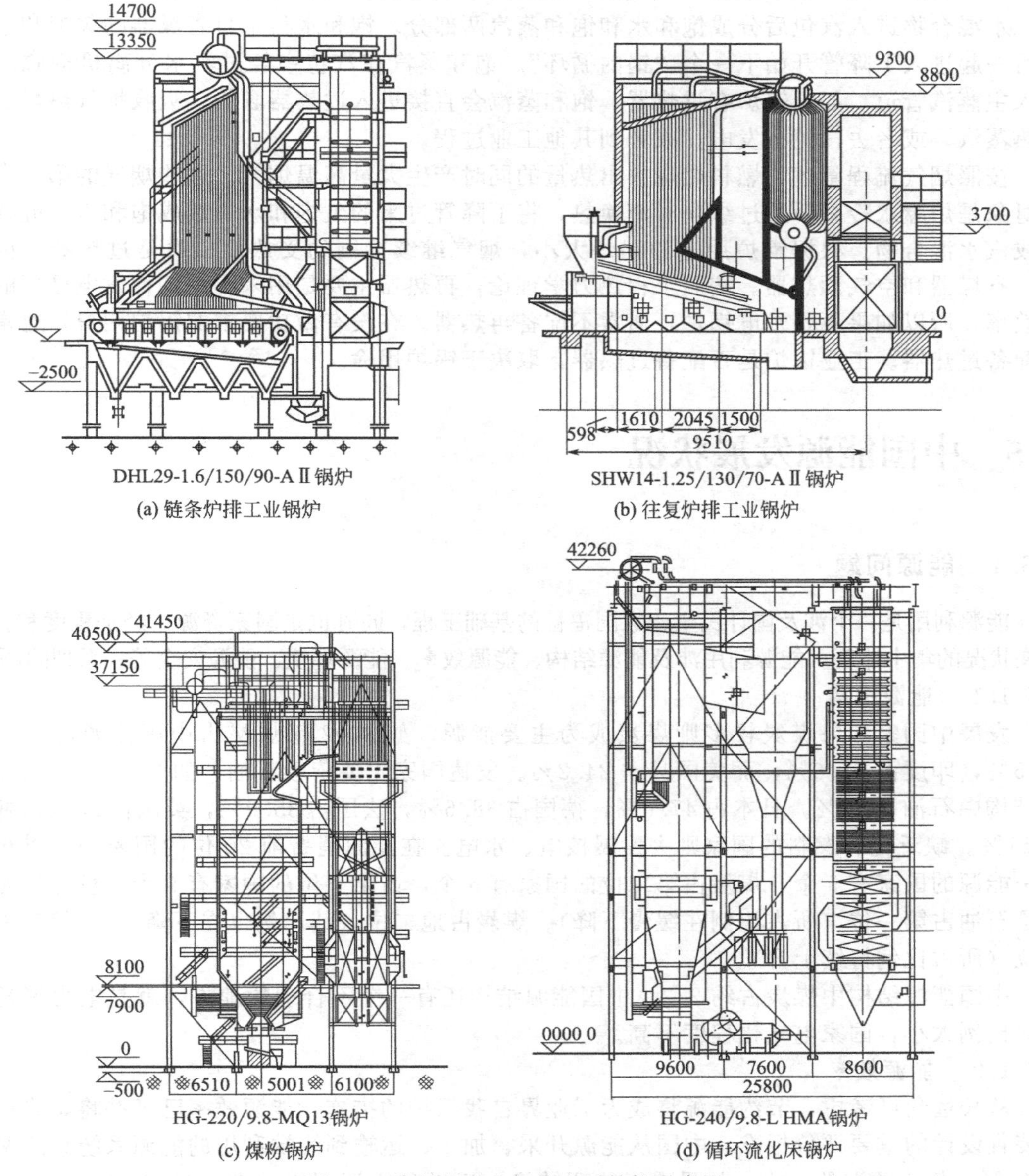

图 1-4　常见的工业锅炉主要结构示意图

燃料利用设备是能量转换装置，决定着能源利用程度、能源利用经济性和周边地域的环境效应。能源利用设备的概念十分宽泛，既可以包含燃烧装置（各种燃烧室），也可以包括各种能源利用转换设备（制冷空调、动力机械等）。

本节以“量大面广”的工业锅炉为例，介绍能源利用设备。

锅炉是将燃料化学能转变成热能的装置，通常分为锅水系统和炉烟系统。在锅炉本体范围内，锅水系统通常包含汽包、吸热管（水冷壁、过热器、省煤器等）、联箱等承受压力的部件。炉烟系统通常包括炉膛空间、烟气通道、燃烧器和空气预热器等。

图 1-4 是常见的工业锅炉主要结构示意图。

按照工质流程阐述，原水经过水处理后送到锅炉省煤器中提高温度，此时的水通常是欠饱和的。欠饱和热水进入汽包后通过下降管进入水冷壁开始吸收燃料放出的热量成为饱和水。由于吸热，饱和水中不断产生气泡，加快汽水混合物的流动速度，含有一定蒸汽体积比的汽水混合物进入汽包后分成饱和水和饱和蒸汽两部分。饱和水与来自省煤器的欠饱和水混合后一起进入下降管开始下一个“锅内循环”。饱和蒸汽在汽包中经过汽水分离机构脱水后进入主蒸汽管道。如果锅炉有过热器，饱和蒸汽会直接进入过热器联箱，吸收烟气热量变成过热蒸汽，或者去汽轮机发电，或者到其他工业过程。

按照烟气流程阐述，燃料燃烧放出热量的同时产生大量高温烟气。这些烟气的第一个冲刷对象是炉膛水冷壁。通过纵向对流换热，将下降管过来的欠饱和水加热成饱和水并继续加热成汽水混合物。根据锅炉用途和锅炉大小，烟气继续冲刷的受热面依次是过热器、再热器、省煤器和空气预热器。按照工程热力学理论，再热器主要是用来提高朗肯发电循环的循环效率，所以如果不是发电锅炉，通常不配备再热器。在没有做功要求的锅炉用户，通常也不配备过热器。工业锅炉是否配备过热器，取决于锅炉用途。

1.5　中国能源发展状况

1.5.1　能源问题

能源利用是一个涉及国计民生、家国福祉的基础工程，同时也是国家资源、经济程度和科技发展状况的集中体现。能源利用涉及能源结构、能源效率、能源环境、能源安全等一系列问题。

1.5.1.1　能源结构

发展中国家如果煤炭较多则煤炭成为主要能源，如 2002 年煤炭占中国能源消费量的 66.5%，印度占 55.6%，而美国只占 24.2%。发达国家主要依赖石油，如 2002 年，美国能源结构中石油占 39%，日本占 47.6%，德国占 38.6%，法国占 35.9%，英国占 35%，韩国占 51%。缺乏化石燃料的国家则去发展核电、水电。在能源消费前 20 位的国家中，煤炭为第一能源的国家有 5 个，煤炭占第二位的国家有 6 个，占第三位的国家有 9 个。世界能源结构是石油占第一位（所占比例在缓慢下降）、煤炭占地二位（其比例也在下降）、天然气占第三位（所占比例持续上升）。

中国能源结构中煤炭占约 2/3，中国能源结构还有一个不合理的地方，就是电力消耗所占的比例太小，国家电气化程度不高。

1.5.1.2　能源效率

从长远角度考虑，节约能源将成为工业界自我保护的措施，能源效率已经并将始终是能源装置设计的重要评价标准。中国从能源开采、加工、运输到终端利用的能源系统总效率不到 10%，仅为欧洲的一半。如果考虑能源转换、运送和终端利用效率也只有 30%，比世界先进水平低 10%。以工业锅炉为例，中国工业锅炉平均效率在 60%上下，而发达国家工业锅炉平均效率在 80%上下。中国能源效率低的原因，除了产业结构因素外，还有能源科技、管理水平、能源结构等原因。

1.5.1.3　能源与环境

人类八大公害事件中有四件与工业发展和能量利用不当造成环境污染有关（分别是比利时马斯河谷烟雾事件、美国多诺拉烟雾事件、伦敦烟雾事件和美国洛杉矶光化学烟雾事件）。中国能源环境问题的核心是大量直接燃烧煤炭造成大气污染、农村过度消耗生物质能引起的生态破坏和日益严重的汽车尾气污染。

1.5.1.4　能源安全

能源是国民经济的直接支撑，是人类赖以生存的基础。能源安全是国民经济安全的重要方面，关系到国家安全、可持续发展和社会稳定。能源安全不仅包括能源供应安全，还包括能源使用安全（能源生产、使用和环境）。

一般意义上的能源安全是指能源的可靠供应的保障，首先是石油和天然气的供应问题。1973 年第一次石油危机给主要依靠中东石油进口的国家造成严重的经济混乱和社会动荡。现在许多国家都十分重视能源保障体系，重点是石油储备。预计 2010～2020 年世界石油产量将逐步下降，而消费量却不断增加，能源供不应求将加剧对能源资源的争夺。

1.5.2　能源现实

1.5.2.1　中国是一个能源贫乏的国家

中国一次能源在世界上的排名大致为：水能蕴藏量居世界第一位，煤炭探明储量居世界第三位，石油探明储量居世界第十位，天然气探明储量居世界第十九位。但中国人口占世界第一位！能源资源的人均占有率只相当于世界人均占有率的 51%。此外，中国能源还有两个不利因素：一是以煤炭为主（世界上只有南非与中国的情形类似），油气资源不足，全世界油气资源占总能源的 25.3%，而中国只占 4%；二是地理分布不理想，煤炭和石油资源集中在北部，水力资源偏于西南，而经济发达地区在东南，沿海地区能源资源少。这些条件造成我国油气资源依赖进口、能源开发和运输成本高、能源消费引起严重污染，而我国能源供需、能源战略、能源规划和政策制定都是建立在这样的资源基础之上的。

1.5.2.2　能源发展现状

据统计，中国常规能源资源总量为 4.05 万亿吨标准煤，其中原煤 5.5 万亿吨，占 89.3%；原油 940 亿吨，占 3.5%；天然气 38.14 万亿立方米，占 1.3%；水能 5.92 亿千瓦时，占 5.9%。已探明能源资源总量为 8231 亿吨标准煤，其构成为原煤 87.4%，原油 2.8%，天然气 0.3%，水能 9.5%。探明可经济开发的剩余可采总量 1392 亿吨标准煤。1999 年进行的第三次全国煤炭资源预测显示，全国煤炭资源总量 55700 亿吨，但探明煤炭储量为 10421.35 亿吨，探明可经济开发的剩余总储量 1145 亿吨。探明储量中，烟煤占 75%，无烟煤占 12%，褐煤占 13%。煤矿距工业发达地区较远，地质探明储量较低，后备工业储量不足。

1.5.3　可持续的能源系统

国际应用系统分析研究所（IIASA）和世界能源理事会（WEC）1998 年发表了《Global Energy Perspectives》（全球能源展望），对 21 世纪世界能源提供了 3 个方案 6 个情景（表 1-21）。

方案 A 包括三个情景，A1 强调石油和天然气，A2 强调煤炭，A3 强调非化石燃料；方案 B 的一个情景是中间方案；方案 C 包括两个情景，C1 是新可再生能源，C2 是可再生能源和新型核能情景。为实现经济不断增长，还要为新增加的 60 亿～80 亿人提供能够承受的、可靠能源服务。三个方案都可以支持全球发展，但实现的可持续发展程度不同（表 1-22）。

表 1-21 三个能源发展方案及其主要特点

项　　目	年　份	方案A 高增长	方案B 中增长	方案C 生态驱动
人口/×10亿	1990 2050 2100	5.3 10.1 11.7	5.3 10.1 11.7	5.3 10.1 11.7
全球总产值(1990年)/万亿美元	1990 2050 2100	20 100 300	20 75 200	20 75 220
全球总产值增长速度/%	1990～2050 2050～2100	高 2.7 2.5	中 2.2 2.1	中 2.2 2.2
一次能源强度(1990年价)/(MJ/美元)	1990 2050 2100	19.0 10.4 6.1	19.0 11.2 7.3	19.0 8.0 4.0
一次能源改善率(年均速度)/%	1990～2050 2050～2100	中 −0.9 −1.0	低 −0.8 −0.8	高 −1.4 −1.4
一次能源消费量/EJ	1990 2050 2100	379 1041 1859	379 837 1464	379 601 880
累计能源消费量 (1990～2100)/×1000EJ	煤炭 石油 天然气 核电 水电 生物质能 太阳能 其他 全球总计	8.9～30.7 27.6～15.7 18.4～28.7 6.2～11.2 3.7～4.2 7.4～14.3 1.8～7.7 3.0～4.7 94.0～94.9	17.5 15.3 15.8 10.5 3.6 8.3 1.9 4.3 77.2	7.1～7.2 10.9 12.2～12.9 2.1～6.2 3.6～4.0 9.1～10.1 6.3～7.4 1.4～2.2 56.9
能源技术下降成本	化石能源 非化石能源	高 高	中 中	低 高
能源技术普及率	化石能源 非化石能源	高 高	中 中	中 高
环境税(包括 CO_2 税)		无	无	有
SO_2 排放/Mt硫	1990 2050 2100	58.6 44.8～64.2 9.3～55.4	58.6 54.9 58.3	58.6 22.1 7.1
CO_2 排放限制和税		无	无	有
净 CO_2 排放/×10亿吨碳	1990 2050 2100	6 9～15 6～20	6 10 11	6 5 2
累计 CO_2 排放/×10亿吨碳	1990～2100	910～1450	1000	540
CO_2 浓度/$\times10^{-6}$(体积分数)	1990 2050 2100	358 460～510 530～730	358 470 590	358 430 430
碳强度(1990年价)/(千克碳/美元)	1990 2050 2100	280 90～140 20～60	280 130 60	280 70 10
能源部门投资(1990年价)/万亿美元	1990～2020 2020～2050 2050～2100	15.7 24.7 93.7	12.4 22.3 82.3	9.4 14.1 43.3
情景个数		3	1	2

表 1-22　三个能源发展情景 2050 年和 2100 年与 1990 年相比的可持续性

项　　目	1990 年	情景 A3	情景 B	情景 C1
消除贫困	低	很高	中等	很高
缩小收入差距	低	高	中等	很高
提供获得能源途径	低	很高	高	很高
降低能源成本	低	高	中等	很高
减小负面健康影响	中等	很高	高	很高
减小空气污染	中等	很高	高	很高
减少长期放射物	中等	很高	很低	高
限制毒性物质	中等	高	低	高
限制温室气体排放	低	高	低	很高
增加当地能源使用	中等	高	低	很高
提高供应效率	中等	很高	高	很高
提供终端功能效率	低	高	中等	很高
加速技术扩散	低	很高	中等	中等

方案 B 是参考情景，是基于目前世界发展一般方向的情景，是一种中间道路。这个情景假定继续中等程度的经济增长和技术进步，从而导致从区域酸雨问题到全球气候变化的各种负面环境影响。尽管这种中间道路与目前情况相比有了实质性的改进，但仍未转变为可持续发展。

高增长方案 A 的情景之一 A3 实现了可持续发展的一些目标，主要是通过快速经济增长和向环境友好技术转化来实现。在此情景中，高度技术进步是主要影响因素，其中包括清洁化石能源、可再生能源和核能技术的应用。能源系统的非碳化成为环境可持续发展的主要支持因素。

方案 C 的两个情景充分考虑了生态环境因素，实现发展中国家向着“绿色”和富裕的方向高速发展。两个情景的区别是：C1 假定全球在 2100 年核电退出能源系统，而 C2 考虑了先进的核能技术。它们都假定用碳税和能源税来促进可再生能源的发展和终端能源效率的提高。

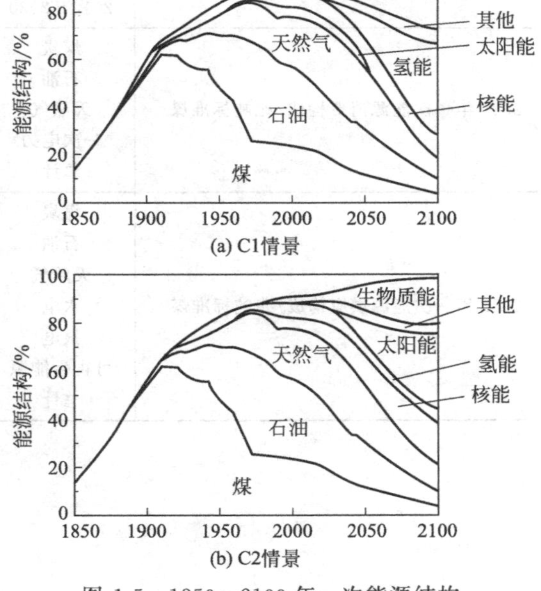

图 1-5　1850～2100 年一次能源结构

所有三个方案中，方案 C 与可持续发展的目标一致。C1 情景要削减一次能源中煤炭和石油的比例，同时大幅度提高太阳能和生物质能的比例。C2 情景考虑到与核电相关的问题（如成本、安全性、核废料、核武器扩散等）能得到适当解决的话，核能将起到很大作用（图 1-5）。

1.5.4　中国能源供应形势

目前，中国能源总消费量已经超过 13 亿吨标准煤，占世界总消费量的 1/10，居世界第二位，但人居消费量只占世界平均水平的42%。中国农村生活能源消费中，传统的生物质能占60%以上。

中国国家发展和改革委员会能源研究所《2020年中国可持续能源情景》课题在回顾中国社会经济发展和能源环境状况基础上，对中国未来20年能源发展情景进行了系统研究，提出了2020年中国能源需求形势的三个情景（表1-23）。

表1-23 2020年中国能源需求形势的三个情景

项目		情景1	情景2	情景3
人口/亿	1998	12.48	12.48	12.48
	2010	13.85	13.78	13.68
	2020	14.85	14.70	14.45
人均GDP(1998年价)/元	1998	6278	6278	6278
	2010	13210	13277	13374
	2020	23566	23806	24218
一次能源消费总量/兆吨标准煤	1998	1368	1368	1368
	2010	2169	2034	1860
	2020	3100	2762	2319
一次能源消费增长率/%	1998～2020	3.79	3.24	2.43
	1998～2010	3.92	3.36	2.59
	2010～2020	3.64	3.11	2.23
能源消费弹性系数	1998～2020	0.541	0.464	0.347
	1998～2010	0.535	0.459	0.354
	2010～2020	0.543	0.464	0.332
2020年一次能源消费构成/兆吨标准煤	煤炭	2008	1648	1261
	石油	752	690	573
	天然气	155	225	249
	一次电力	185	198	236
	总计	3100	2761	2319
2020年一次能源供应构成/兆吨标准煤	煤炭	1649		
	石油	272		
	天然气	173		
	水电	231		
	核电	69		
	可再生能源	8		
	总计	2402		

第2章　能源工程的环境评价

能源工程在提供能源服务的同时，也造成环境污染，尤其是燃煤发电或供热的热能工程。因此，在进行能源项目建设之前，要对项目可能造成的大气环境、水环境的污染进行评价，以确定该项目对周围环境能造成多大的危害，进一步确定该项目是否可以上马。

通常环境评价（简称环评）要委托具有资质的企业或个人进行，评价要根据国家和地方的法律、法规和有关条例等强制性文件、行业规范和技术指导文件进行。

2.1　能源项目环境评价的依据

环境是指围绕人群的空间及其可以直接或间接影响人类生活和发展的各种自然因素和社会因素的总体。人类社会面临的环境问题主要有两大类，一是污染问题，二是生态问题。随着人口增加和工业化程度的提高，人类对环境的冲击明显加大，使环境问题成为突出问题。人类需要更新人类社会的生存发展观念，协调好人与环境的关系，以实现人类的可持续发展。环境影响评价是对规划和建设项目实施后可能形成的环境影响进行分析、预测和评估，提出预防或减轻不良环境影响的对策和措施。进行环境评价的工作原则是：①客观、公正、公开；②综合考虑规划或建设项目实施后可能造成的影响；③兼顾对各种环境因素及其所构成的生态系统可能造成的影响；④为决策提供科学依据。

2.1.1　国家法律法规、条例和地方政策、规划

国家法律法规、条例和相关政策是进行能源项目环境评价的基本依据。随着社会进步、科技发展和环境要求的提高，能源项目将面临更加严格的环境评价，而评价的依据也会不断更新换代。根据小法服从大法、前法服从后法的顺序，地方法规要服从国家法律法规，不能与之抵触；新颁发法律法规的同时，内容相同的旧法律法规服从新颁发的法律法规。目前，环境评价相关的国家、地方有关法规和条例有：《中华人民共和国环境保护法》（1989 年颁布）；《中华人民共和国环境评价法》（2002 年颁布，2003 年 7 月 1 日施行）；国发［1996］31 号《国务院关于环境保护若干问题的决定》；国务院第 253 号令《建设项目环境保护管理条例》（1989 年发布）；国函［1998］5 号《国务院关于酸雨控制区和 SO_2 控制区有关问题的批复》；国家计委、国家经贸委、建设部、国家环保总局［2000］1268 号“关于印发《关于发展热电联产的规定》的通知”（2000 年 8 月 22 日）；地方法规和规划应在国家或上一级地方政府指导下出台并不断完善，主要是针对本行政辖区能源使用、发展作出规定和规划，对本地经济发展具有保障作用，如石家庄《1996～2010 石家庄城市供热规划》等。

2.1.2　环评报告编制的规范和技术导则

国家法律法规、条例和相关政策和地方法规、规划都是编制环评的依据，在具体进行能源项目环评工作时，需要具备具体的技术指导文件。这些文件包括：国家环保行业标准 HJ/T13—1996《火电厂建设项目环境影响报告书编制规范》；国家环保行业标准 HJ/T2.1—93

《环境影响评价技术导则——总纲》；国家环保行业标准 HJ/T2.2—93《环境影响评价技术导则——大气环境》；国家环保行业标准 HJ/T2.3—93《环境影响评价技术导则——地面水环境》；国家环保行业标准 HJ/T2.4—95《环境影响评价技术导则——声环境》；国家环保行业标准 HJ/T19—97《环境影响评价技术导则——非污染生态影响》；国家环保行业标准 HJ/T130—2003《规划环境影响评价技术导则（试行）》；国家环保行业标准 HJ/T131—2003《开发区区域环境影响评价技术导则（试行）》。

2.1.3 建设项目的有关批文

如果没有相应等级机关的批准和许可证，是不能对项目立项的。因此进行环境评价前，评价人要向项目法人要求验看项目许可证和政府批准文件。相关文件可能包括如下内容。

项目建议书：如《××热电厂股份有限公司热电厂扩建工程项目建议书》。

政府有关部门对该建议的正式批复：如国家×××，××［200×］×××号《国家××委关于××热电股份有限公司热电厂扩建工程项目建议书的批复》。

2.1.4 项目可行性研究

能源工程项目应委托有资质的企业或组织对项目进行可行性研究报告，对于一些行业性很强的项目要委托专业对口的企业或组织进行可行性研究。项目的可行性研究报告，要指出该项目科学技术、社会发展及相关问题的可行性，通常较大型项目要依据相应的可行性研究报告深度编制办法编写。

2.1.5 环评工作委托书及环评资料

业主进行能源工程建设，要委托有资质的单位或组织对所进行的工程进行环境评价，并向委托单位提供《××工程环境影响评价工作委托书》、《××工程环境现状检测报告》，被委托的单位或组织要根据获得的资料首先编制出《××工程环境影响评价大纲》，并邀请业内知名专家、学者对此大纲进行审议，做出审议意见。环境保护部门要对环境影响评价大纲做出技术评价和所执行的标准做出相应评价。

2.1.6 环境保护目标

环境保护目标是周围区域和附近人群居住区域，并将其作为环境空气质量的敏感地区加以保护。声环境保护目标是工程外界 100m 内的敏感地带。同时，热网施工和运营的敏感地带分别为热网管道沿线敏感点和换热站附近敏感点。

2.1.7 环境评价等级、范围及评价标准

（1）评价等级　评价等级是根据《环境评价技术导则》进行评价的，同时要考虑工程所处的地理环境、周边地区的发展和环境现状，以及环保部门对该工程环境影响评价大纲的技术评价意见和专家审查意见，确定环境评价的等级。

（2）评价范围　应根据评价工作等级、区域环境特征等确定环境空气评价等级范围。通常针对工程外界各个方向的具体范围，划出具体的评价区域，并确定环境空气评价范围和现状监测布点图。

（3）评价标准　根据环保部门的批示和具体工程确定执行《环境空气质量标准》中的空气质量等级，电厂锅炉还要满足《火电厂大气污染物排放标准》中按建设时段的相关标准，主要内容有烟尘、总颗粒悬浮物、SO_2、林格曼黑度、可吸入颗粒物（PM_{10}），有些工程还要包括 NO_x，同时分别以 mg/m^3 和 kg/h 给出。

(4) 噪声评价根据《工业企业厂界噪声标准》确定等级和标准，敏感点噪声执行《城市区域环境噪声标准》。

(5) 废水排放标准　执行《污水综合排放标准》和火力发电工业标准。

(6) 固体废弃物排放执行《工业“三废”排放试行标准》中的废渣部分。

(7) 工程分析　能源工程建设通常分为新建、扩建和老厂改造。首先要将现有情况陈述清楚，对工程规模、地址（用地量）、工程内容、项目投资、工程进度（里程碑进度）、劳动定员和运行方式介绍明白以及对废弃物（固体、气体和液体）处理方式进行科学分析。

2.1.8　能源项目的环保状况

中国大气污染的主要贡献者是煤炭的直接燃烧利用，燃煤产生烟尘、SO_2、灰渣、废水、噪声甚至热污染。对于扩建或老厂改造，还应首先弄清现有废弃物排放情况和相应的治理措施。

(1) 废气污染防治措施和排放情况　废气处理主要是针对 SO_2、NO_x、粉尘和其他有害气体等。治理措施有各种除尘工艺、脱硫工艺、脱硝工艺。影响因素主要是燃料中有害成分含量、能量转换工艺流程和操作运行方式及水平等。

(2) 废水污染防治措施和排放情况　从环保的角度看，来源于工艺流程的工业废水应该做到零排放，而且从技术上已经可以并且在一些行业中已经基本做到零排放，但由于企业投产时间、工艺发展以及管理等原因，大多数中小型企业和部分大型火力发电厂还没有做到零排放。没有做到零排放，就必然要有污水排放口。要弄清楚排放口的数量和位置、外排水性质和数量、外排水的去向，并列出表格清楚表明定量关系。工艺水是否循环利用也是一个重要问题。

(3) 废渣排放情况和处置措施　火力发电厂的固态污染物主要是飞灰和灰渣。通常飞灰设置专门的除尘机构，如静电除尘器、布袋除尘器、水膜除尘器（仅限于小型电厂）等。灰渣是电站锅炉燃煤过程中产生的固体废弃物，通常在锅炉底部生成。生成之后的灰渣通过两种方式排放，一是采用水冲，就是水力清灰或水力除灰；另外一种是采用空气，即气力除灰。气力除灰分为正压和负压两种系统。清理下来的灰渣，被输运到电厂以外的储灰场储存或综合利用。

(4) 建设过程的环境保护　建设过程的环保问题主要集中在建筑过程中旋转机械发出的噪声、填挖产生的扬尘以及开挖工地对交通的影响等。

这个期间减少噪声环境污染的措施主要有以下几点：①噪声作业在白天进行，合理安排各种施工机械的作业时间；②尽量减轻材料运输、敲击、喊叫等噪声，做到文明施工；③采用低噪声设备。

减少粉尘污染的措施有：①有可能扬尘的施工地点，如搅拌、装运等，安排专人定时洒水；②限制运输等车辆的速度；③设置临时防护进行遮盖。对交通的影响主要通过分段施工、避开交通高峰期施工等措施减轻。

2.1.9　主要污染物排放总量分析

主要污染物排放总量分析是能源工程项目评价的重要内容，通常要算好以下几笔账：新建电厂各种主要污染物排放总量、扩建电厂在扩建前后污染物排放总量对比、扩建前后的增减量、本期扩建工程替代原有小型锅炉或小型电站的增减量。通常要列出废气、废水、废渣等的全厂每年排放总量、扩建前后对比和增建量。

2.1.10　工程项目对区域环境的影响

此处的环境应该超过我们通常说环境保护时所指的环境，其中包含了自然条件、人文景观、气候特征、地下水文、社会经济等内容。

2.1.11　评价方法简介

环评分析的原则应反映出分析的整体性、针对性、基础资料的准确性和环保角度对项目的优化建议。基本方法包括类比法（与现有项目的设计资料和实测数据类比）、物料衡算法等。

具体的评价方法可以在《环境影响评价导则》中找到，该文件详细介绍了有关内容的计算公式、参数选取、每项符号的意义和使用条件。如计算大气不稳定度时的混合层厚度、烟气抬升高度、气体污染物浓度计算公式；《火力发电厂大气污染物排放标准》中有 SO_2 最高允许排放量的计算公式。

在进行环境评价的时候，首先要摸清楚该项目所处的环境中空气、地面水体、地下水体、噪声等的环境质量现状以及环境区域功能。

大气环境质量评价主要包括以下内容：环境空气质量监测现状（详细说明监测内容、测点分布、监测时间和频率、分析方法和仪器以及监测结果）、区域污染气候特征［气候特征、包括风向、风速、大气稳定度、大气边界层风（风速、风向、风向变化频率）、温场（接地逆温和悬地逆温的特征、强度）］、流场特征等，据此作出大气环境影响评价和预测。

2.2　环境空气影响预测及评价

2.2.1　各种污染物排放计算

能源工程建设中会出现气体、固体、水和噪声等各种污染。

环境空气污染物允许排放量和允许排放浓度的计算，依据《火力发电厂大气污染物排放标准》提供的计算公式，最高允许排放量的计算中包含了烟囱出口处风速、地面 10m 高处的平均风速、烟囱有效高度、烟气抬升高度等影响因素；最高允许烟尘排放浓度计算方法中包含了除尘器出口空气过量系数、实测的除尘器出口的烟尘浓度和对应于实测工况同标准工况的换算系数等影响因子。按照国家标准提供的计算公式准确计算出允许排放量和允许排放浓度后，列表给出实测排放量与允许排放量之间的差别；地面浓度计算的依据是《环境影响评价技术导则》提供的预测模型，预测计算包括烟气抬升高度、浓度预测（有风和小风条件下的点源预测、下风向一次最大地面浓度、日平均浓度、面源模式计算），排放源参数、大气扩散系数、风速高度指标等参数如何选取。

噪声污染的计算依据是《环境影响评价技术导则——声环境》中提供的计算方法，计算首先要根据现场条件建立计算坐标系，确定声污染源的坐标。根据已经获得的声源参数和声波从声源到测点的传播条件，计算出各声源单独作用时对测点的作用，将单独作用进行叠加，然后给出噪声影响评价结论。

固体废弃物影响的评价是根据当地和市场上粉煤灰和灰渣综合利用的技术现状及发展、市场容纳程度进行的。2000 年，中国粉煤灰产量为 1.6 亿吨，累计堆存量达到 22 亿吨，占地面积达到 44 万亩。粉煤灰综合利用量已经达到建材市场的 35%左右，综合利用技术已经出现 100 多种。京深高速公路石家庄到安阳段 120 公里长路段内消化掉沿途石家庄热电厂、邢台电厂、邯郸电厂历年积累下来的粉煤灰 60%左右（881 万吨），占全路段总填方量的 34%。在建筑、混凝土和陶瓷工业中，粉煤灰都获得了应用市场。2000 年建设部、国家经贸委、国家技术监督局和国家建材局联合下文《关于住宅建设中淘汰落后产品的通知》限期在 2003 年 6 月起禁止使用黏土实心砖，除了责成各地做好替代产品和材料的衔接工作外，也为粉煤灰打开市场创造了良好条件。各地政府也纷纷出台相关政策，放宽对粉煤灰制品企业的税收政策，促使筑路、筑坝等的建设单位在技术条件许可的条件下必须掺用粉煤灰，否则可以责令停产停工。

最后，分别列出图表给出预测结果。预测结果中至少要包括以下内容：SO_2 每小时的平均浓度、日平均浓度、不同季节典型日（如 7 月 20 日、12 月 21 日）的日平均贡献浓度结果、工程（新建、扩建和改造）上马前后不同季节典型日和主要关心点日平均贡献浓度变化量、工程上马前后环境质量变化等。

2.2.2　污染防治措施可行性论证

这是环评的重要内容，也是能源工程在环保意义上能否实施的结论。主要内容包括：大气污染防治对策［烟尘、SO_2、粉尘（脱硫剂等）等污染物防治措施的可行性论证、烟囱高度可行性论证］、水污染治理措施（电厂废水分为工业废水、循环水排污、生活污水等）、厂区噪声污染防治措施、灰渣污染防治措施、施工期间污染防治措施、施工扬尘防治措施等。论证的结尾还要进行污染物排放总量控制分析并提供清洁生产条件分析（针对具体的工程项目提出清洁生产的主要技术和管理内容）。按照《全国主要污染物排放总量控制计划》，全国实行排放总量控制的污染物有 12 种，其中大气污染物有 3 种，即烟尘、工业粉尘和二氧化硫。水污染有 8 种，即化学耗氧量、石油类、氰化物、砷、汞、铅、铬、镉。另外一种是工业固体废弃物。此部分要进行工程投产前后全厂燃煤量变化、全厂大气污染物排放总量及其变化、对当地大气污染物排放量增减分析、公众参与的调查方法和调查内容、厂址合理性分析、环保投资估算、经济效益和社会效益分析、环境监测计划、劳动保护计划、主要监测项目的监测仪器等内容。

2.2.3　环境风险评价

风险指的是由不幸事件发生的可能性及其发生后的危害所组成的一个概念，也可表述为风险概率与风险后果。环境风险就是由于自然原因和人类活动引起、通过环境介质传播、能对人类社会或自然环境产生破坏、损伤甚至毁灭性作用的不幸事件发生概率和后果。

广义的环境风险评价指对人类各种开发活动所引起或面临的对人类健康、社会发展、生态系统等造成的风险和可能损失进行评价。

风险评价中主要采用三种标准：补偿极限标准、人员伤亡风险标准和恒定风险标准。

2.3　环境评价案例

某电厂扩建 2×350MW 燃气联合循环项目，业已获得相关的法律许可和制度许可，对项目所在地的国民经济和支柱产业发展意义重大。

该项目由下面基本数据构成。原电厂为 2×600MW 燃煤火力发电厂，扩建工程总投资 16.8 亿元，项目实施后，该电厂形成 1900MW 发电能力。

2.2.1　环评依据

（1）国家层面的法律依据　《中华人民共和国环境保护法》、《中华人民共和国环境评价法》、《中华人民共和国清洁生产促进法》、《中华人民共和国环境大气污染防治法》、《中华人民共和国水污染防治法》、《中华人民共和国环境噪声污染防治法》、《中华人民共和国水土保持法》。

(2) 国家层面的法规和规范 国发［1996］31号《国务院关于环境保护若干问题的决定》；国务院第253号令《建设项目环境保护管理条例》(1989年发布)；国函［1998］5号《国务院关于酸雨控制区和SO_2控制区有关问题的批复》；《关于进一步加强电力工业环境保护若干问题意见的通知》等；《火电厂建设项目环境影响报告书编制规范》(HJ/T13—1996)、《火电厂环境监测管理规定》(1996)、《火电厂环境监测技术规范》(DL/T414—2004)、国家发改委《火电厂烟气排放连续监测技术规范》(HJ/T75—2001)；国家环保行业标准HJ/T13—1996《火电厂建设项目环境影响报告书编制规范》；国家环保行业标准HJ/T2.1—93《环境影响评价技术导则——总纲》；国家环保行业标准HJ/T2.2—93《环境影响评价技术导则——大气环境》；国家环保行业标准HJ/T2.3—93《环境影响评价技术导则——地面水环境》；国家环保行业标准HJ/T2.4—95《环境影响评价技术导则——声环境》；国家环保行业标准HJ/T19—97《环境影响评价技术导则——非污染生态影响》；国家环保行业标准HJ/T130—2003《规划环境影响评价技术导则(试行)》；国家环保行业标准HJ/T131—2003《开发区区域环境影响评价技术导则(试行)》。

2.3.2 环境敏感区域和保护对象

本期扩建燃用清洁燃料天然气，烟囱高度60m，电厂附近有4个镇在环评范围内。水环境为附近大河电厂流域，主要保护目标为电厂温水排放口附近水域。噪声敏感点为电厂西侧的小学和民房。

2.3.3 环评标准

根据电厂所在市的城市布局和功能的规划及有关规定，该电厂所在地属于第二类环境空气质量，扩建工程空气污染物排放执行《火电厂大气污染物排放标准》(GB13223—2003)中第3时段排放标准，现有电厂机组执行第1时段标准。

2.3.4 环境评价因子

大气：SO_2、NO_2、PM10。

地表水：COD、BOD、NH_3-N、SS、石油类。

噪声：环境背景噪声等效A声级，厂界噪声等效A声级，环境噪声等效A声级。

环境评价重点为环境空气、温排水、噪声环境影响。

2.3.5 工程概况

2.3.5.1 现有工程与环保情况

(1) 现有电厂污染物排放情况 表2-1～表2-3给出了该电厂污染物排放情况。

表2-1 大气污染物排放情况(2001年5月20日～22日测试结果)

污染物	排放情况	
二氧化硫	排放量/(kg/h)	2072
	排放浓度/(mg/m^3)	543
烟尘	排放量/(kg/h)	47.3
	排放浓度/(mg/m^3)	10.2
氮氧化合物	排放量/(kg/h)	1306
	排放浓度/(mg/m^3)	343

表 2-2　灰渣排放情况

项　目	小时排放量/(t/h)	日排放量/(t/d)	年排放量/($\times 10^4$t/年)
渣　量	5.17	103.4	56.87
灰　量	46.53	930.6	511.83
灰渣量	51.7	1034	568.7

注：每日按 20h 计算，每年按 5500h 计算。

表 2-3　水污染物排放情况

种　类	水量	pH	Fe /(mg/L)	SS /(mg/L)	COD /(mg/L)	种　类	水量	pH	Fe /(mg/L)	SS /(mg/L)	COD /(mg/L)
油污水	$5m^3/h$	6～9		50	10	工业水处理系统排污水	$100m^3/h$	6～9		60	25
锅炉排污水	$5m^3/h$	6～9		20	30	锅炉化学清洗排水	$1000m^3$/次	2～12	3000	1000	1000
锅炉补给水处理系统排水	$25m^3/h$	6～9		10		空气预净化器清洗排水	$8200m^3$/次	2～6	3000	3000	
净水系统排水	$10m^3/h$	6～9		10		生活污水	$10m^3/h$	6～9		30	15
冷却塔排污水	$10m^3/h$	6～9		10							

(2) 噪声　噪声最严重地区在以主厂房为中心 20m 范围内的区域，一般为 70～80dB (A)，部分地域超过 80dB (A)。原因是主要噪声源集中在主厂房，设备多，转速高，管道连接复杂，噪声发出后，在厂房内交错回响。

电厂总量控制指标达标。

(3) 设备概况和工艺流程　表 2-4 给出了主要设备，图 2-1 给出了工艺流程图。

表 2-4　扩建工程主要设备

项　目			单位	备　注
2 台 9F 级燃气轮机		出力	MW	2×255.6
		投产时间		2008 年
2 台废热锅炉		种类		三压再热式余热锅炉
		高压蒸汽流量	t/h	2×282.6
2 台蒸汽轮机		种类		三压再热双缸
		出力	MW	2×140
发电机		种类		PG9351(AA)
		流量	MW	2×390
烟气治理设备	烟气脱硫装置	种类		
		脱除量	%	
	烟气除尘装置	种类		
		效率	%	
	烟囱	形式		每台余热锅炉自带烟囱
		高度	m	60
		出口内径	m	6.0
		方式		低氮燃烧器
		效果		燃机排放浓度<51.3mg/m^3
冷却水方式		直流循环	t/h	50360
废水处理方式		种类		工业废水处理后回用和排放，生活污水排入市政管网

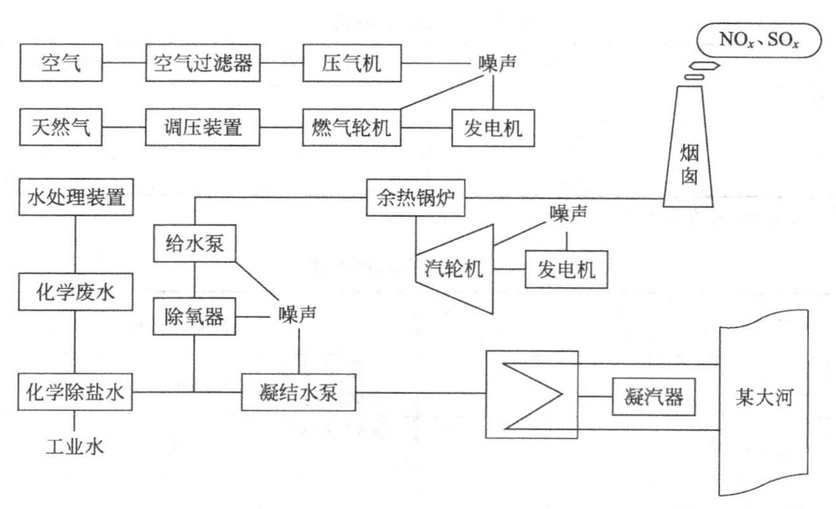

图 2-1 生产工艺流程和污染源示意图

(4) 燃料 设计燃料为液化天然气（LNG）。液化天然气气化后经专用管道送至电厂，LNG 接收站的储存能力为 $30\times10^4\text{m}^3$。

(5) 气象条件 电厂所在市的一般气象要素见表 2-5 和表 2-6。

表 2-5 月平均气温（1986～1990）

月份	1	2	3	4	5	6	7	8	9	10	11	12	年平均
气温/℃	4.9	5.3	8.9	14.3	19.4	24.0	27.9	27.7	23.2	18.7	13.0	6.7	16.2

表 2-6 月平均降水量（1996～1990）

月份	1	2	3	4	5	6	7	8	9	10	11	12	年平均
降水量/mm	38.2	68.0	99.4	119.0	102.0	154.3	161.6	185.9	152.7	36.8	43.1	23.8	95.8

(6) 地面气候特征 根据电厂所在市的多年统计资料，月平均日照时数以 8 月最多，2 月最少。从地面风向看，电厂影响市区可能性较小，但夏季对市区影响比其他三个季节大。

从地面到 600m 高空，风向均以 NW 和 NNW 为主，夏季则以 ESE 风向为主。对市区影响的风向为 S，冬季 150m 高空以内出现 S 风向的概率为零。冬夏两季实测风向随高度变化，在 SSW 和 S 风向时，电厂污染物会对市区发生影响。

表 2-7 给出了当地大气稳定度特征，表 2-8 给出了重点保护目标及其分布。

表 2-7 最大混合厚度和稳定度出现的概率计算值

稳 定 度		A～B	C	D	E～F
最大混合层厚度	干绝热法	1348	1223	1107	
	GB 法	1414	794	477	
	平均	1381	1009	792	600(外推值)
稳定度出现概率	夏季	20.5	23.9	19.7	35.9
	冬季	11.5	14.7	42.1	31.7

表 2-8 重点保护目标及分布

测点编号	1	2	3	4	5
测点名称	村委会	镇医院	住宅区 L	住宅区 D	新电厂厂址
方位	S	W	N	E	S
距离/m	1400	2600	3000	2500	800

2.3.5.2　大气环境影响评价

（1）环境空气质量现状评价　监测结果显示，电厂所在市属于石油型和煤烟型并重的复合污染。本工程评价区内，SO_2 浓度相对较低，但占国家标准的绝对份额较高。NO_2 浓度其次，个别点出现超标现象。受附近工业污染源和交通的影响，PM10 污染比较严重，超标情况比较普遍。

（2）大气环境影响预测　根据电厂所在地的自然环境和污染物气象特征，采用 HJ/T2.2—93 中有风点源和点源扩散模式预测污染物影响。预测模式如下。

① 浓度预测

小时浓度：有风（大于 1.5m/s）条件下地面浓度

$$C(x,y,o)=\frac{Q}{2\pi U\sigma_y\sigma_z}\left[\exp\left(-\frac{y^2}{2\sigma_y^2}\right)\right]\sum_{n=-k}^{n=k}\left\{\exp\left[-\frac{(znh-H_e)^2}{2\sigma_z^2}\right]+\exp\left[-\frac{(znh-H_e)^2}{2\sigma_z^2}\right]\right\}$$

日平均计算浓度

$$C_d(x,y,o)=\frac{1}{n}\sum_{i=1}^{n}C_i(x,y,o)$$

年平均计算浓度

$$C_a(x,y,o)=\frac{1}{365}\sum_{i=1}^{365}C_d(x,y,o)$$

② 烟气抬升计算模式。本工程两个烟囱的热释放率均为 $Q_h=51883\text{kJ/s}>2100\text{kJ/s}$，且烟气温度与环境温度之差大于 35℃，因此，采用下式计算有风、中性或不稳定条件下烟气抬升高度（m）。

$$\Delta H=n_0Q_h^{n_1}H^{n_2}/U$$

式中，$Q_h=0.3P_aQ_v\Delta T/T_s$；$\Delta T=T_s-T_a$

在有风的稳定条件下，烟气抬升高度（m）为

$$\Delta H=Q_h^{1/3}\left(\frac{dT_a}{dZ}+0.0098\right)^{-1/3}U^{-1/3}$$

静风和小风时的烟气抬升高度（m）为

$$\Delta H=5.5Q_h^{1/4}\left(\frac{dT_a}{dZ}+0.0098\right)^{-3/8}；\frac{dT_a}{dZ}<0.01\text{K/m}$$

③ 预测计算。燃用天然气没有粉尘，SO_2 排放量很少，仅为 NO_2 的 3.26%。将 NO_x 作为特征污染物，由于采用干式低污染燃烧技术，烟气中 NO_x 可控制在 25mg/m³ 以下。根据厂家资料，两台燃气轮机排烟量 1016.2m³/s，则 NO_x 的总排放源强度为 0.1878t/h。

a. 正常气象条件下的预测

小时落地浓度：一般气象条件下，扩建工程排放的 NO_2 下风向产生的小时平均浓度 0.03215mg/m³，占国家二级标准 13.4%，最大落地浓度点在下风向 1180m 处。

日平均落地浓度：扩建工程在厂址周围产生的最大平均落地浓度值为 0.00647mg/m³，占国家二级标准 5.4%，最大落地浓度点在 WSW 方向 2077m 处。

年平均落地浓度：根据全年气象资料的年平均落地浓度，本期扩建工程在厂址周围产生的最大年平均落地浓度值为 0.00187mg/m³，占国家二级标准 2.34%，最大落地浓度在 WS 方向 1966m 处。

小风且不稳定气候条件下的下风小时落地浓度：静风频率 4%，本期扩建在下风向的最大小时平均落地浓度为 0.01489mg/m³，占国家二级标准 6.2%，最大落地浓度点在下风向 393m 处。

本工程扩建前后，各关心点环境质量变化情况：周围环境空气中 NO_2 浓度将略微变化，

各关心点背景浓度较高，本期扩建工程建成后，烟尘和SO_2基本不变，NO_2略有增加，但仍能满足国家二级标准的限值要求。

烟囱出口内径及高度的合理性分析：扩建工程的烟气由两个高60m、内径6m的烟囱排入大气，排烟温度90℃，烟气速度23.9m/s。据此预测，排放的NO_2在厂址周围产生的最大日平均浓度值占国家二级标准的3.83%，对环境的贡献值较小。本期扩建的烟囱高度和直径满足环保要求，也是经济合理的。

b. 特殊条件下地面浓度预测。扩建所在地为平原农村地区，计算下风向产生的最大小时平均浓度采用HJ/T2.2—1993中的逆温熏烟模型计算。

$$C_f(x,y)=\frac{Q}{\sqrt{2\pi}UH_f\sigma_{yf}}\left[\exp\left(-\frac{y^2}{2\sigma_{yf}^2}\right)\right]\phi(P)$$

$$P(x,t)=\frac{H_f(t)-H_e}{\sigma_z(x)}$$

$$\sigma_{yf}(x,y)=\sigma_y(x,y)+H_e/8$$

计算结果显示，下风向产生的最大小时平均浓度为0.05478mg/m^3，占评价标准的22.8%。最大落地点在下风向2753m处。可见，逆温熏烟是一种相对不利的污染气象条件。

④ 非正常排放。本扩建工程燃用天然气，仅有的环境风险发生在事故条件下。计算地污染燃烧系统发生故障时，排烟中NO_2浓度将上升至200ppm（410mg/m^3）的污染程度，超过GB 13223—2003规定的允许排放浓度的4.125倍。叠加背景浓度后将超过国家标准限值，造成严重的环境污染，一般应立即停机。

(3) 评价结论　扩建工程建成后，各关心点的PM10和SO_2基本不变。NO_2略有上升，虽然上升幅度较小，但由于背景浓度较高，叠加后的浓度值相对较高，但仍然低于国家二级标准。

声环境影响评价及其分析（略）。

水体环境影响评价及其影子分析（略）。

污染防治对策见表2-9。

表2-9　污染防治对策

名　称	主要工程内容	措施效果	投资估算/万元
烟囱、烟道及基础	两座60m高的烟囱及相应的烟道和基础	有效降低电厂排烟对地面浓度的影响程度	977
低氮燃烧装置	干式低氮燃烧器	排烟的NO_x浓度小于25mg/m^3	310
消声器等噪声防治设备	小孔消声器、隔声罩、消声器材等	降低噪声15～30dB(A)	450
隔声屏障	长180m×高10m	降低噪声21～23dB(A)	320
生活污水收集及处理设施	污水收集管道、提升泵、处理设备	使生活污水达标排放	10
废水收集及处理设施	工业废水收集及排至处理站的管道、泵等	达标排放	25
绿化	厂区道路两侧及其他空地的绿化工程	绿化率大于20%	80

(4) 名词解释

① 环境影响。人类活动（经济活动、社会活动、政治活动）导致的环境变化以及由此引起的人类社会效应。

② 环境影响识别。找出对环境影响的因素（特别是不利因素），使环境影响预测减少盲目性、增加可靠性和对策针对性。

③ 大气稳定度。指整层空气的稳定程度，对大气自净能力有很大影响。

④ 环境敏感区。具有以下特征的区域叫做环境敏感区。a. 需特殊保护地区域：包括饮用水源保护区、自然保护区、风景名胜区、生态功能保护区、基本农田保护区、水土流失重点防治区、森林公园、地质公园、世界遗产地、重点文物保护单位、历史文化保护地等。b. 生态敏感与脆弱区：沙尘暴源区、沙漠绿洲、严重缺水区、珍稀动物栖息地和特殊生态系统、天然林、热带雨林、红树林、珊瑚礁、鱼虾产卵场、重要湿地、天然渔场等。c. 社会关注区：人口密集区、文教区、集中办公区、疗养地、医院等以及具有文化、历史、科学、民族意义的保护地。

⑤ 生态系统。人类生活环境中所有生态因子的总和，包括水、气、光、声、温度、土壤、生物等全部环境要素。

第3章　能量储存系统

人们需要的能源具有明显的时间性和空间性，如何有效地在特定时间、特定地点合理供应和使用能源，如通过一种装置将特定时间的剩余能量储存起来，在集中用能的高峰期拿出来使用或送往能量紧缺的地方使用，成为人类生活的重要组成部分，这种思想和技术就是能量储存。

能量储存的基本任务就是克服能量供应和需求之间的时间性或地域性的差别。这种差别是由于能量需求突然变化（如季节变化造成的用能高峰变化）和一次能源与能源转换装置之类的原因造成的。

以电力储存为例，能量储存的目的是要克服稳定的发电厂输出能量与电力用户用电量波动之间的差值。当用户用电量低于发电能力时，发电厂将发出的电力储存起来，而用户用电量需求高于发电厂发电能力时，再将储存起来的能量释放出来。

能量储存可以使发电厂按照正常发电负荷稳定、有效、连续、经济地供应电力，在社会上出现用电高峰时也不会超过发电厂短期超额供应的能力。

能量储存的方法很多，主要有以下几个大类（表3-1）。

表3-1　储能技术分类

项目	电能	热能	化学能	电磁能
储能	水力储能	显热储存	蓄电池	电容器
技术	压缩空气 飞轮	潜热储存 化学能储存	合成燃料 化学储能	超导线圈

3.1　导言

3.1.1　电力储能

电力消费是以小时、天和季节为单位变化的。多数情况下，电力系统的电力供应负荷是固定的或发电能力是一定的，发电能力的选择是根据最大用电量加上在部分电厂进行计划检修或维护和意外停机而停止发电而确定的，这样做的结果就是发电能力过大而造价昂贵的发电厂多数时间内都是处于低负荷下运行，造成一次投资和运行投资的浪费。

图3-1和图3-2是某区域夏季和冬季的每周用电波动图。图中可见，白天和晚上的用电量不同，周末和其他时间也不一样，冬季和夏季更不一样。更严重的电力波动出现在商业区和工业区，周末的用电量几乎降为零。所有地区都有季节性波动。虽然这两张图对说明储能的必要性还不够清晰，但如果工厂使用可再生能源，如太阳能、风能来发电，由于输入电能的间歇性，电力输出的波动性就十分明显，储能的需求就十分清楚，储能及其转换系统也比常规工厂的转换系统昂贵得多。

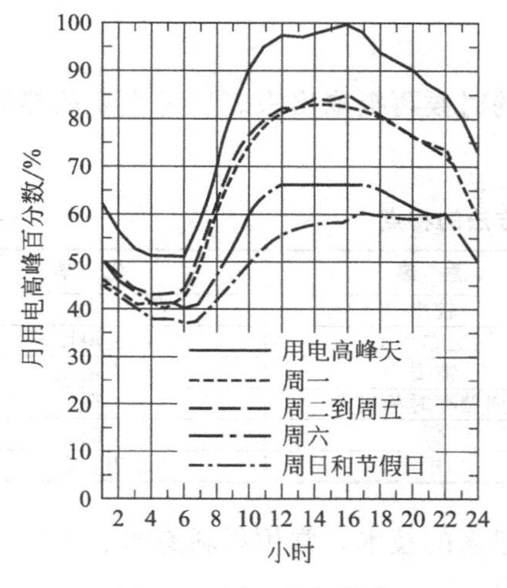

图 3-1　夏季电力负荷

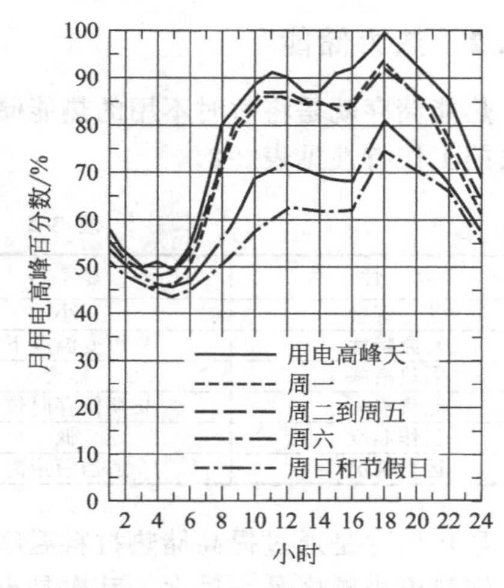

图 3-2　冬季电力负荷

因此，电力储能的目标就是保证现有电厂在用户电力需求波动的条件下能够以稳定的发电量满足电力需求。当电力需求低于发电厂的发电容量，就将能量储存起来；当电力需求高于发电厂的发电容量，再将储存的能量释放出来。这样就可以保证电力供应的可靠、有效和经济供电，在一天或一周的有限时间里，有能力满足用电高峰的需求。

实际上，自然而然的储能已经在自然界经历了数亿年的历程，自然界将能量自然地储存在燃料中。自然储存的能量密度很大，化石燃料、煤、石油、天然气都含有 37×10^6kJ/m^3 能量。天然铀金属（含有 0.07%U^{235}）含有大约 10^{14} kJ/m^3 的能量。随着各种燃料供应出现问题，能源的资源性保护将增加发电装置的一次投资和生产投资。

电力储存的成本是比较昂贵的，从生产运行管理的角度看，在需要的时候生产出需要的电量是最经济合理的。只有在生产与需求无法匹配的时候，才有必要进行能量的储存。因此，对发电过程及其发出的电力进行优化管理是节能的一项重要工作。这些优化管理可以包括：

① 由相互连接的电网满足电力供应的峰值。

② 对基本发电负荷采用更新和更有效的发电机组，用老电厂来调峰。

③ 用建设投资少、一次投资低的机组构造调峰电厂，如特定的蒸汽发电厂、小型水电厂或燃气轮机电厂。

④ 附加的能量储存系统。

一般而言，电力供应的可靠性和经济性可以由基本负荷电厂、中间负荷电厂和调峰电厂的混合使用达到最佳状态。

① 基本负荷电厂：提供电网的基本电力负荷，这样的电厂通常是容量较大、效率较高的蒸汽发电厂，采用化石燃料或核燃料的郎肯循环。如果不是计划检修或强制停机都将连续工作。其发电运行因子为 60%～70%，这样高的发电运行因子导致电厂的装置投资比较低。

② 中间负荷电厂：通常是效率比较低的蒸汽发电老厂或专门设计用来进行中间负荷时发电的电厂。这种电厂主要在负荷要求高的期间工作，年发电运行因子在 25%～50%之间。这样大的范围是由于季节变化、工业用电量增大、夏季空调用电量增大等原因造成的。

③ 调峰电厂：这种电厂是专门设计的、在用电高峰期间（如骤增的空调负荷、晚上的照明集中负荷等）提供廉价电力的电厂。其发电运行因子低到 5%～15%，电厂利用率也非常低，经常处于间歇式工作，一天中工作时间有时为 2h，最多为 12h，而每周工作时间也不充足。

电力储能就是通过能量转换（如将电能转变成水的势能、空气的压缩能以及其他能量转换原理和技术）将一天中、一周中或一年中超过需求的那部分电力储存起来，用于一天中、一周中或一年中的用电高峰期，以减少不必要的发电能耗。

3.1.2 热力储能

热能储存就是将暂时不用的热能储存起来，用的时候再提取出来。三种主要的热能储存方法的工作特性见表 3-2。

表 3-2 三种热能储存方法的特点

特 性	显 热	潜 热	化 学
储存容量	小	较小	大
复原特性	可变温度下	固定温度下	可变温度下
隔热措施	需要	需要	不需要
能量损失	长期储存时较大	长期储存时相当大	低
工作温度	低	低	高
运行情况	适当短距离	适当短距离	适当长距离

显热储存是通过提高储热材料温度将热能储存起来的技术，常用材料有水、土壤、岩石等。储热能力顺序是水最大，其次是土壤，岩石最小。

潜热储存是利用介质相变热储存热能的技术。实际使用过的潜热储能介质有十水硫酸钠（$Na_2SO_4 \cdot 10H_2O$）、五水硫代硫酸钠（$Na_2S_2O_3 \cdot 5H_2O$）和六水氯化钙（$CaCl_2 \cdot 6H_2O$）等。存在的问题是储能介质昂贵，容易腐蚀。

化学储能是将化学物质分解后分别储存，分解后的物质重新化合时放出热量。

人们最关心的是与发电厂相结合的大规模的储能问题。能量的储存可以将电厂设计成在低于用电负荷高峰的恒定容量下工作，这一过程被称作“削峰（peak shaving）”，这样可以大幅度降低电厂的一次投资。当然，只有当储能系统的一次投资和运行投资低于电厂相应成本时才会有吸引力。

储能密度是一个值得重视的问题，通常储能密度远远低于化石燃料和核燃料。

3.2 能量储存系统

从系统上说，有两种储能方法，一是电力储存，二是热能储存（图 3-3）。

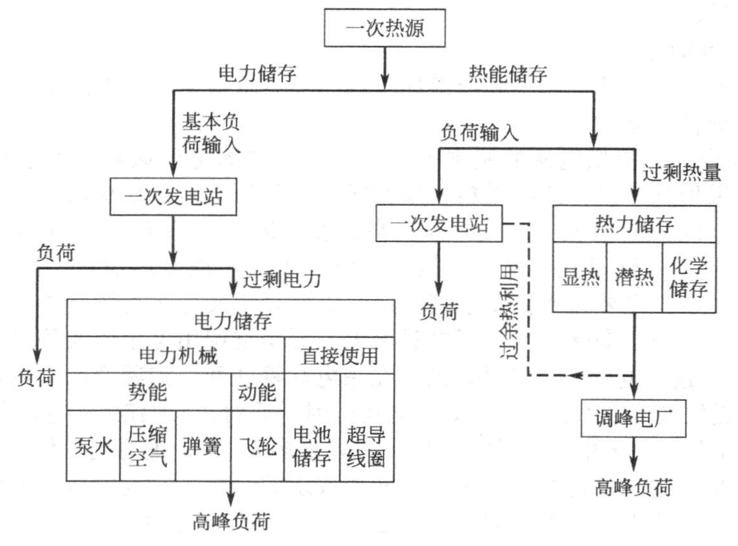

图 3-3 能量储存系统

(1) 电力储存　基本负荷发电厂在用电负荷低时总是连续运行的，这样在非峰值时就可能形成过量的电力生产量。电力储存就是将过量生产的电力储存起来用于用电高峰期。由于在能量储存和输出过程中总会有损失，所以由储能供应出去的电力永远小于储存能量所消耗的电力。已经采用和正在研究的电力-机械能储存方法有：转化成势能的水压头储能，压缩空气，弹簧、扭杆、质量提升高度储能等，转化成动能的各种飞轮储能。

(2) 热能储存　所有的储热形式都是将热能在低负荷时储存到物质中去，在高热负荷时再释放出来。发电厂要满足用电高峰时的实时电力供应，将可以获得的热能储存到一个装置中（图3-4和图3-5）。

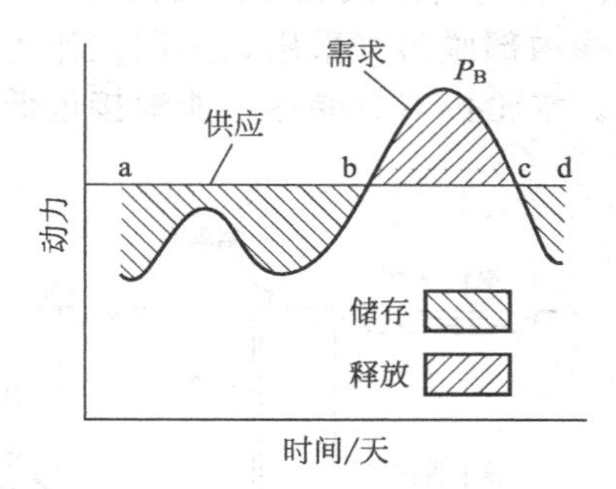

图3-4　由化石燃料或核燃料恒热输入的热能储藏

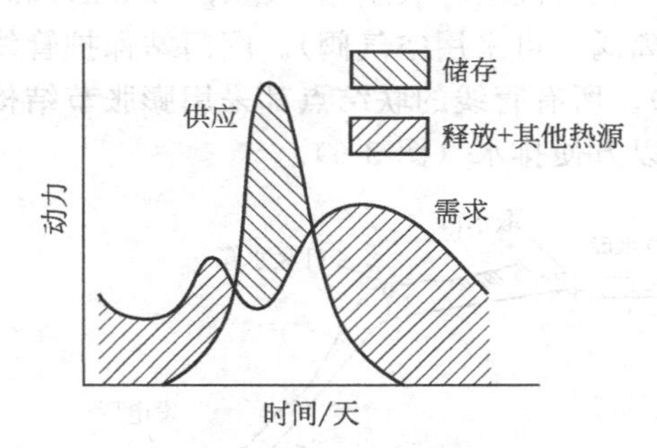

图3-5　以假想的太阳能入射变化进行的热能储藏

热能转换成电能的过程可以在基本负荷发电厂进行，也可以在调峰电厂进行。由于储存损失和转换效率问题，输出的热能必定小于存入的热能。热能储存方式有：显热储能；潜热储能；化学反应储能。

3.2.1　转化成水压头储能

水压头是大型能量储存的势能方法，是最早开发和使用的方法。其原理就是用水泵提高水的势能。所获得的势能为

$$PE=\frac{g}{g_c}mH \tag{3-1}$$

式中，PE为势能，J；g为重力加速度9.81m/s^2；g_c为守恒因子，1.0kg/(N·s^2)；m为质量，kg；H为提升高度m。

运行压头（或水泵压头）H_p和汽轮机发电方式H_t是不同的：

$$H_p=H+H_1 \tag{3-2}$$

$$H_t=H-H_1 \tag{3-3}$$

式中，H为静压头或高度；H_1代表流动过程的损失。

用质量流率$\dot{m}$（kg）代替式（3-1）中的质量，并采用适当的压头单位可以得到

$$P_p=\frac{g}{g_c}\rho\dot{Q}_p\dot{H}_p \tag{3-4}$$

$$P_t=\frac{g}{g_c}\rho\dot{Q}_t\dot{H}_t \tag{3-5}$$

式中，P_p和P_t分别为水泵和汽轮机模式的功率，W；$\dot{Q}_p$和$\dot{Q}_t$分别为水泵和汽轮机发电方式的流率，m^3/s。

式（3-1）表明，1000kg物质上升100m将储存9.81×10^{5}J的能量。巨量物质提升到足够高的高度可以储存大量的能量。可以由提升流体（通常是水）来实现这样的物质提升，即

从低位水库将水提高到高位水库，水库可以是人造的，也可以是天然的。但建造这样的储能系统需要适当的地形条件，两个水库之间要有足够容量、最大的提升高度 H 和最小的水平距离 L，最适宜的条件是比值 $L/H<2$，但多数条件是 $L/H=4\sim6$，有的甚至为10，好的地形条件是比较难找的。

通常将此类储能系统分成地上系统（包括高压头、中压头和低压头）和地下系统。

3.2.1.1 地上水力储能系统

在高压头水力储能系统，高位水库由水坝拦截水流形成，下面是斜度很大的水道。水由高位水库出来，经过水平压力渠道和一个倾斜主管道进入发电车间。倾斜主管道入口通常设置一个压力波动呼吸水箱（Surge Tank）和一个阀门站（设有管线破裂时自动投入运行的自动隔离阀，可采用空气阀）。阀门站保护管线，防止管线内部脱落（采用天然洞穴作为水力通道）。所有管线的联结点都采用膨胀节结构进行联结。水轮机本身要尽可能地接近低位水库，以方便排水（图3-6）。

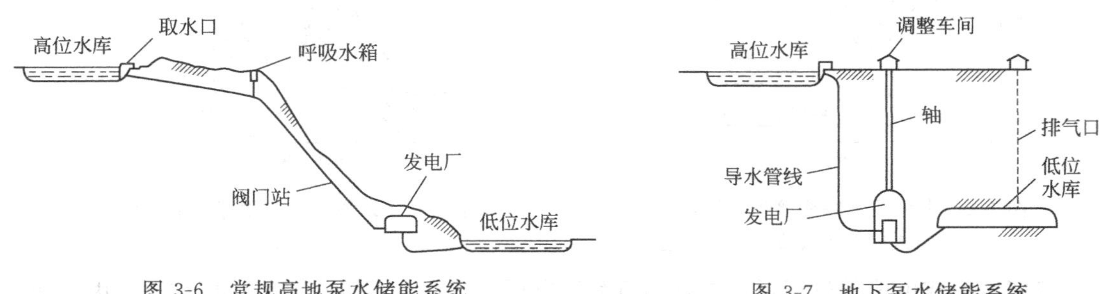

图3-6 常规高地泵水储能系统

图3-7 地下泵水储能系统

而中位压头水力储能系统，采用几乎水平的明渠沿着山谷引水进水电站，通过一个较短的压力管（通常叫做Penstock）将水引进水轮机。

3.2.1.2 地下水力储能系统

为了克服对地形的依赖，采用地下水力储能系统。此时，高位水库可以是地表或接近地表的水库，而低位水库则是地下的天然岩洞、废弃矿床或其他地下洞穴，系统结构见图3-7。

所有系统中，主要装置是可逆的水轮机（Pump-Turbine）或电机-发电机机组。用电低谷时，发电机发出的多余电力用来驱动电机-水泵系统将水由低位水库提升到高位水库。而在用电高峰时，就进入水轮机-发电机系统方式工作（有些水电厂采用的是分离的常规水泵和水轮机而不用可逆机械）。

水利储能系统损失包括电机水泵损失和流动损失、地下渗水、管道和设备泄漏、储水期间的水自然蒸发、水轮机和发电机损失和流动损失。水力储能系统的联合效率叫做周转效率(Turnaround efficiency)，定义为输出的总能量除以落水和升水循环的总能量输入。多数水电厂的周转效率约为65%。水力储能的容量取决于发电量。水轮机-发电机方式工作的总电力输出大于电机-水泵方式工作的电力输出，但后者运行持续时间大于前者，所以输入能量比较大（能量等于功率乘以时间）。

3.2.2 压缩空气储能

压缩空气储能系统与水力储能系统属于同类系统，将空气压缩并储藏到风库或地下洞穴中，在用电高峰期间在气轮机中膨胀做功发电。通常，压缩空气储能的周转效率与水利储能的周转效率相同。

3.2.2.1　**风库**

风库中的压力、温度和湿度都是周期性重复波动的，必须确定这种波动的长期效应。通常都是多个风库同时运行作为一个风库储能系统。自然界可以利用的天然风库包括盐穴、矿床穴和天然洞穴。

① 盐穴。过去用于储藏石油制品。在电厂寿命期间，储藏压缩空气的负荷时盐穴是稳定的，所关心的是盐穴的尺寸、几何、空间、长期工作的蠕变和岩盐蠕变裂变以及空气的泄漏等。

② 矿床穴。由天然多孔岩石形成。矿床穴用于储存天然气已有近百年历史。矿床穴用作风库是按年循环而不是按日循环。矿床穴用作风库时需要评估空气及其所含的氧在高温储存条件下的不同物理效应。使用矿床穴所关心的其他问题还有：多孔岩的环状失效、空气与水界面的移动（通常是自然存在的水）以及细颗粒物的产生和运输。

③ 天然洞穴。由于体积问题，通常需要水来补偿空间形成空气的压缩压力，所以，投资要比前两种要高，但在没有温度调整设施的条件下是最稳定的。所关心的问题主要是：空气和水出现气泡转换（称作香槟酒效应）、循环工作条件下的硬岩石性质以及第一次出现裂纹后的剩余强度问题。

3.2.2.2　**孤立系统和联合系统**

当空气被压缩储存起来，其温度自然要上升。温升程度按下式计算：

$$T_2=T_1\left(\frac{P_2}{P_1}\right)^{(n-1)/n} \tag{3-6}$$

式中，T 和 P 分别代表绝对温度和压力；角标 1 和 2 分别代表压缩前后；n 代表不可逆压缩过程的多变指数。

压缩热在进入气轮机膨胀作功之前可以保存在空气或其他介质中，这样的工作方式叫做孤立系统，储存效率比较高。所储存的热量允许低温空气在气轮机中作功时出现结霜现象。如果允许储存热出现耗散，为了保持高储存效率就需要增加燃料进行燃烧，但其结果是增加额外费用和维护问题，这样的系统称作联合系统。

图 3-8 是简单的孤立压缩空气储能系统，没有画出主厂房。在非用电高峰期间（小时为单位），主发电机发出的电用于驱动电机-发电机方式下工作的压气机（C）。压缩空气首先通过一个吸收显热的紧凑床（P），然后进入地下恒压风库（R）。恒压是依靠与大气相通的水池中的连通水的静压来保持。在用电高峰期间，风库中的压缩空气通过紧凑床吸收显热，然后进入气轮机驱动电机-发电机系统。在用电高峰期间和非用电高峰期间，离合器（Cl）分别将压缩机和气轮机分离开来。

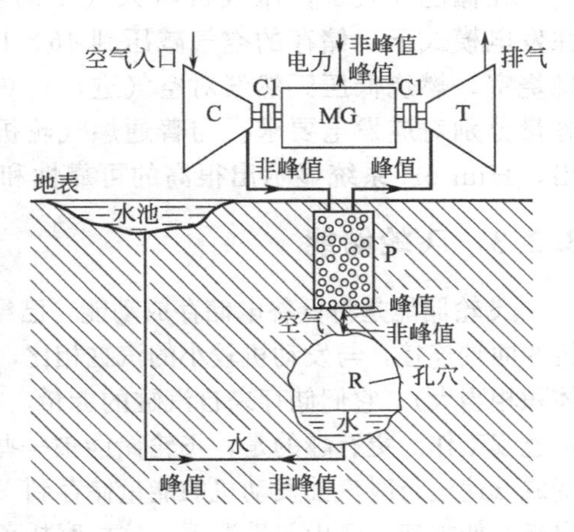

图 3-8　简单的单级绝热压缩空气储能系统
C—压缩机；T—透平；MG—电机-发电机；
P—紧凑床热能储藏装置；R—空气储藏库

正如期望的那样，风库体积是风库压力的强函数。例如，在 1500MW·h 峰值单位容量在 2000000m^3 体积下可以保持 10^5Pa 压力，而 64000m^3 可以保持 10^7Pa 压力。通常条件下，紧凑床热能储存体积是风库体积的 1/10。为了减少投资和运行费用，有必要采用高压压缩空气。

【例题】计算 1500MW·h 峰值机组 7.5h 的空气流量、压缩风温、储存体积。假定压缩机入口为 10^5Pa、20℃，出口为 10^7Pa。压缩机多变效率 70%，峰值气轮机效率 60%。空气的定压比热 c_p=1.05kJ/(kg·℃)，空气的气体常数R=284.75kJ/(kg·K)。

解：对多变效率为70%的压缩机，定压比热

$$0.7=\frac{h_{2s}-h_1}{h_2-h_1}=\frac{T_{2s}-T_1}{T_2-T_1}$$

式中，1、2、2s分别代表压缩机进出口和等熵出口工况。

$$T_{2s}=T_1\left(\frac{P_2}{P_1}\right)^{(k-1)/k}=(20+273)\left(\frac{100}{1}\right)^{(1.4-1)/1.4}=1092\text{K}=819℃$$

$$T_2=\frac{819-20}{0.7}+20=1162℃（对应于多变指数 n=1.5266）$$

气轮机输出1500MW·h，储存的能量$=\frac{1500}{0.60}=2500$MW·h

$$空气质量=\frac{2500\times 3.6\times 10^6}{1.05\times(1162-20)}=7.5\times 10^6\text{kg}$$

假定岩穴中空气参数为10^7Pa、20℃

$$所需总体积=\frac{7.5\times 10^6\times 284.75\times(20+273)}{10^7}=62574\text{m}^3$$

7.5h充入岩穴平均空气量$8343\text{m}^3/\text{h}$。

可见，上述系统要求非常大的压气机，其入口需要10^5Pa的空气流量为$834000\text{m}^3/\text{h}$，出口参数$10^7$Pa时的空气温度已经达到1100℃，如无合适的大容量压气机，可以采用两级空气压缩能量储存系统。采用两个压气机-电机-发电机-气轮机机组。

3.2.2.3 Huntorf压缩空气储存系统

第一台压缩空气储存系统是建在德国Huntorf的290MW系统，1987年投入运行。是一个具有300000m^3总体积，位于地下650～850m深的风库。该系统由电机-发电机通过离合器连接三级中间冷却的三级压缩机和具有再热系统的两级气轮机，这套机组要求在空气进入气轮机之前加热，属于联合系统。

在储能模式下，压气机将大气中的空气压缩进入岩穴，形成$(50\sim70)\times10^5$Pa压力。在发电模式下，储存的空气减压到46×10^5Pa，在进入燃气轮机之前首先进入燃烧天然气的燃烧室，燃烧低压天然气对空气进行再热。空气每天储存8h，发电2h，压气机和气轮机的容量分别对应发电要求。与普通燃气轮机循环相比的一个优点是压气机吸收2/3的气轮机输出，Huntorf系统显示出很高的可靠性和和98%的时间可用率。

3.2.3 飞轮储能

飞轮储能是将低谷电储存成动能，已经广泛应用到往复式发动机来“削峰”。物理上与发动机的曲轴连接，与发动机较小的汽缸相比，飞轮体积比较大（例如，与老式蒸汽发动机相比，其体积相当大）。它们储存来自汽缸的能量，在没有电力冲击时再释放出能量，通过曲轴和汽缸稳定连续工作。更有趣的是，飞轮储能被一些摩托车设计师看中，设计出所谓“联合摩托车”，将变成低速运行时汽油发动机的能量储存到飞轮中，等到要求高速运行时，再将飞轮中的能量释放出来，如加速、爬山等情况下，这样摩托车运行就更加稳定，输出效率也就更高。

采用飞轮可以将扭矩变化削减到最小值。由于动能正比于质量与速度平方的乘积，动能变化导致速度变化的程度可以由质量来调整。相反，储存在飞轮中的能量，可以由提高速度的方法来提高。飞轮的速度定义为$2\pi Rn$，飞轮中储存的能量就等于动能。于是

$$E=\frac{1}{g_c}m(2\pi Rn)^2=\frac{2\pi^2}{g_c}mR^2n^2 \tag{3-7}$$

式中，E为能量，J；m为飞轮质量，kg；g_c为转换因子，1.0kg/(N·s^2)；R为旋转半径，m；n为每秒转数。

飞轮转速由 n_1 变到 n_2，飞轮吸收的能量为：

$$\Delta E=\frac{2\pi^2}{g_c}mR^2(n_2^2-n_1^2) \tag{3-8}$$

转速变化与平均转速 n 的比值称作速度波动系数 k_s

$$k_s=\frac{n_2-n_1}{n}=\frac{2(n_2-n_1)}{n_1+n_2} \tag{3-9}$$

式中，$n=(n_1+n_2)/2$。

联列上述三个公式，可以得到：

$$\Delta E=\frac{4\pi^2}{g_c}k_s m^2 n^2 \tag{3-10}$$

系数 k_s 取决于速度调节的希望程度，如对发动机，细调为 0.005，粗调为 0.2。这样，对于给定的能量吸收量 ΔE，连续速度调节时就必须采用较高的 m 或 R^2 值。

飞轮设计的另外一个重要的问题是飞轮高速旋转时的应力，“理论最大比能”（单位质量储存的能量）依赖于应力/密度比。

$$\left(\frac{E}{m}\right)_{\max}=3.77\times10^{-7}k_m\frac{\sigma}{\rho} \tag{3-11}$$

式中，E/m 为比能，kW·h/kg；k_m 为质量-能量因子，无量纲；σ 为许用应力，kg/m²；ρ 为密度，kg/m³。

飞轮半径是要考虑的重要问题。对于均匀密度为 ρ、均匀厚度为 t、外径为 R_0 的圆盘，以 r 为变量（从 0 变到 R_0）有：$\int_0^{R_0}\frac{1}{2g_c}(2\pi r\mathrm{d}rt\rho)(2\pi rn)^2=\frac{1}{g_c}(\pi R_0^2t\rho)(2\pi Rn)^2$，由此，$R=R_0/\sqrt{2}=0.07071R_0$。旋转半径的另一个应用是计算惯性的动量 $I=R_m^2$。

k_m 代表飞轮设计的材料强度的完善程度，如果整个飞轮应力均匀，k_m 取最大值。各向均匀材料 k_m 的最大值是 1.0，此时径向和切向应力均匀相等；当材料只有一个方向应力时，k_m 的最佳值为 0.5，如纤维强化物质。在应用非常细的材料时（单位质量的能量吸收最小化）出现两个最大值。为了减少占用的空间、质量、安全外壳和气体或真空室的成本，设计中，k_m 和比能量都不大型化设计。“体积比能量”，即单位体积的能量由下式给出：

$$\left(\frac{E}{V}\right)_{\max}=3.77\times10^{-7}k_v\sigma \tag{3-12}$$

式中，E/V 为体积比能量，kW·h/m³；k_v 为体积效率比，无量纲。

k_v 代表飞轮设计的材料强度的完善程度和围绕飞轮填充的圆柱形体积。对于均匀密度材料，k_v 等于 k_m 乘以飞轮占据的圆柱形体积的份额。

决定飞轮储能适应性的主要参数是这两个效率比 k_v 和 k_m 以及应力和密度。k_v 和 k_m 取决于材料种类（各向同性性质、成分沿着轴向的分布、密度的变化）以及飞轮的形状（圆盘、鼓形、杆状）。图 3-9 给出了高性能飞轮设计的 k_v 和 k_m 之间的关系。

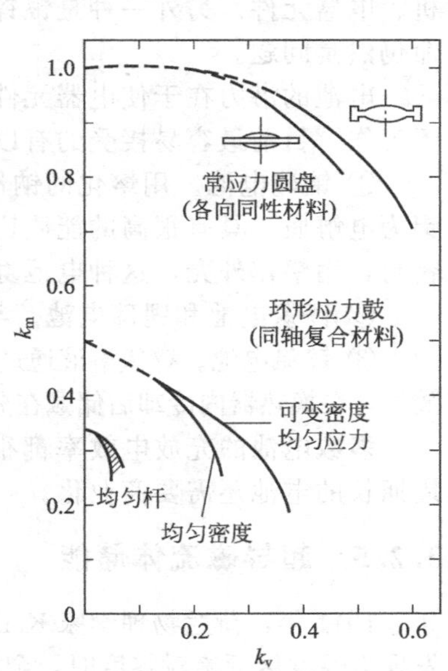

图 3-9　高性能飞轮质量与速度效率比之间的关系

对于玻璃纤维和硅纤维，需要较高的“强度-密度比 σ/ρ”。但是，不可避免会出现加工裂纹，由于应力作用，这些裂纹还会长大，能量储存过程的周期性操作，也会引起裂纹长大和断裂。因此，对多数材料都要设置强度极限。

振动频率与高循环频率一起，也要求强度极限。尤其是单薄的设计，如薄圆盘等。这样，能量储存设计就取决于设计、材料、加工精度、检测方法、复查，换句话说，就是质量管理的严格程度。

储能飞轮的材料必须是高强度、高强度/密度比、高抗裂纹长大能力并且具有良好的强度投资比。所需要考虑的内容包括某些合金，如马氏体合金。更折中的成分如纤维强化塑料，其中一种是环氧树脂中含有62%的S-玻璃，其密度为1965.24kg/m^3，在强度达到10^4转时的工作应力为500.446×10^6kg/m^2。其他有吸引力的材料有石墨环氧树脂和Kelar环氧树脂。而马氏体钢密度为8008kg/m^3，在10^4转条件下，工作应力为70.79×10^6kg/m^2。

储存能量的飞轮是一个系统，除了飞轮本身外还包括一系列的子系统。如外壳、轴承（目前认为球轴承最合适）、真空泵（防止缝隙泄漏）、密封（防止油和空气泄漏进真空区）以及一些防护环（以防万一飞轮转子断裂形成飞轮碎片伤人）。

3.2.4 电池储能

铅酸电池是为机动车提供动力的直流电池，包括一系列串联的电压单元（例如12V电压要6个单元），每个单元中含有几个平行连接的铅板作为阳极，用氧化铅做阴极板。这些极板都浸泡在硫酸溶液中，硫酸溶液作为介电介质，在放电工作模式，放出直流电，阳极的铅被氧化成铅离子而生成硫酸铅。电化学反应为

阳极 $$Pb_{(s)}+SO_{4(aq)}^{2-}\longrightarrow PbSO_{4(s)}+2e^- \quad [3\text{-}13\ (a)]$$

阴极 $$PbO_{2(s)}+4H_{(aq)}^{+}+SO_{4(aq)}^{2-}+2e^-\longrightarrow PbSO_{4(s)}+2H_2O(aq) \quad [3\text{-}13\ (b)]$$

放电过程中所有的极板都逐渐被硫酸铅覆盖，在阳极表面都是铅，在阴极表面都是氧化铅，硫酸浓度逐渐变稀。在充电模式，电池以与放电过程相反的方向工作，化学过程是上述方程的逆反应，充电电流必须是直流电或经过整流的交流电。铅酸电池可以进行多次充放电，但铅酸电池只能用于小型车辆。

先进的电池已经进行多年研发，具有较大的能质比。其中之一就是镍镉电池，以氢氧化镍作为阴极，以镉为阳极，以氢氧化钾为电解质溶液。其特点是体积小，可以用于诸如收音机、电器元件。另外一种是银锌电池，用饱和的氢氧化锌作溶液，主要用于电器元件，但寿命仍然是问题。

电池的潜力在于使电器元件和产品便携，使用可溶解的或液体的反应剂并能在一定温度下工作，目前最容易接受的有以下几种。

① 钠硫电池。用熔化的钠作为一个极，硫和亚硫酸钠混合物作为另一极，以固体氧化铝为电解质，具有很高的能质比，运行温度可适应到250℃，这样的温度允许使用Teflon做密封，用铝作外壳，这种电池寿命周期长。

② 锂氯电池和锂碲电池。与钠硫电池具有类似的特征。

③ 锌氯电池。锌氯溶液通过石墨单元泵出，锌沉积在石墨单元上，氯在石墨上以气体形式放出，在换热器内冷却后储藏在分离箱内。氯是有害气体，要储藏在相对无害的低温油灰内。

多数电池的充放电效率都很好，约为70%～80%。但应该知道，高效、质量轻、寿命周期长的电池还需要商业化。

3.2.5 超导磁流体储能

1911年，荷兰物理学家Kamerlingh Onnes发现了金属材料电阻对温度的依赖性。研究中发现当温度接近绝对零度时，金属汞的电阻突然变为零，Onnes把这种现象叫做超导，其他材料也展示了相同的现象。材料出现超导现象的温度叫做转变点或临界温度，所有超导金属的临界温度都在低温学范围。这些现象随机地发现许多用途，低温工程变成特定科学和工业。

1970 年，应用超导理论建设了超导电磁设备进行磁流体发电。为了冷却发电机、电机和变压器以及输配电设施采用了许多泡状室。20 世纪 70 年代曾采用高纯度铝在 70K 下工作。技术成功一方面取决于所用金属和绝缘系统，另一方面取决于运行操作。

超导磁能储存的概念最开始来自于充放电时间很短的脉冲能量储存，大规模能量储存开始于电器元件，其原理就是电能可以储存在线圈的磁场中。如果线圈是由超导材料制成，即保持在临界温度以下，即使发生变化，电流也不会发生衰减。线圈卸载荷，可以将电流释放回电路中去。电流 I 循环储存在线圈中的能量 E 为

$$E=0.5LI^2 \tag{3-14}$$

式中，E 为能量，J(J＝W×s)；L 为电感，H［1 亨利＝(电压×s)/A］；I 为电流，A。

线圈的电感是其尺寸的函数，对矩形截面导体的线圈（图 3-10）

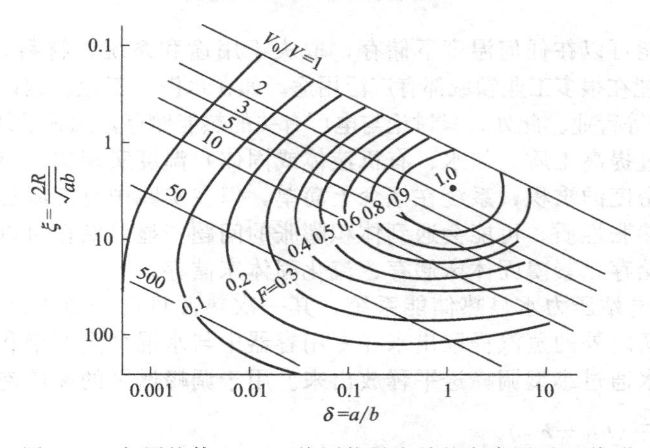

图 3-10　与圆柱体 Brooks 线圈能量有关的定常因子 F 线群

$$\xi=\frac{2R}{\sqrt{ab}} \tag{3-15}$$

$$\delta=a/b \tag{3-16}$$

$$V=2\pi Rab \tag{3-17}$$

式中，R 为线圈的平均半径，m；a 和 b 分别为导体的边长，m；V 为线圈一圈全长的导体体积，m^3。

则电感的计算方法为：

$$L=f(\xi,\delta)RN^2 \tag{3-18}$$

式中，$f(\xi,\delta)$ 是单位为（V・s)/(A・m）实函数；N 是线圈的匝数。

储存在线圈中的能量［式 (3-15)］可以重新写作：

$$E=\frac{1}{2}f(\xi,\delta)RN^2I^2 \tag{3-19}$$

使用由下式定义的电流密度：$j=NI/(ab)$　(3-20)

得到

$$E=\frac{1}{4}\pi^{-5/3}f(\xi,\delta)\xi^{-2/3}V^{5/3}j^2 \tag{3-21}$$

能够给出电感与体积最大比值 L/V 的线圈叫做 Brooks 线圈。它具有无量纲形式

$$a=b \text{ 和 } R=3b/2 \tag{3-22}$$

所以对 Brooks 线圈 $\delta=1$；$\xi=3$，储存期中的能量 E_B 为

$$E_B=3.028\times10^{-8}V^{5/3}j^2 \tag{3-23}$$

对于圆柱线圈，能量以 E_B 的分数形式给出，比例系数 F 小于 1

$$F=E/E_B \tag{3-24}$$

对特定线圈，F 是 ξ 和 δ 的函数（图 3-10）。一个重要参数是储存单位能量所需要的体积，即

$$\frac{V}{E}=\frac{V}{FE_{B}}=\frac{0.33\times10^{-8}}{FV^{2/3}j^{2}} \tag{3-25}$$

对 Brooks 线圈，F＝1.0。上式表明，线圈的经济性尺寸正比于线圈体积，这样储存单位能量的投资与其体积的 2/3 次幂成反比，与电流平方成正比。但电流密度受到稳定性的限制，其值介于 $52\times10^{6}\sim100\times10^{6}\,A/m^{2}$。

磁能储存的主要机械设计问题是由于需要非常大的结构质量来容纳磁场能量，这将导致大量的外向辐射力。质量正比于材料密度和所储存的能量，与应力成反比。这样的质量，如果由不锈钢制造，将达到 160kg/(kW・h)，在投资上难以接受。

3.2.6 显热储能

一般而言，热能可以在任何温度下储存，取决于用途和系统、材料、工作范围（从制冷到 1200℃）。显热储能在很多工业领域都有广泛用途，如在水泥加工业、钢铁工业、玻璃、制铝、造纸、塑料以及橡胶等行业。此处，只讨论与电厂有关的热能储存，尤其是郎肯循环的热电厂。

显热储存是通过提高工质（如水、有机液体或固体）温度实现的。显热储存密度等于温差、比热容和材料密度的乘积，系统在概念上简单，但在实践中有变温运行和储存密度低等缺点。由于材料的热胀性质，可能会遇到体积膨胀的问题。显热储存可以采用下列方式：水增压储存；有机液储存；紧凑固体床储存；流化固体床储存。

图 3-11 是一个电站压力水显热储能系统，其一次热源可以是核电站也可以是化石燃料电站。电厂基本负荷之外的蒸汽提取出来在专用容器中与水混合生产饱和高压水。在电厂负荷高时，这些饱和水通过小型调峰透平释放出来。用于调峰透平的高压饱和水的单位容积储能量为储能密度$=\frac{1}{v_{f1}}(h_{f1}-h_{f2})$

式中，v 和 h 分别为高压饱和水的比容和焓；角标 1 和 2 代表储能和排空压力状态。调峰汽轮发电机获得的电能密度取决于以下两个效率。首先是热转换效率 η_{ta}，其次是调峰汽轮发电机效率 η_{p}。前者与专门容器的金属壁厚、结构和数量、连接管道、外部对流损失等密切相关的各种损失有关。

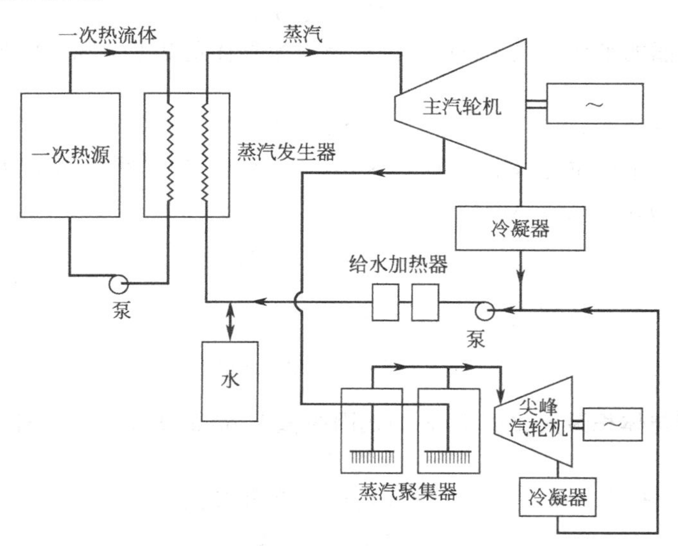

图 3-11 电厂用压力水显能储存系统示意图

储存在蒸汽聚集器结构中的能量与高压水中储存的能量之比，以厚度为 t、直径为 D、

高度为 L 的圆柱体容器而言为：$\dfrac{\pi DLt\rho_s c_s}{(\pi D^2/4)L\rho_f c_f}=2\left(\dfrac{P}{\sigma}\right)\dfrac{\rho_s c_s}{\rho_f c_f}$

式中，P 为压力；ρ 为密度；σ 为器壁应力；c 为比热容；角标 s 和 f 代表固体和流体。体积热容是密度与比热容的乘积 ρc；P/σ 的比值很小，对钢而言为 0.03，传输到器壁上的能量很小，可以忽略。因此，能量转化过程中水与环境之间的对流损失就成为热转换效率的主要因素，与水温、时间和总传热系数 U 有关。系统的时间常数 τ 为热容与热阻的乘积

$$\tau=\left(\frac{\pi D^2}{4}\rho_f c_f L\right)\left(\frac{1}{\pi DLU}\right)=\frac{D\rho_f c_f}{4U} \tag{3-26}$$

如果液体温度在全负荷时为 T_1，由于没有能量提取而只有能量损失，温度对时间的依赖随着时间的推移按照全负荷条件递减。假定一个热容系统，瞬时传热计算中外部热流容抗比内部热流容抗小，则 $\dfrac{T(\theta)-T_1}{T_\infty-T_1}=1-e^{-\theta/\tau}$。

式中，T_∞ 为环境温度。假定水温降低到 T_s 的时间为 θ_s，则 $\dfrac{T_s-T_1}{T_\infty-T_1}=1-e^{-\theta_s/\tau}$

热转换效率就通过 T_s 时刻的剩余能量与初始能量之比给出：$\eta_{ta}=\dfrac{h_s-h_2}{h_1-h_2}$

式中，h_1、h_2 和 h_s 分别为 T_1、T_2 和 T_s 下的压缩流体焓。假定整个过程比热不变，则

$$\eta_{ta}=\frac{T_s-T_2}{T_1-T_2}$$

连立上式得：

$$\eta_{ta}=1-\frac{T_1-T_\infty}{T_1-T_2}(1-e^{-\theta_s/\tau}) \tag{3-27}$$

可见，热转换效率是 θ_s/τ 的强函数。显能储存的温度-时间变化见图 3-12。

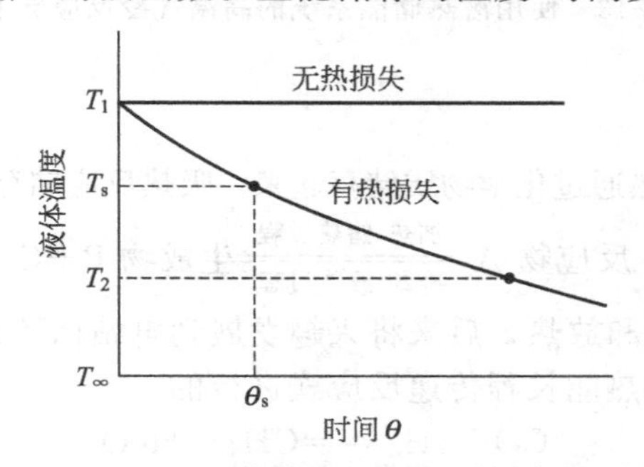

图 3-12　显能储存的温度-时间变化

T_1—全负荷；T_2—能量提取后；T_∞—环境温度

3.2.7　潜热储能

储存相变的潜热，可以是熔融固体，也可以是汽化的液体。能量储存密度等于熔化（或蒸发）潜热与储能材料密度的乘积。由于单相物质的潜热比其比热容大得多，所以潜热储能的能力比显热储能能力大得多。系统运行温度基本上为恒温，相变过程体积变化小。

储能材料必须有适当的相变温度和潜热值以及合适的物理化学性质，还要有良好的导热性、稳定性、装载特性、无毒性以及投资经济性。没有哪种材料能满足上述所有要求，但有些氟盐可以满足其中许多要求。其中被认为最适合潜热储能的是 70%NaF 和 30%FeF_2 组成的复合盐。熔点约为 680℃，储能能力为 1500MJ/m^3，是所有已知材料中最高的。另一种材

料是$ZnCl_2$，其熔点为370℃，储能能力为$400MJ/m^3$。

Bundy提出一个以70%的NaF-30%的FeF_2盐为介质的潜热储能概念系统。研究目的旨在找到技术难点和进行经济评估。以高温气冷反应器作热源（图3-13），采用4.8×10^6Pa压力的氦作为冷却介质，储能容量为7200MW·h，升载和卸载速度为600MW，调峰发电能力为200MW，持续12小时。

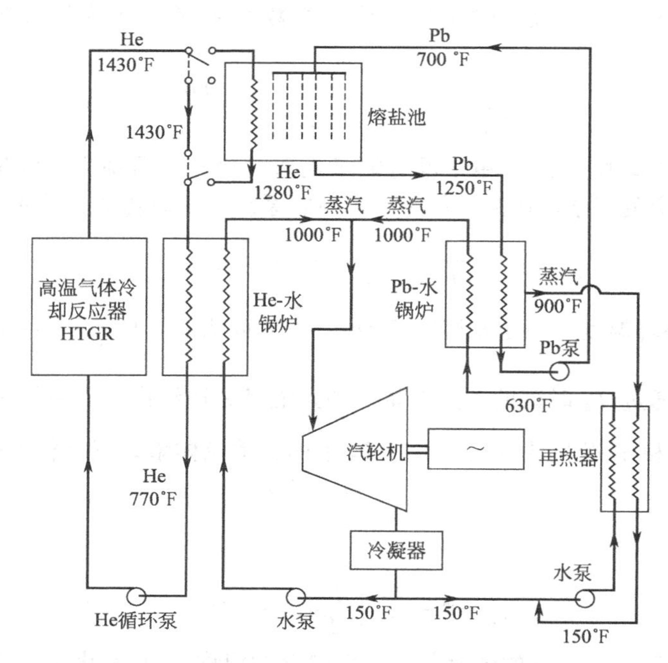

图3-13 使用潜热储能系统的高温气冷反应器电厂

3.2.8 化学储能

化学储能是将化学反应热通过化学物质储存起来，吸热反应储存能量，其逆反应放出能量

$$\text{反应物 A} \underset{\text{冷却 放热过程}}{\overset{\text{加热 储热过程}}{\rightleftharpoons}} \text{生成物 B+C} \tag{3-28}$$

最初的兴趣是低能储存和放热，后来将兴趣发展到电站循环的高温过程。Schulten的探索工作是按照气冷核反应堆热能长程传递反应式进行的。

$$CO+3H_2 \rightleftharpoons CH_4+H_2O$$

表3-3中列出这个反应和另外一些反应的逆反应。

表3-3 化学反应及反应热

化学反应	温度范围/K	298K下的反应热/[kJ/(g·mol)]
$CO+3H_2 \rightleftharpoons CH_4+H_2O$	700～1200	250.3①
$2CO+2H_2 \rightleftharpoons CH_4+CO_2$	700～1200	247.4②
$C_6H_6+3H_2 \rightleftharpoons C_6H_{12}$	500～750	207.2
$C_7H_8+3H_2 \rightleftharpoons C_7H_{14}$	450～700	213.5
$C_{10}H_8+5H_2 \rightleftharpoons C_{10}H_{18}$	450～700	314.0
$C_2H_4+HCl \rightleftharpoons C_2H_5Cl$	450～700	56.1
$CO+Cl_2 \rightleftharpoons COCl_2$	420～770	112.6

① 高位热值，包含了水的凝结热。

② 每gmol CH_4的反应热。

化学储能具有密度大的优点，通常比显热储能和潜热储能高出 2～10 倍。化学储能还可以通过催化剂将产物分离，在常温下长期储存。

可以作为化学储能的反应很多，但需要满足一定条件的反应才可以使用。如反应的可逆性好、无明显的附带反应、正反应和逆反应速度都足够快以满足热量输入输出的要求、反应生成物易于分离和稳定存储、反应物和生成物无毒无腐蚀性和无可燃性等。

催化反应主要用于气/气反应，如三氧化硫、乙醇和氨的热分解。

$$2SO_3(g) \xrightleftharpoons{1040K} 2SO_2(g)+O_2(g), \Delta H=98.4kJ/mol$$

$$CH_3OH(g) \xrightleftharpoons{402K} 2H_2(g)+CO(g), \Delta H=92.1kJ/mol$$

$$2NH_3(g) \xrightleftharpoons{466K} 3H_2(g)+N_2(g), \Delta H=56.5kJ/mol$$

这类反应的特点是反应物和生成物都是气体，无催化条件下生成物之间不会发生可逆反应。

乙醇储存和利用热能过程见图 3-14。气态的乙醇在吸热反应器中经高温和催化剂的作用生成气态的 H_2 和 CO，经过冷却器后，CO 被冷凝成液态储存起来，H_2 经压缩后储存起来。需要热能时，用管道输送到负荷所在地的放热反应器，在放热催化反应器中 H_2 和 CO 重新反应成乙醇并放出热量用于发电或供热。整个过程构成一个循环，因此也叫做化学热管。

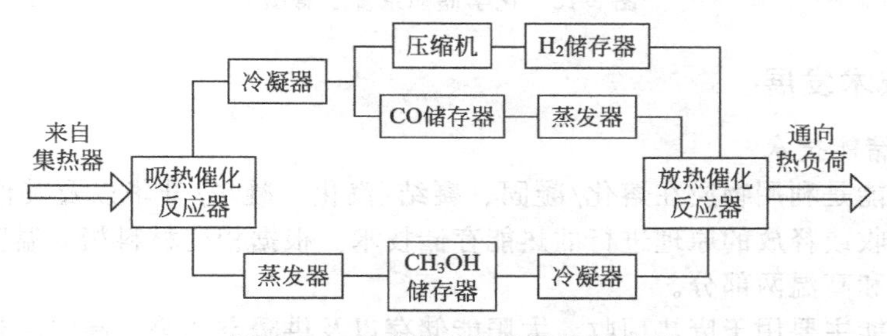

图 3-14 乙醇储存和利用热能过程

化学热管具有以下优点：

① 可以充分利用太阳能、核能而不消耗化石燃料，不形成污染。

② 化学热管系统的气体输送系统同时也是巨大的能量储存装置，可以根据需要方便地调整储存容量，适应用户的负荷要求。

③ 能量转换效率高。核能或太阳能转化成化学能的效率为 70%，甲烷化反应的效率可达 90%。

生成物分离主要是防止逆反应的发生。表 3-4 中列举了正在研究中的碳酸盐、氢氧化物和金属氧化物的反应。反应生成物分别为固态和气态，便于分离。其中，利用可逆热化学反应所产生的热量向用户供热的装置叫做化学热泵。与其他系统相比，化学热泵具有储能密度大、能在常温下储存的优点。按功能，化学热泵可以分为储热型、增热型或制冷型和升温型三种形式，所利用的反应物质主要有水合物、氨络合物、氢氧化物和金属氧化物等。图 3-15 是一套化学储能系统示意图。

表 3-4 碳酸盐、氢氧化物和金属氧化物的反应

反 应 式	大气压力下的反应温度/K	ΔH/(kJ/kg)
$MgCO_{3(s)} \rightleftharpoons MgO_{(s)}+CO_{2(g)}$	670	1420
$CaCO_{3(s)} \rightleftharpoons CaO_{(s)}+CO_{2(g)}$	1110	1800
$Ca(OH)_{2(s)} \rightleftharpoons CaO_{(s)}+H_2O_{(g)}$	500	1470
$Mg(OH)_{2(s)} \rightleftharpoons MgO_{(s)}+H_2O_{(g)}$	531	1390
$2BaO_{2(s)} \rightleftharpoons 2BaO_{(s)}+O_{2(g)}$	571～1100	530
$CaCl_2 \cdot 8NH_{3(s)} \rightleftharpoons CaCl_2 \cdot 4NH_{3(s)}+4NH_{3(s)}$	304	744

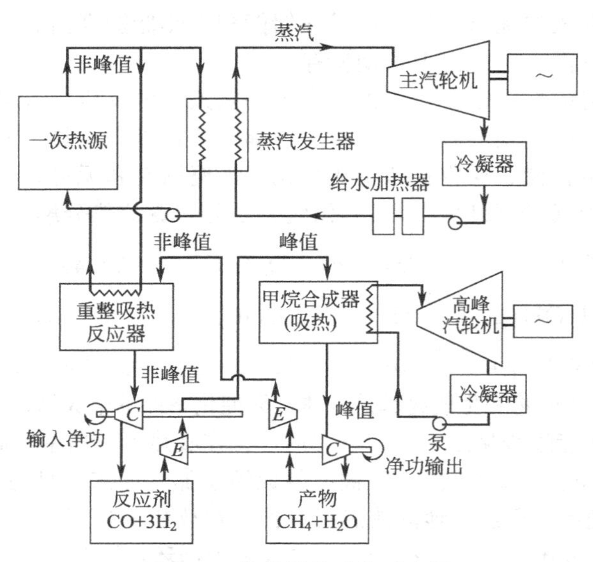

图 3-15　化学储能系统示意图

3.2.9　储能技术发展

3.2.9.1　高温储能技术

高温相变储能是利用物质在熔化/凝固、凝结/汽化、凝华/升华以及其他相变过程中伴有大量的能量吸收或释放的原理进行的热能存储技术。根据相变材料相变温度的高低，潜热储能又分为低温和高温两部分。

低温潜热储能主要用于废热回收、太阳能储存以及供暖空调等。高温潜热储能可用于热机、太阳能电站、磁流体发电以及人造卫星等方面。高温相变材料主要采用高温熔化盐类、混合盐类和金属及合金等。高温熔化盐类主要是氟化盐、氯化盐、硝酸盐、碳酸盐和硫酸盐类物质。混合盐类温度范围广、熔化潜热大，但腐蚀性严重，会在容器表面结壳或结晶迟缓。

高温储热技术的发展与近 20 年航天技术发展密切相关。空间站需要将太阳能转化为电能，其方法有二。一是光电直接转换系统，直接将阳光转化成电能。二是太阳能动力发电系统，先将太阳能转化成热能，再用热动力循环将热能转换成机械能，最后用发电机转换成电能。太阳能动力系统原理见图 3-16。

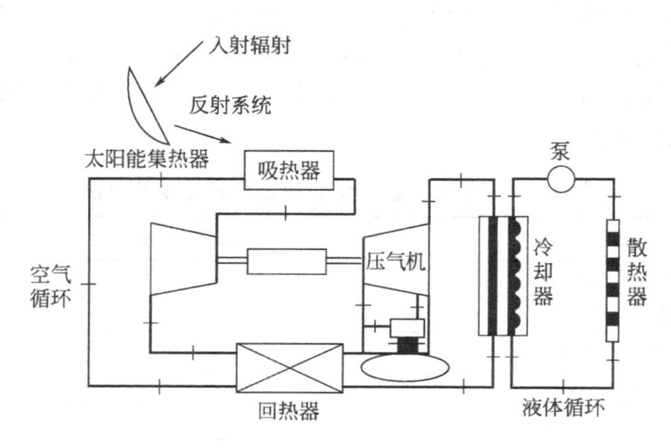

图 3-16　太阳能动力系统原理图

由于光电直接转换很低（一般为14%，高的不过20%～30%），无法满足太空站越来越大的电力需求，而太阳能发电系统质量轻、效率高、迎风面积小、寿命长，具有明显的优越性。

3.2.9.2 高温相变材料

用于太阳能热动力系统的高温储热材料应符合以下条件：

① 相变温度必须高于循环工质的最高工作温度，一般高出30～50℃，以保证介质在进入工作机前有一个基本稳定且满足要求的进口温度。

② 相变材料的相变潜热和密度比较大，这样可以减少相变材料的质量和体积，同时可以减少结构件质量。

③ 相变时具有较小的密度变化和液体的体积膨胀率、较高的导热率和液相比热，这些参数将影响相变材料容器的最高温度、温度梯度、热应力、吸热器尺寸和质量等。

④ 无毒性、不易燃，对相变材料容器腐蚀小，与容器相容性小，在周期性熔化和凝固状态下稳定工作。

满足这些要求的高温相变材料主要包括金属及其合金和氟盐及其共晶混合物等（表3-5）。金属密度大，相变时体积变化小、导热率高，具有很高的熔化热和优良的导热性能，可有效降低储热器的体积和质量。但金属的比热容小，过载情况下会导致过高的温度影响容器寿命并使出口温度波动较大。

目前研究较多的是氟盐及其共晶混合物，如 LiF、CaF_2 或它们的共晶物等。有三个优点：

① 相变潜热高。

② 相变温度与热机循环（闭式布雷顿循环——CBC）的最高温度相适应。

③ 和金属容器材料的相容性好。

但有两个严重缺点，一是液相变为固相时体积收缩较大，如 LiF 收缩23%；二是热导率较低。这两个缺点将导致“热松脱”和“热斑”现象，对相变材料容器的长期稳定非常不利。

表 3-5 几种可用于空间动力发电的高温相变材料及其物性材料

材料	熔点/K	相变潜热/[kJ/(K·g)]	密度(相变点)/(kg/m³)		相变体积收缩率/%	比热容(相变点)/[J/(kg·K)]		热导率(相变点)/[W/(m·K)]	
			固态	液态		固态	液态	固态	液态
NaF	1266	773	2420	1950	19	1514	1669	4.35	1.23
LiF	1211	1045	2340	1810	23	2350	2450	6.2	1.7
80.5LiF-19.5CaF_2	1040	790	2680	2100	21.6	1841	1970	5.9	1.7
67LiF-32MgF_2	1008	550	2630	2300	12			2.51	1.99
NaF-24MgF_2	1103	655							
NaF-32CaF_2	1083	540							
57Si-43Mg	1233	1212							
69Si-31Ca	1296	1111							
NiSi-$NiSi_2$	1239	640							
Ge	1211	510	5260	5010		381	396	41	42

3.2.9.3 高温相变蓄热器

高温相变蓄热器是空间太阳能热动力发电系统的关键部件之一，日照期间吸收来自集热器反射的太阳光，将其中一部分热传递给循环工质驱动热机发电，其余的热量被高温相变储存。当航天器进入轨道阴影没有外界能量入射时，液态相变材料凝固放热加热工质，使系统继续运行。

图3-17是美国航空航天局（NASA）2kW样机高温相变储热器结构示意图。23根换热管平行均匀分布在吸热腔内壁，通过环形导管连接到进出口总管，每根换热管由24个储热容器单元焊接套装在工质导管外。储热单元为一个个分离的环形相变容器（图3-18），内部充装80.5LiF-19.5CaF_2相变材料，容器单元之间采用绝热垫片隔离，壳体、容器、工质导管等主要结构材料采用钴基合金Haynes188。

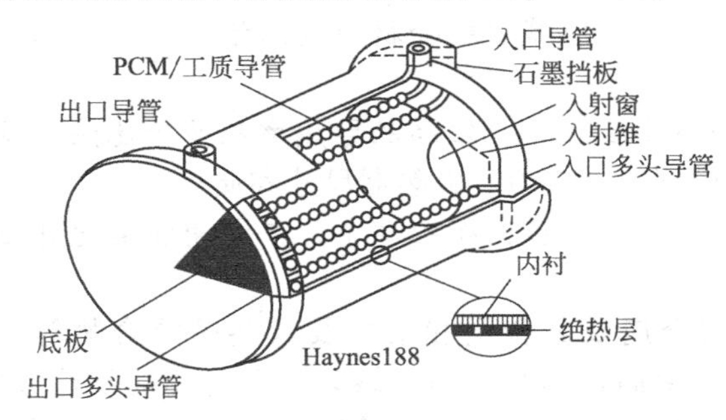

图3-17 高温相变储热器结构示意图

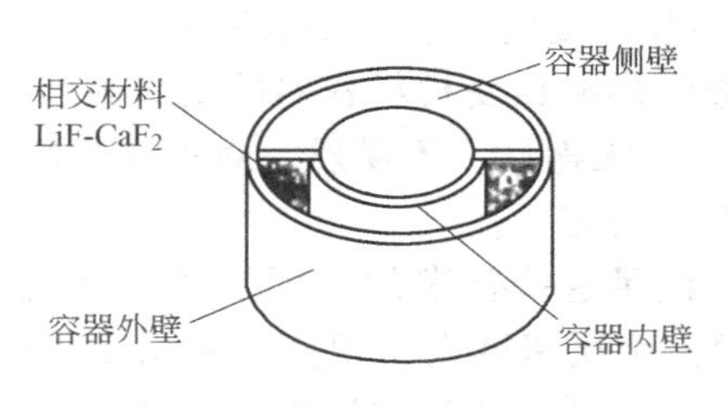

图3-18 相变材料

3.2.9.4 高温相变储冷技术

高温相变储冷空调在电力削峰填谷和节能方面有着显著的效益，受到高度重视。目前主要有三种形式：水储冷、冰储冷、相变材料相变储冷。水储冷存在储能密度低、储冷槽体积大、槽内不同温度的水容易混合等缺点。冰储冷属相变储冷，储能密度大，但相变温度低（0℃），储冷时具有较大的过冷度（4～6℃），使得其制冷主机的蒸发温度必须低至－10～－8℃，制冷剂效率降低。为克服上述缺点，研究人员致力于开发熔点在4～8℃的相变材料用作空调储冷。这种比冰的熔点高几度的相变材料通常冠以“高温相变材料”，以区别于冰相变储冷。这类相变材料主要是一些无机盐、水、成核剂和增稠剂组成的混合物，有时称为共晶盐或优态盐，此外，还有一些如潜热微乳剂等新材料。

高温相变储冷系统具有以下特点：

① 相变温度较高，与并储冷系统相比，主机效率可提高约30%，接近一般常规水冷系统效率。

② 储冷系统工作在0℃以上，所有冷水侧可采用一般常规水冷机组系统设计方法，与现有的空调系统极易耦合起来。

③ 由于相变材料的凝固温度较高，且系统的压降也很低，设计上不必考虑管线的冻结问题。

④ 当需要将传统的空调系统改建为储冷空调系统时，原有建筑物中的空调系统管道基本可以不动。所增加的空调负荷可以在不增加冷水机组条件下，由储冷部分提供。

⑤ 共晶盐的储冷能力虽然比冰小，但比水储冷大。例如，熔点为8.3℃的共晶盐的相变潜热为95.2kJ/kg，冰的相变潜热为335kJ/kg，水的比热容为4.2kJ/(kg·K)。所以1kg这种相变材料的相变储热能力虽然只是冰相变储热能力的28%，但仍相当于温差达23K的水显热的储热能力。

3.2.9.5 高温相变储冷对相变材料的要求

（1）热物性条件

① 必须具有适当的相变温度。空调系统相变材料的最佳熔点和凝固点为5～6℃，满足空调要求的高温相变材料主要有一些无机化合物、有机化合物以及它们的一些水化合物等。属于

无机化合物水化合物的有：$Na_2SO_4 \cdot 10H_2O$，32℃；$Na_2CO_4 \cdot 10H_2O$、$32CaCl_2 \cdot 6H_2O$，29℃等。属于有机化合物的有：$(C_6H_5)_2$，26℃，$C_6H_5COCH_3$，20℃。上述材料与水混合再加上其他盐类就能形成新材料。它们的低共熔温度或转熔温度可降到空调应用所希望的3～8℃范围内。

② 高相变潜热。即单位容积的储冷密度要大。这样可以减少储冷材料数量，降低成本，也可缩小体积，减少占地。

③ 较低的蒸汽压、较高的密度，相变前后体积变化比较小。

④ 与传热有关的热物理性质良好。

(2) 化学性质要求

① 长期的化学稳定性。

② 与相变材料容器兼容性好。

③ 不燃、无毒，对环境无污染。

(3) 对相变动力学特性的要求

① 要有良好的相平衡性质，不产生相分离。

② 凝固过程中，不发生大的过冷现象。由于过冷会带来许多麻烦，故可在相变材料中加入成核剂降低材料的过冷度。

③ 有较高的固化结晶速度。

(4) 经济性要求　材料来源广泛，价格低廉。表3-6列出几种适用于建筑物供暖及制冷的相变材料的热物性。

表3-6　几种适用于建筑物供暖及制冷的相变材料的热物性

材料	熔点/℃	熔解热/(kJ/kg)	密度/(kg/m³)		比热容/[kJ/(kg·K)]		热导率/[W/(m·K)]		储热密度/(MJ/m³)
			固相	液相	固相	液相	固相	液相	
共晶硫酸钠	13	146	1400		1420	2680			215
冰	0	334	920	1000	5270	4220	0.62	2.26	308
$CaCl_2 \cdot 6H_2O$	27	190	1800	1560	1460	2130	1009	0.54	283
$Na_2SO_4 \cdot 10H_2O$	32	225	1460	1330	1760	3300	2.25		300
$Na_2SO_4 \cdot 5H_2O$	43	209	1650		1460	2300	0.57		345
$MgCl_2 \cdot 6H_2O$	120	169	1560		1590	2240			250

3.2.9.6　高温水储冷空调技术

常规水储冷空调因受到空调水温12℃的限制，只能利用4～12℃之间的显热。冰储冷存在制冷时制冷循环的蒸发温度比正常空调制冷循环约低10℃，这不仅使制冷效率低，而且使制冷剂调节困难。许多离心式水冷机组因蒸发器温度无法达到－5℃而无法使用。同时，结冰、熔冰、空调供冷三者之间的热交换装置配置复杂，运行控制困难。相变材料储冷虽然效率高，但复合水结晶盐材料容易老化、有效储冷密度不大，而且成本昂贵。

由于存在这些缺点，中国科技大学提出高温水储冷空调方案。其优点是突破了现有储冷空调系统只能利用12℃以下水的显热储冷，单位容积显热储冷可达121～146kJ/L，体积是冰储冷的0.65～0.75，储冷槽体积大大减小。

(1) 高温水储冷空调原理　高温水储冷空调系统的突破之处在于综合利用了传热学和热力学知识，能把在12～38℃范围内水的显热作为冷量供给5℃的空调送水。其基本原理是：从冷凝器出口流出的温度在45℃以上的液体可以被温度为12～38℃的储水冷却，被过冷的

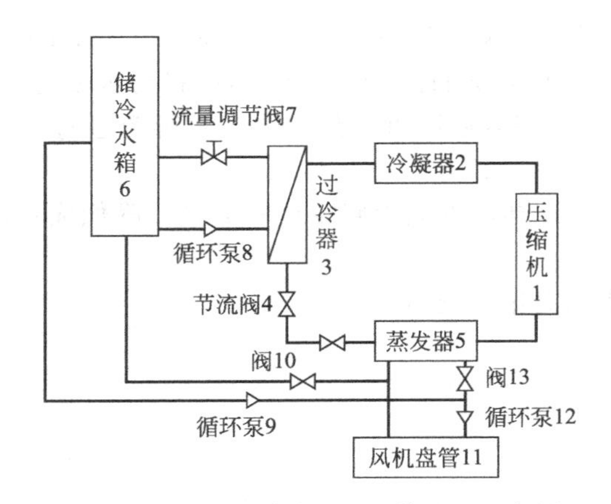

图 3-19　高温水储冷空调系统流程示意图

该系统包括制冷、储冷和供冷三大回路。制冷回路包括：压缩机 1—冷凝器 2—过冷器（逆流式）3—节流阀 4—蒸发器 5。储冷回路包括两个回路：一个是由储冷水箱 6—循环泵 8—过冷器 3 的水侧—流量调节阀 7 组成的储冷供冷回路；另一个由储冷水箱 6—阀 10—蒸发器 5 的水侧—阀 13—循环泵 9 组成的储冷充冷回路。供冷回路的流程为：蒸发器 5—空调系统末端设备的风机盘管 11—循环泵 12—阀 13 组成。

制冷剂液体经节流降压后在蒸发器内以低于 5℃的温度蒸发，吸收 12℃空调回水的热量，最终向空调系统末端设备送出 5℃的冷水，实现把高温水的显热作为供给空调的冷量。图 3-19是高温水储冷空调系统流程示意图。

该系统在夜间无冷负荷时执行制冷-储冷充冷循环，循环泵 9 工作，使储冷器的热水冷却到 2℃。白天，系统执行制冷供冷循环，蒸发器与冷冻水回水的循环泵 12 工作，向冷房供冷。若此时的空调负荷较大，可启动过冷-储冷供冷回路的循环泵 8，储冷箱底层冷水经过冷器水侧再流回储冷器顶层，在过冷器内热交换后，储冷水温度从 2℃升到 38℃，制冷剂从 46℃降到约 10℃。被过冷的制冷剂液体经节流降压后在蒸发器内以低于 5℃的温度蒸发，可吸收 12℃空调回水的热量，最终向空调用风机盘管送出 5～7℃的冷水，实现把高温水的显热作为冷量供给空调。

储冷水使制冷剂过冷所增加的制冷量与循环参数如冷凝温度、蒸发温度和制冷剂的过冷度有关，其值可以从循环的压焓图求得。如图 3-20 所示，该图中 1-2-3-4-1 是无过冷循环，其单位制冷量为：

$$q_0=h_1-h_4=h_1-h_3 \tag{3-29}$$

有过冷的循环为 1-2-5-6-1，其单位制冷量为：

$$q_{0g}=h_1-h_5 \tag{3-30}$$

因过冷而增加的制冷量率为：

$$\eta_g=(q_{0g}-q_0)/q_0 \tag{3-31}$$

式中，η_g 与当时制冷循环的冷凝温度、蒸发温度和制冷剂过冷度等参数有关。

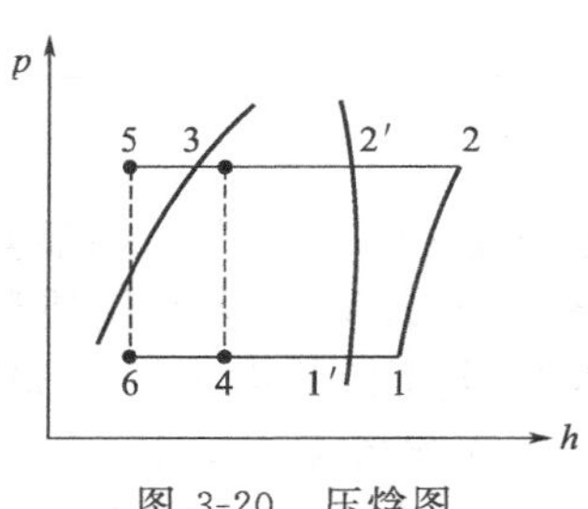

图 3-20　压焓图

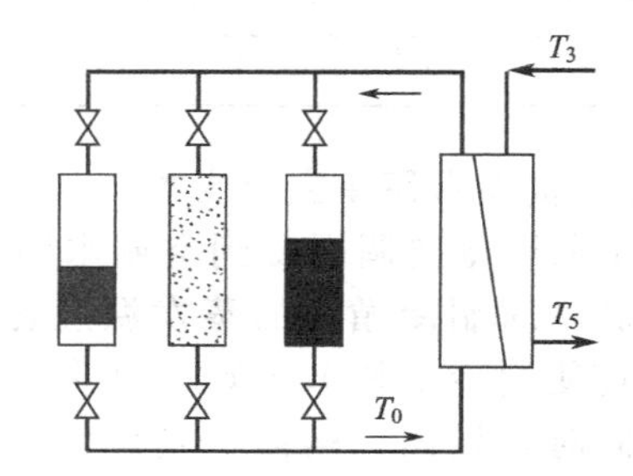

图 3-21　完全不掺混型的过冷储冷循环

(2) 过冷储冷系统的循环特性　过冷器的过冷方式有两种，一种是逆流式，一种是池浸式。高温水储冷空调系统一般采用逆流式过冷器。逆流式过冷器的储冷水箱与过冷器是分开设置的，如图 3-21 为完全不掺混的过冷储冷循环。

3.2.9.7　新型相变材料

(1) 定形相变材料　传统的相变储热材料主要有用于常温、中温储热的部分水合盐及某些有机物（石蜡、脂肪酸等）和用于高温储热的熔盐。这些相变材料在使用过程中都需要特定容器封装以防止相变材料泄漏。以上原因不仅增加了热阻，而且阻碍了相变储热系统的推广使用。

为获得低成本的相变储热系统，所选用的相变储热材料成本应该较低，且对容器要求不高。而为了获得较高的换热效率，则希望传热介质能够与相变储热材料直接接触。由此，一类新型相变材料——定形相变储热材料引起人们极大的兴趣。这类相变材料在相变前后均维持原来的形状（固态），对容器要求很低，这就大大降低了相变储热系统的成本。而且某些性能优异的相变储热材料可与传热介质直接接触，大大提高了换热效率。

定形相变材料主要分成两类，一类是固-固定形相变材料，另一类是固-液定形相变材料。

① 固-固定性相变材料。这类材料在受热或冷却时，通过晶体有序-无序结构之间的转变而可逆地吸热、放热，主要包括交联高密度聚乙烯和多元醇。多元醇的固-固转变热较大，一般在 100kJ/kg 以上，如季戊四醇的固-固转变热为 209.45kJ/kg。但由于多元醇易于升华，仍然需要容器封装，而且要密封的压力容器。定形高密度聚乙烯的热物性见表 3-7。

表 3-7 定形高密度聚乙烯的热物性

内容	转变温度范围/℃	熔解热/(kJ/kg)	比热容/[kJ/(kg·℃)]	热导率/[W/(m·℃)]
数值	125～130	180	2.51	0.25

② 固-液定形相变材料。实际上这是一类复合相变材料，即选择一种熔点较高的材料为基体，将相变材料分散于其中，构成复合材料。发生相变时，由于基体材料的支撑作用，虽然相变材料由固态转变为液态，但整个复合相变材料仍然维持原来的形态。如在常用的建筑材料中加入硬脂酸丁酯所制成的负荷相变储热材料等，可用于太阳房、建筑物采暖及空调系统中。但其中相变材料所占的质量百分比较少（不到 1/3），相变潜热 37kJ/kg 左右，一般只能作为辅助调节之用。

最近出现的新型复合定形相变材料 FSPPC 具有良好的稳定性，易于加工，成本很低。其相变温度在较大范围内可以选择，而且具有与传统相变材料相当的相变潜热。这种材料是以高密度聚乙烯（HDPE）为基体，石蜡为相变材料构成。首先将两种材料在高于它们熔点的温度下混合，然后降温，HDPE 首先凝固，此时仍然呈液态的石蜡被束缚在凝固的 HDPE 所形成的空间中。由于 HDPE 结晶度很高，即使 FSPPC 中石蜡已经熔解，只要使用温度不超过 HDPE 的软化点（100℃），FSPPC 就足以保持其形状不变。选用不同相变温度的石蜡可制备一系列不同熔点的 FSPPC。

（2）功能热流体　功能热流体是由相变材料微粒（直径为微米级）和单项传热流体构成的一种固液多相流体。与普通单相流体相比，由于相变材料微粒固液相变过程中吸收或释放潜热，这种多相混合流体具有很大的表观比热容。且由于相变微粒的存在，可明显增大传热流体与流通管壁之间的传热能力，减小换热器及相应管道的尺寸。是一种集储热与强化传热功能于一身的新型储传热介质，成为近年来储热传热研究的热点。功能热流体分为潜热微乳剂和潜热微封装材料两种。

① 潜热微乳剂。石蜡是一种固液相变材料，不溶于水，可与水构成一种具有特殊功能的功能热流体。将细微的石蜡颗粒混于水中，加入微量的表面活性剂，就可以制成性能稳定的潜热微乳剂。其中石蜡为悬浮相，水为连续相。潜热微乳剂颜色呈白色，石蜡微粒的平均直径为 3.4μm，熔点为 5.5℃，可用于储冷空调系统。

② 潜热微封装材料。在溶液（连续相）中将悬浮的细微相变材料用薄膜包上就构成了潜热微封装材料。典型的封装技术如下：使包装材料在相变微粒的冷却过程中固化并沉积其上，这种技术称作凝聚技术。为了使潜热微封装粒子在水中稳定悬浮，其平均直径应在 1～

10μm 范围内。此外，还需加入一些表面活化剂以增强悬浮效果。微封装膜层一般很薄，仅为 2～10μm，因此，它的热阻很小。为防止相变材料泄漏，常采用双层膜，外层为亲水性材料，如三聚氰胺树脂、聚苯乙烯和聚酰胺，内膜为疏水性材料，如聚氯化物。

（3）纳米复合相变储热材料　纳米复合相变储热材料指将有机相变物与无机物进行纳米复合，分别采用溶胶-凝胶和插层复合法制备出有机相变物/二氧化硅和有机相变物/膨润土纳米复合储热材料。这两种新型有机/无机纳米复合储热材料，一方面可利用无机物二氧化硅和膨润土具有比有机物热导率高的特点来提高有机物相变储热材料的导热性能；另一方面，由于纳米复合储热材料具有纳米尺寸效应、比表面积大、界面相互作用强等特点，将有机相变储热材料与无机物二氧化硅和膨润土的结构、物理和化学特性充分结合起来。因此，有机/无机复合纳米储热材料抗机械应力、稳定性好，发生相变时，有机相变材料很难从二氧化硅和膨润土纳米层间解嵌出来，从而解决了有机相变储热材料高温升华挥发和直接应用时存在的泄漏问题。此外，二氧化硅和膨润土还是显热储存材料，所以有机/无机纳米复合储热材料还构成了显热储热复合储热材料。

第4章 联合发电工程及其设计

燃料价格的波动（主要是上涨）促使电厂设计寻求低能耗、高服务品质的道路，联合发电技术就应运而生。联合发电是指发电厂不仅生产电力，在不增加能源的前提下，同时生产蒸汽、供应热水、输出有用功等。

4.1 基本热力循环

热力发电厂是以朗肯循环为基础的热力循环。根据热力发电厂的能源利用情况，热电厂可以划分为化石燃料发电厂、原子能电厂、地热电厂、太阳能电厂和磁流体电厂等不同类型。不论采用什么能源，发电循环都可以利用郎肯循环构筑发电系统。以燃煤火力发电厂发电为例，处理合格的软化水经过加热后进入燃煤锅炉，在燃煤锅炉中吸收煤燃烧放出的热量变成汽水混合物，锅炉的汽包收集汽水混合物并将饱和蒸汽和饱和水分离开来。饱和水继续在锅炉中循环吸热蒸发，饱和蒸汽进入蒸汽过热器吸热变成过热蒸汽。过热蒸汽经过主蒸汽管道进入汽轮机，推动汽轮机叶片做功，通过旋转叶片的轴带动发电机发出电力。做完功的蒸汽进入凝汽器，由循环水泵送回循环系统完成一个循环。对这样一个发电过程而言，水作为工质，从常温吸热——在加热器和锅炉中升到饱和温度；在饱和温度下吸热——由饱和水变化到饱和蒸汽，在锅炉的过热器中继续升温成为过热蒸汽。这一过程中，工质一直是在吸热的。在到达汽轮机前，虽然会有一些微小的温度降低，但在进入汽轮机后，蒸汽的温度将下降到做功结束的温度。然后进入凝汽器，放出为了实现热力循环不得不损失的热能，然后由循环泵送回到循环系统。对于工质（H_2O）来说，其做功能力除了温度条件以外，压力也是一个决定条件，只有在一定温度和压力条件下的工质才具备做功能力。压力越高，相同温度的蒸汽做功能力越大。因此，蒸汽参数通常为温度、压力（和流量）。当温度和压力一定时，做功能力也就确定了。蒸汽做功能力经常用参数焓来表征，焓是温度和压力的函数。

4.1.1 基本热力循环的热经济性

火力发电厂是将燃料的化学能转化成电能的工厂，其中发生着化学能转化成热能、热能转化成机械能、机械能转化成电能的多种能量的转化过程。转化过程的完善程度，意味着各种转化过程的损失大小。这些损失，需要一套指标来表示，通过这些指标寻找不完善所在，以便提高各个能量转化过程的效率。定量计算发电厂热经济性的方法有效率法、熵方法和炯方法。

熵方法和炯方法需要较多的专业知识，而效率法比较简单，它是指供应能量的利用程度。以热力学第一定律为依据，考虑循环热效率、装置效率、设备效率来定量衡量热功转化程度，其实质是能量的平衡。火力发电厂的电厂效率涉及下述效率。

① 循环热效率：循环的理想功与其吸热量之比就是循环热效率。

② 实际热效率：实际循环效率是以循环热效率中能转变为有效利用的内功表示。

③ 绝对电效率：机组发出的电功率与机组耗热量之比。

④ 锅炉热效率：锅炉输出热量与燃料供应热量之比。

⑤ 主蒸汽管道效率：反映工质在管道中的压力降、通过管道的节流损失和散热损失。

由上述概念可以知道，电厂实际效率与循环方式、机组设备、系统性能有直接关系。因此，提高电厂热效率既可以从设备本身着手，也可以从系统着手。

4.1.2 典型不可逆过程的做功损失

发电厂热功转换过程中存在着不可逆过程，不可逆过程损失的能量是无法有效利用的。不可逆损失主要有以下几种。

① 有温差的换热过程：高温工质由高温变到低温放出热量，做功能力减少。低温介质吸收热量升温，换热温差越大，有用能损失就越大。根据热力学第二定律，这种损失是不可避免的。

② 有压降的绝热节流过程：汽水介质在流经绝热良好的管道或管件时产生有压降的绝热节流过程，这种损失也是无法回收利用的。

③ 有摩阻的绝热压缩或膨胀过程：蒸汽在汽轮机中不可逆绝热膨胀、水在水泵中被不可逆压缩都属于有摩阻的绝热过程，所产生的能量损耗也是无法回收利用的。

④ 介质混合过程：两种不同状态参数的工质混合而不引起化学变化时，也会发生做功能力损失，这种损失同样是无法回收利用的。

根据热力学原理和做功能力损失原因，可以从以下几个方面考虑提高热力循环的热经济性。

① 提高蒸汽初参数，提高循环的平均吸热效率。但从电厂系统和金属材料性能看，提高蒸汽初参数，要求更高质量的耐高温金属并受到系统允许的排汽湿度的限制。提高蒸汽的初参数可以获得明显的经济效益。由高参数提高到超高参数和超高参数提高到超临界参数节省燃料量分别为 8%～8.5%和 8%～10%。

② 降低排汽终参数，以降低循环的平均放热温度。降低排汽终参数，其平均放热温度会明显降低，显著提高循环热效率。中国地理纬度跨越大，南北方温度相差很大，不同地区的汽轮机具有不同的排汽参数。北方地区冷却水温度低，排汽压力较南方低。

③ 采用蒸汽中间再热以提高循环的平均吸热温度。将在汽轮机中做了部分功的蒸汽抽出来送回锅炉加热，提高这些蒸汽的做功能力的过程叫做蒸汽再热。通常再热温度每提高 10℃，循环热效率提高 0.2%～0.3%。

④ 其他一些提高热力循环热经济性的措施还有提高给水温度、尽量减少换热损失、热电联产、充分利用低品位能量等。追求高的循环热经济性要全面综合考虑、全面论证，有针对性地提出改进措施。

4.2 凝汽式热电厂的热经济指标

热力发电厂主要热经济指标包括汽耗、热耗、煤耗和全厂热效率。有的以时间来衡量，有的以发电量来衡量。

4.2.1 汽轮发电机组的热经济指标

汽轮机组的热经济性指标（汽耗、热耗和机组热效率）是全厂热经济性的组成部分。有回热抽汽和再热式机组（回热和再热都是提高电热经济性的措施）的汽耗量为没有抽汽的纯凝汽式机组考虑抽汽增大汽耗量后形成的汽耗量，相应的汽耗率就是汽耗与发电量之比。

热耗由主蒸汽耗热和再热耗热两部分组成。机组热耗率和绝对电效率相互对应，知其一就知其二。

4.2.2　锅炉设备的热经济指标

锅炉热经济指标主要指锅炉热效率和锅炉热负荷。锅炉热效率是锅炉吸热量和燃料放出热量之比。锅炉热负荷是锅炉主蒸汽热量和再热蒸汽热量之和。对工业锅炉而言，锅炉热效率是主要指标，锅炉负荷主要是指工艺过程或供暖面积而言。

4.2.3　管道效率

主蒸汽在管道中既有节流损失，又有散热损失。节流损失被计算在汽轮机相对内效率中，因此，通常所说的管道效率主要考虑的是散热损失。

4.2.4　全厂热经济指标

全厂热经济指标主要有以下三项。

① 全厂热耗和汽耗。

② 全厂效率。

③ 燃料消耗量和燃料消耗率。

4.2.5　发电厂的技术经济比较

4.2.5.1　经济效果的衡量指标

不同技术方案之间进行比较，首先要比较符合国家法律法规和方针政策（节能法、可再生能源法、环境保护法等法律，燃料政策、节能政策、供热政策）的程度，还要保证生产的安全性和可靠性，具有一定的灵活性。经济上要求能耗少、投资省、成本低、见效快。既要考虑到直接经济效益，也要考虑到间接经济效益和减少环境污染。

4.2.5.2　不同方案的可比条件

不同技术方案的比较要满足下面四个可比条件。

① 满足需要的可比条件：不同方案生产的电能和热能或其他能量要在数量和质量上可比。

② 消耗费用可比条件：包括勘测设计费、基本建设费，还要考虑资金回收、资金流动。既要考虑到方案本身各部门的各种消耗，也要考虑到一级相邻部门（与方案的作用同等重要的部门）的各种消费。

③ 价格指标可比条件：不同时间的建设价格不同，应统一采用不变价格。

④ 时间的可比条件：采用相同的计算期作为比较基础，考虑资金投入时间的可比。

4.2.5.3　技术经济指标

① 初投资：一次或几次投入的资金在生产中长期占用，逐渐转移到产品中去。

② 年运行费：即总成本费用，是生产过程中以货币形式计算的燃料、原材料、工资以及固定资产折旧等费用的总和。

③ 设备利用小时数：折算到电厂额定功率下运行的持续时间。

④ 物资消耗：实现方案消耗的设备和材料，为了便于比较，通常列出钢材、木材、水泥和有色金属等项目。

⑤ 定员：方案的施工和运行所需的劳动力。

⑥ 建设周期：指施工周期、服务年限。

上述各项指标只能反映某个方面的经济意义，完整的技术经济比较需要通过完整的指标体系来综合反映。技术经济比较方法主要有偿还年限法、年计算费用法、总费用法、综合比较法等。

4.3 联合发电循环

中国主要的能源品种是煤炭，在国家能源结构中已经占到约70%的比例，虽然连年有所下降，但所占比例一直遥遥领先于其他能源品种。煤炭作为燃料燃烧，带来许多实际问题。这些问题主要反映在燃烧设备和燃烧技术落后，导致燃烧效率不高和污染严重。中国工业锅炉有50多万台，年消耗总煤炭的约35%，而锅炉效率平均只有60%，比先进国家低20%左右，仅此一项，每年中国要多浪费近1亿吨。虽然在一些大城市已经开始严格执行国家和地方环保法规，由于多数工业锅炉还没有配备脱硫设施，造成的大气污染严重而不均衡。发展联合循环，取代中小锅炉房和其他不经济的用能方式是重要的节能途径。

4.3.1 高效低污染的超临界凝汽式发电

凝汽式电站是技术上最成熟的传统发电技术，只要采用高参数、大容量机组就可以不断提高电厂热效率、降低投资和燃料消耗量。目前，中国规定新上的燃煤机组必须是300MW和600MW或以上的大型机组，其供电煤耗不高于300g/(kW·h)（或供电效率不低于40.95%）。表4-1是不同容量发电机组的经济指标。

表4-1 国产火电机组的主要参数

机组容量/MWe	蒸汽参数		供电煤耗与效率			
	压力/MPa	温度/℃	煤耗/[g/(kW·h)]	平均煤耗/[g/(kW·h)]	供电效率/%	煤耗降低/%
6	2.84	435	600～800	700	17.55	100
12～25	3.43	435	500～510	505	24.33	72.14
50～100	8.83	535	391～429	409	30.04	58.43
125	12.75	550/550	382～386	384	31.99	54.86
200	12.75	535/535	376～388	382	32.16	54.57
300	16.2	550/550	376～382	379	32.42	54.14
600(引进)	16.2～16.7	535/537		331	37.12	47.29

表4-1可见，国产机组与引进机组之间还有较大差距，即使都是600MWe机组，国产与引进机组之间也有比较大的差距。如上海华能石洞口电厂超临界机组引进机组发电煤耗为280g/(kW·h)（发电效率43.87%），供电煤耗300g/(kW·h)（发电效率40.95%），比同容量国产亚临界机组的供电煤耗低31g/(kW·h)。一座1000MWe的发电厂，按照这样的差距每年多消耗煤炭至少40万～50万吨，相当于一座矿井的产量。中国已经大量采用高参数的超临界机组，采用各种措施提高机组效率和环境效益。图4-1是提高发电厂效率的各种技术措施。

4.3.2 大型循环流化床电站

循环流化床属于低温燃烧发电装置，可以燃用各种劣质燃料。20世纪90年代，法国

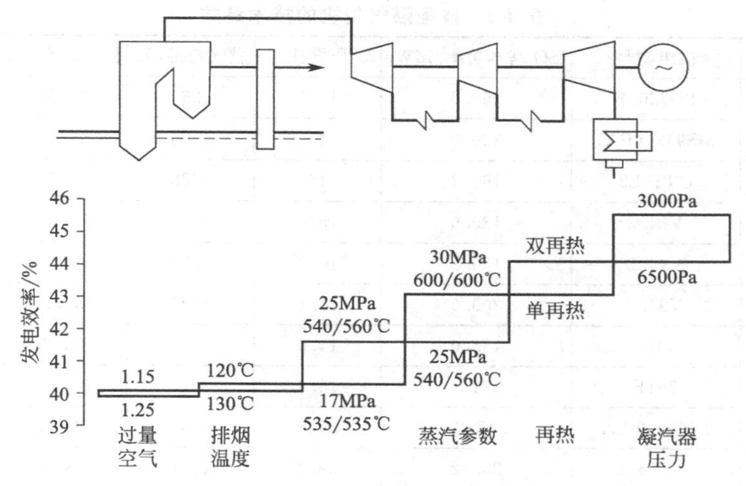

图 4-1 提高火力发电效率的各种措施及可提高的幅度

Gardanne电厂 250MW 循环流化床投入运行以后，循环流化床在大型化方面已经进行了许多工作。四川、云南、河北等地已经投运一批 300MW 循环流化床发电机组，同时国内已经完成 800MW 循环流化床锅炉的概念设计，已经具备可用于实际工程的大型循环流化床设计并将循环流化床高参数设计提到日程。研究表明，可以采用内螺纹管强化质量流量和降低管壁温度，尽量减少炉膛出口流体温差及保证回路流动稳定性（在炉膛入口联箱加装孔板）。工质（水）流程和超临界煤粉锅炉机组设计没什么大的差别。

图 4-2 是 800MW 循环流化床锅炉的概念设计。图的中部是炉膛，左右各有 3 个高温旋风分离器，将旋风分离器回收的高温颗粒通过返料器送回炉膛。

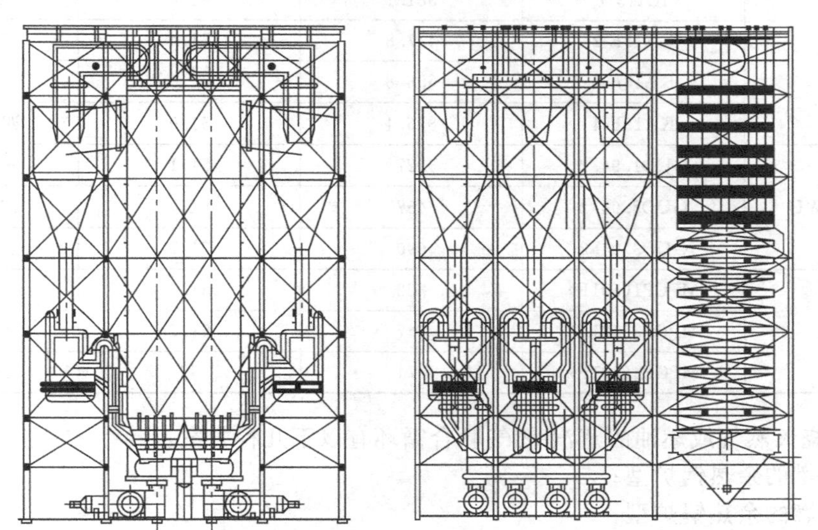

图 4-2 800MW 循环流化床锅炉概念设计

4.3.3 燃气轮机发电

燃气轮机在 20 世纪 80 年代后得到了快速发展，机组容量已经达到 300MW 以上。有人认为 21 世纪燃气轮机将打破蒸汽轮机一统天下的格局。表 4-2 给出了典型燃气轮机的技术参数。

表 4-2 典型燃气轮机的技术参数

公司名称	机组型号	ISO基本功率/MWe	压缩比	燃气初温/℃	供电效率/%	单位售价/($/kW)
GE发电	PG7201F	159.0	13.5	1260	34.54	197
	MS9331(FA)	226.5	15	1260	35.66	183
ABB	GT13E2	164.3	15	1288	35.71	200
Siemens/KWU	V84.3	139.0	15.6	1260	35.71	207
	V94.2	150.2	10.7	1050	33.43	180
	V94.3	200.0	15.6	1120	35.7	187
三菱重工	501F	153.0	14.0	1090	35.29	198
	701F	221.1	15.6	1300	36.15	
GE船用与工业	LM6000-PA	42.2	29.8	1160	40.92	273
惠普	FT8	25.42	20.3	1121	38.1	324

蒸汽轮机和燃气轮机单独工作都可以达到40%左右的供电效率，而采用蒸汽-燃气联合循环则可以达到53%以上的循环效率。表4-3给出一些联合循环的技术参数。

表 4-3 某些联合循环的技术数据

公司名称	机组型号	ISO基本功率/MWe	供电效率/%	所配燃气轮机
GE发电	S-109F	340	53	一台MS9001F
	S-207F	471	53	二台MS7001F
ABB	KA11N-4	491.44	49.2	四台GT11N
	KA13-4	581.1	48.4	四台GT13
	KA13E-2	437.8	51.4	二台GT13E
	KA13E-3	656.8	51.9	三台GT13E
	KA13E-4	876.4	51.9	四台GT13E
Siemens/KWU	GUD1.94.2	227	51.1	一台V94.2
	GUD2.94.2	457	51.4	二台V94.2
	GUD3.94.2	690	51.7	三台V94.2
三菱重工	MPCP1(501F)	222	51.4	一台501F
	MPCP2(501F)	447	51.7	二台501F
	MPCP3(501F)	674	52	三台501F

常规燃烧天然气或燃油的蒸汽-燃气联合循环有以下几种方案：

① 不补燃的余热锅炉型；

② 有补燃的余热锅炉型；

③ 增压锅炉型。

分别见图4-3～图4-5。

燃煤蒸汽-燃气联合循环开发和示范的项目有以下几种。

① 直接燃煤的燃气轮机。燃用水煤浆代替油直接送入燃气轮机燃烧室生产高温烟气，技术难点在于如何制造低成本且适合于水煤浆的燃烧室、燃烧气体脱硫和除尘等。

② 整体式联合循环（IGCC）。按照天然气不补燃的技术方案，用加压煤气炉生产煤气，清洁后送入燃烧室代替天然气。

③ 增压流化床锅炉联合循环（PFBC）。采用增压流化床锅炉作为增压锅炉，充分发挥循环流化床锅炉低温燃烧、高效、低排放的优点，清洁后的烟气送入燃气轮机。

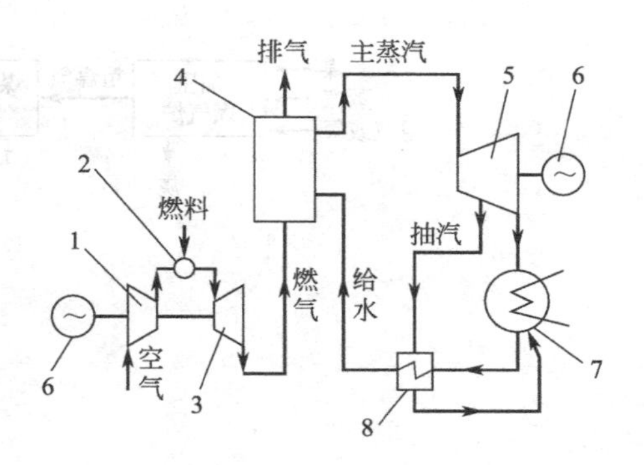

图 4-3　不补燃的余热锅炉联合循环
1—压气机；2—燃烧室；3—燃气轮机；4—余热锅炉；5—蒸汽轮机；6—发电机；7—冷凝器；8—给水加热器

④ 部分煤气化的混合式循环流化床联合循环。与第二代 PFBC 联合循环的区别是用常压循环流化床锅炉代替增压循环流化床锅炉，气化炉产生的烟气清洁后送到燃气轮机燃烧室，产生的半焦降压后送到循环流化床锅炉。这种方案与 PFBC 具有相同的排放水平，但效率略低，约为 43%。但由于只是在常压循环流化床基础上采用一个加压气化炉，因此投资少、见效大，特别适合老厂改造。

⑤ 新型高温锅炉联合循环。在煤粉炉的基础上，利用热解炉产生的煤气将在煤粉炉中已经加热到 870℃的高温高压（12bar）空气在陶瓷换热器中加热到 1287℃，使联合循环发电效率按高位热值计算达到 47%以上。该系统不仅适用于新建电厂，也适用于老厂增容改造。

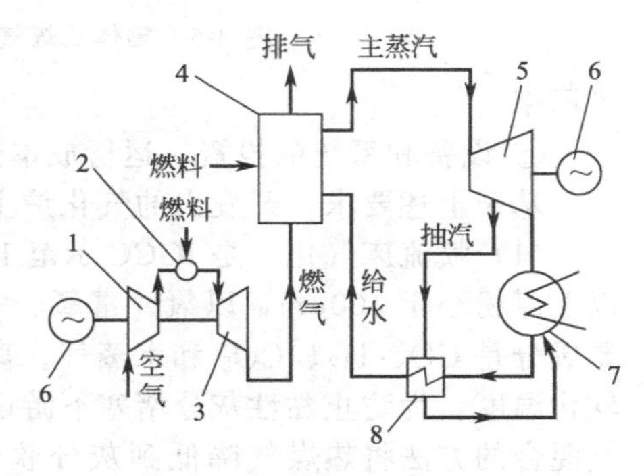

图 4-4　有补燃的余热锅炉联合循环
1—压气机；2—燃烧室；3—燃气轮机；4—有补燃的余热锅炉；5—蒸汽轮机；6—发电机；7—冷凝器；8—给水加热器

⑥ 外燃式联合循环。IGCC 和 PFBC 的高温烟气必须配备高温除尘设备，保证进入燃气轮机的高温烟气不至于损坏燃气轮机叶片。为避免使用高温高效除尘设备，外燃式联合循环采用陶瓷换热器，将清洁的空气加热到 1200℃以上的高温后在送到燃气轮机，可以达到 45%以上的发电效率。

4.3.4　燃煤燃气-蒸汽联合循环

4.3.4.1　整体式煤气化燃气-蒸汽联合循环（IGCC）

图 4-6 是 IGCC 的原则性系统图。与不补燃的余热锅炉型联合循环相比，IGCC 将煤制成煤气，其技术关键在于转化成煤气的经济性和将煤气中的灰分和污染物分离出去。美国和欧洲竞相开发 IGCC 技术，美国清洁煤计划曾资助 5 个 IGCC 示范工程。

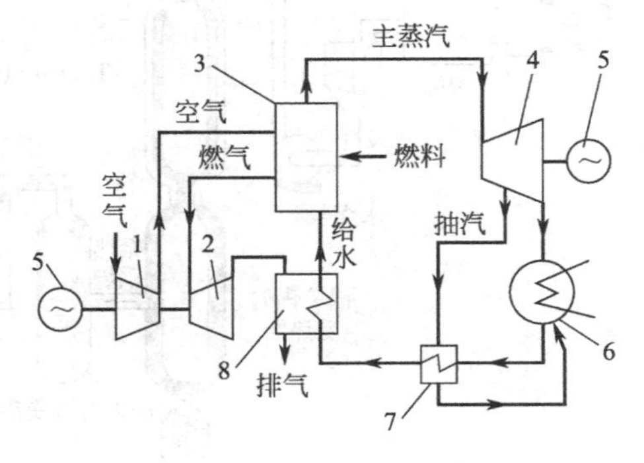

图 4-5　增压锅炉联合循环
1—压气机；2—燃气轮机；3—增压锅炉；4—蒸汽轮机；5—发电机；6—冷凝器；7—给水加热器；8—燃气轮机排气换热器

IGCC 系统大致可分为煤的制备、煤的气化、热量回收、煤气净化和燃气轮机发电与蒸汽轮机发电。

IGCC 对煤气化和煤气净化有如下要求：

① 气化炉的气化率、煤气热值、温度和压力能满足设计要求。

② 气化炉具有良好的负荷调节性能，能满足发电厂对负荷调节的要求。

③ 煤气成分、净化程度能满足燃气轮机正常运行的要求。

④ 具有良好的煤种适应性。

⑤ 系统简单，设备可靠，易于操作，便于维修，具有电厂长期安全可靠运行所要求的

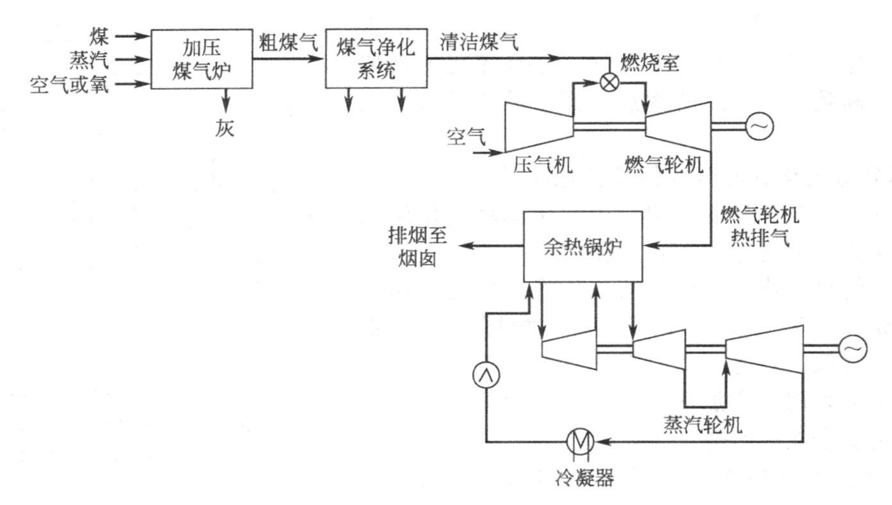

图 4-6 整体式煤气化蒸汽-燃气联合循环的原则性系统图

可用率。

⑥ 设备和系统的投资、运行成本低。

基于上述要求，开发出的气化炉主要有以下几种。

(1) 喷流床气化 是IGCC示范工程采用最多的气化炉，工作压力为20～60bar，90%以上煤粉小于100μm，以氧、富氧、空气或水蒸气作为气化剂。由于高温气化，煤气的主要成分是CO、H_2、CO_2 和水蒸气。离开气化炉的温度为1200～1400℃，往往高于灰分的软化温度。为防止黏性灰分堵塞下游设备，采用除尘后的冷煤气增压返回煤气炉出口与热煤气混合的方法将热煤气降低到灰分软化温度50℃以下，热煤气经余热锅炉产生饱和蒸汽。图4-7是Texaco气化炉及其余热锅炉和煤气净化系统。

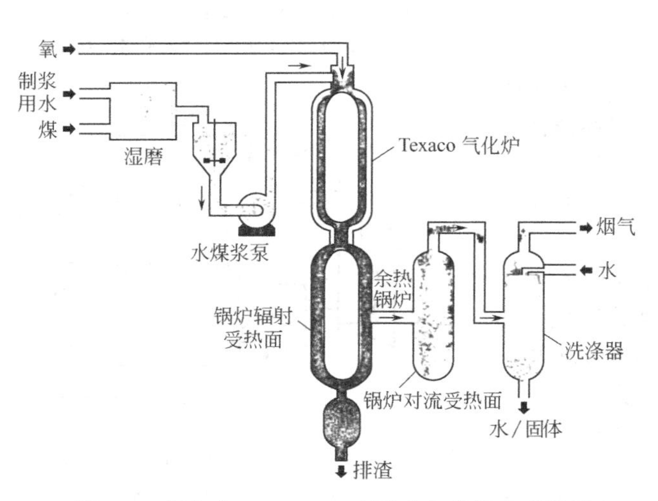

图 4-7 德士古（Texaco）喷流床气化炉的系统图

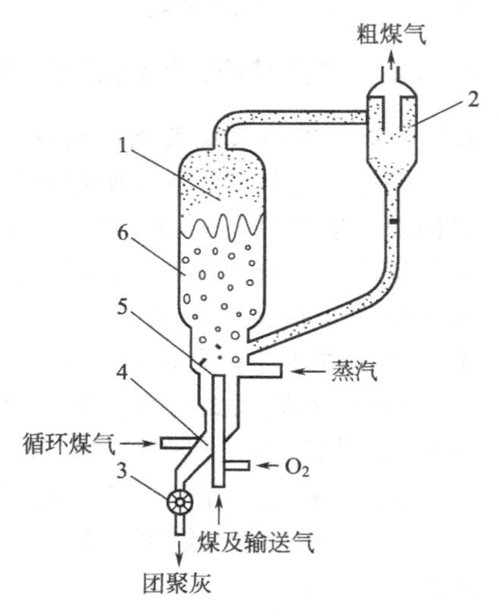

图 4-8 KRW 流化床气化炉示意图

1—游离层；2—旋风分离器；3—旋转阀；4—灰分离；5—喷射燃烧；6—气化层

(2) 流化床气化炉 充分利用流化床内气固两相之间高强度的传热和传质，使整个床内温度均匀，良好混合。同时，由于燃烧温度低，可以直接加入石灰石脱硫。由于燃烧温度控制在800～1000℃范围内，产生的焦油、烃、酚、苯和萘等大分子有机物被裂解成双原子或三原子气体，煤气的主要成分是CO、H_2，CH_4 含量一般少于 2%。用于 IGCC 的流化床气化炉主要有 KRW 炉、U-gas 炉和温克勒炉。图 4-8 是 KRW 炉示意图。

（3）固定床气化炉　固定床气化炉是最早开发的气化炉。与层燃炉相似，下部是可以支撑煤层的炉排。从气化炉顶部加煤，气化剂从底部加入，气固逆流流动。对固体排渣的气化炉，要求煤粒在 6.35～38mm 之间且不含有 3mm 以下的煤粒。煤粒在固定床中经历几个温度自上而下降低的过程。在不同的温度区间，进行着不同的化学反应。这些区间包括干燥区、挥发分析出区、气化区、燃烧区和灰渣区。图 4-9 是固定床气化炉不同反应区的示意图。

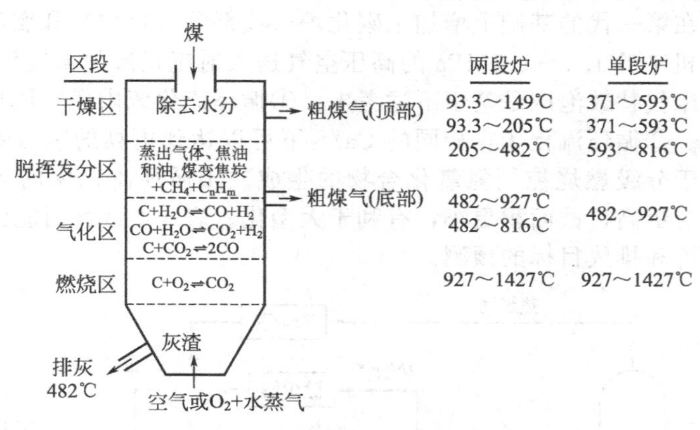

图 4-9　固定床气化炉内不同反应和温度区域

4.3.4.2　增压流化床燃气-蒸汽联合循环

本质上讲，增压流化床燃气-蒸汽联合循环是增压锅炉型的联合循环。图 4-10 给出了其发展过程的几个阶段。图中的透平增压方案是一种试验性的 PFBC 联合循环方案，此时燃气轮机只作为增压透平，发出的功率只用来驱动压气机向增压流化床锅炉提供正压气源，而本身并不发出电功率，在此基础上已经开发出商业规模的 PFBC 联合循环电厂。

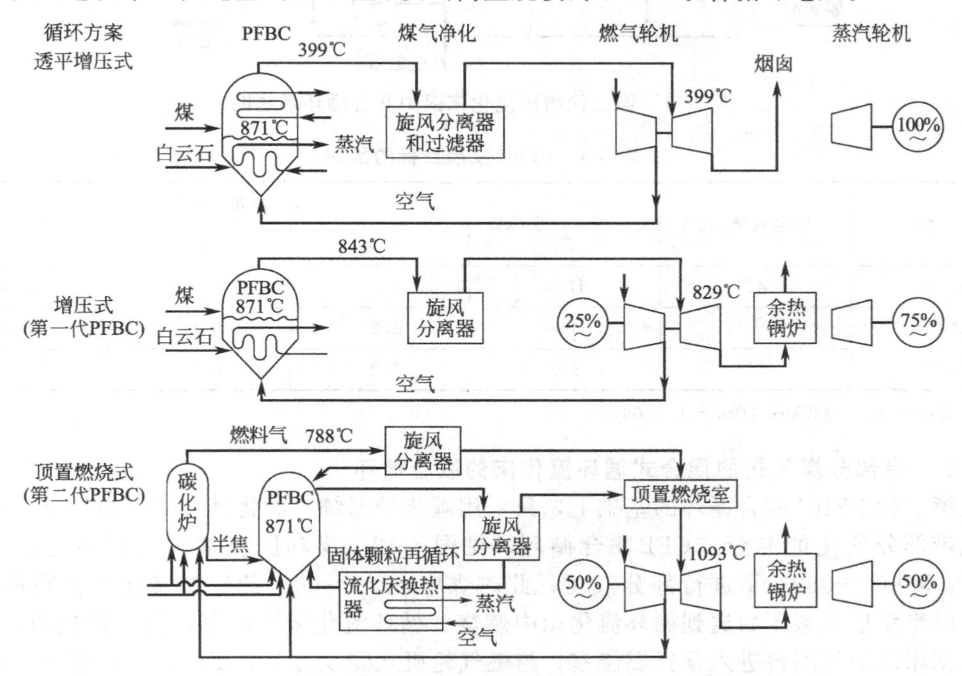

图 4-10　增压流化床燃气-蒸汽联合循环电厂发展阶段示意图

由燃气轮机的压气机提供的空气压力在（10～14）×10^5Pa，燃烧在加压条件下进行大大强化了燃烧和传热过程，可以极大地降低锅炉尺寸，降低占地面积，同时也便于制造、运输、安装，有利于降低成本。

第一代PFBC主要集中在美国、日本、挪威、德国以及西班牙、捷克等国家。20世纪已经完成几个很有影响的大工程。但不管PFBC联合循环电厂容量多大，燃气轮机进口温度总是限制在850～900℃左右，即使蒸汽循环部分采用超临界参数，第一代PFBC联合循环的最高发电效率也只有41%～42%。

第二代PFBC在第一代的基础上增加了碳化炉（或部分气化炉）和燃气轮机顶置燃烧器（图4-11）。燃气轮机来的1.4～1.5MPa的高压空气送入射流式流化床气化炉。第二代PFBC联合循环采用循环床代替鼓泡床是基于下述考虑：①循环流化床内燃料燃烧更完全，可以达到更高的燃烧效率。②循环流化床在相同的Ca/S下可以达到更高的脱硫效率。③循环流化床炉膛细长，有利于分级燃烧控制氮氧化合物的生成。④循环流化床的运行速度比鼓泡床高，锅炉炉膛热负荷更高，截面积更小，有利于大型化。表4-4是美国能源部关于PFBC联合循环的技术、经济和排放目标的预测。

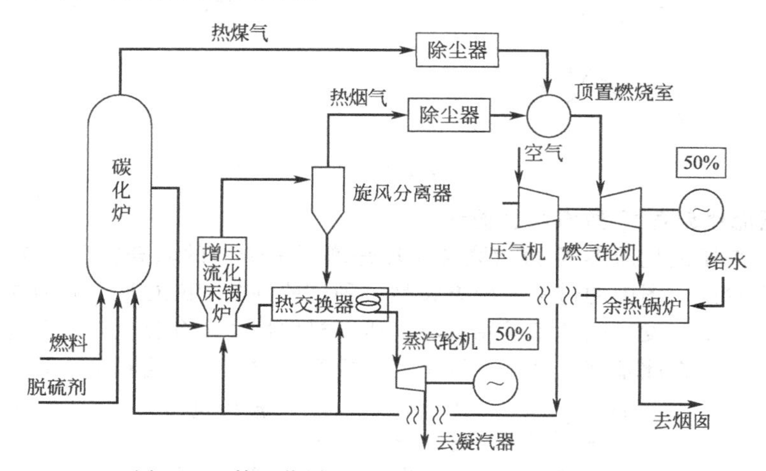

图4-11 第二代增压流化床锅炉联合循环系统图

表4-4 PFBC发展目标的预测

年 份	供电效率/%	投资成本/($/kW)	排放量/(lb/10^6Btu)		
			NO_x	SO_x	粉 尘
2000	45	1250	0.3	0.2	0.02
2010	50～52	1000	0.26	0.18	0.015
2020	56	850	0.24	0.16	0.013

注：1lb=0.45359237kg；1Btu=1055.06J。

4.3.4.3 带部分煤气化的混合式循环流化床的联合循环

在第二代PFBC联合循环的基础上，只采用碳化炉系统，而将其与常压循环流化床结合就形成带部分气化的混合式CFB联合循环，见图4-12。煤和脱硫剂先送到碳化炉中，在1.4MPa和900～950℃下进行部分气化，此时煤中50%～60%的碳被转化为低热值煤气，其余的以半焦形式减压后送到循环流化床中燃烧。循环流化床生产蒸汽供蒸汽轮机，此时，循环流化床的烟气不再进入顶置燃烧室，与燃气轮机之间没有了必要的联系，在进入烟囱之前只需要进行除尘，因而比第二代PFBC要简单。

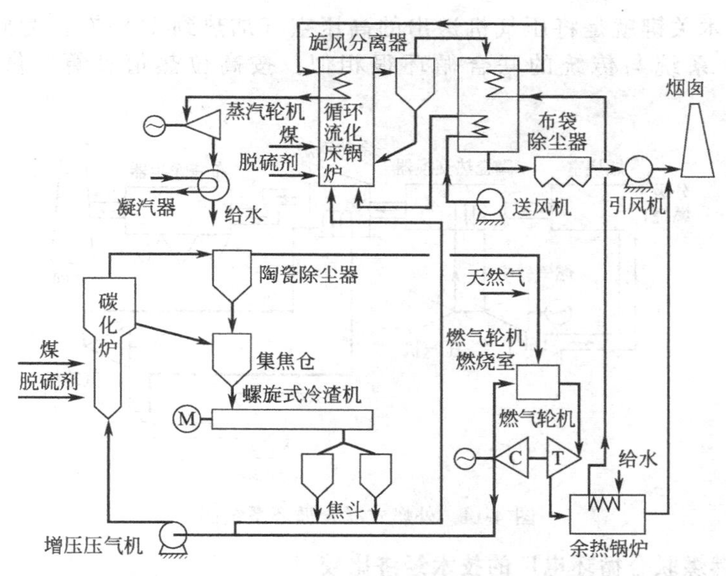

图 4-12 带部分气化的混合式循环流化床联合循化电厂示意图

4.3.4.4 新型高温锅炉联合循环

美国能源部匹兹堡能源技术中心与几家能源设备公司合作开发一种以煤粉炉为基础的新型高效发电系统，称作新型高温锅炉联合循环（图 4-13）。

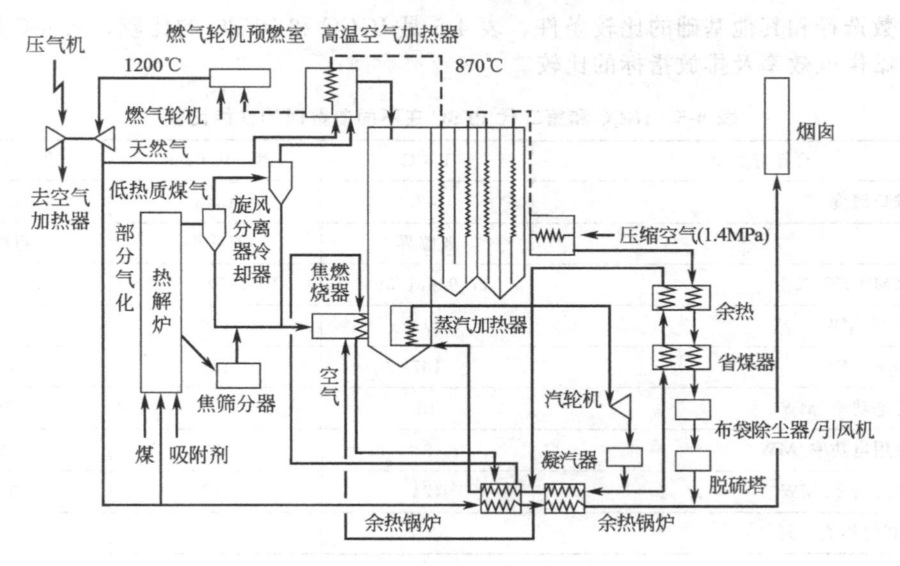

图 4-13 新型高温锅炉联合循环电厂示意图

其特点是：新型高温炉与煤的热解炉相结合，将压力为 1.1～1.4MPa 的压缩空气经两级加热达到 1288℃，用此清洁高温空气去驱动燃气轮机。工艺流程是：燃气轮机后的压气机先将 1.4MPa 的压缩空气送到新型高温炉的空气受热面，加热到 870℃后送到燃气轮机高温空气加热器，经热解炉的高温煤气加热到 1288℃，再送到燃气轮机。热效率可以达到 47%，而有害物质排放量大大低于执行的环保标准。

4.3.4.5 外燃式联合循环

无论 IGCC 或 PFBC 联合循环，都需要在系统中配备高效的高温除尘设备才能使燃气轮机正常运行。为了避免高温除尘器，开发了外燃式联合循环系统。图 4-14 就是用空气驱动燃气轮机，其技术关键就是将压气机送出的高压空气加热到1287℃。为此，开发了陶瓷热交换器，这个系统与传统的联合循环很相似。按高位热值计算，供电效率可以达到45%。

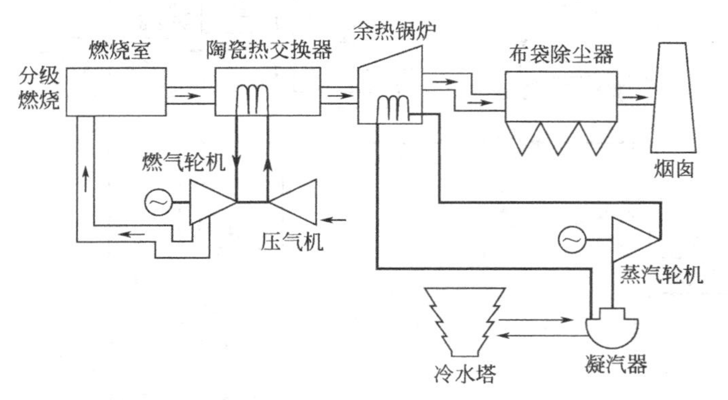

图 4-14　外燃式联合循环系统图

4.3.4.6　几种燃煤联合循环电厂的技术经济比较

目前已经进行工业规模示范的联合循环只有IGCC和第一代、第二代PFBC，现进行简单的技术经济比较。

(1) 技术性能比较　图4-15是三种已经示范的联合循环供电效率的比较。可见，第二代PFBC的供电效率要比第一代高得多。第二代PFBC和IGCC之间究竟哪个供电效率高，还要看参数选择和其他基础的比较条件。表4-5是IGCC和PFBC的比较，表4-6是几种联合循环电站供电效率及排放指标的比较。

表 4-5　IGCC和第二代PFBC在不同参数时的性能比较

联合循环类型	IGCC	第一代PFBC	第二代PFBC
燃气轮机进口温度/℃	1427	1343	1343
蒸汽循环	亚临界	亚临界	超临界
蒸汽参数/(MPa/℃/℃)	17.9/621/593	16.5/537/537	31/593/593
燃气轮机功率/MW	279	156	156
蒸汽轮机功率/MW	167	131	173
电厂辅机耗电功率/MW	13	9	10
电厂其他自用电功率/MW	9	3	6
电厂净发电总功率/MW	424	275	313
供电效率(高位热值)/%	52.2	47.6	54.0

表 4-6　几种联合循环电站供电效率及排放指标的比较

联合循环类型	供电效率/%	脱硫效率/%	NO_x 排放浓度/(mg/Nm³)	粉尘排放浓度/(mg/Nm³)	CO_2 排放值/[g/(kW·h)]
IGCC	42～45	99	120～300	10～50	800
第一代PFBC	40～42	90～95	150～300	10～50	820
第二代PFBC	43～45	90～95	150～300	10～50	780
天然气联合循环	54		100～200	0	420

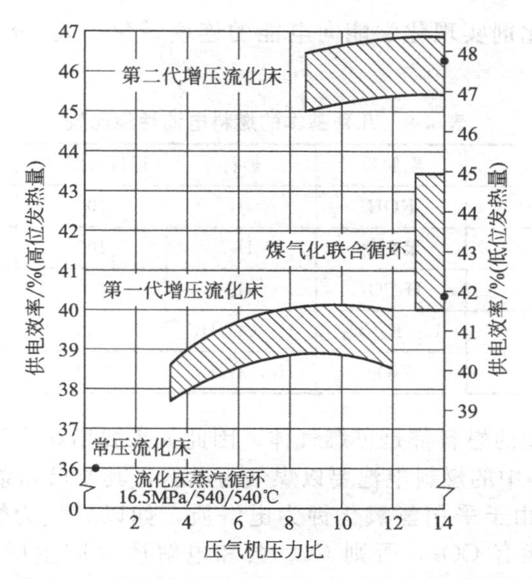

图 4-15　第二代 PFBC 联合循环电厂的供电效率和其他形式发电系统的比较

(2) 发电成本比较　美国电力研究所和 ABB 公司对第一代 PFBC 和 IGCC 以及带脱硫脱硝的煤粉炉电站，就煤中含硫 2.1%的煤在相同煤价、相同负荷率的基础上进行比较。其结果见图 4-16 和表 4-7。

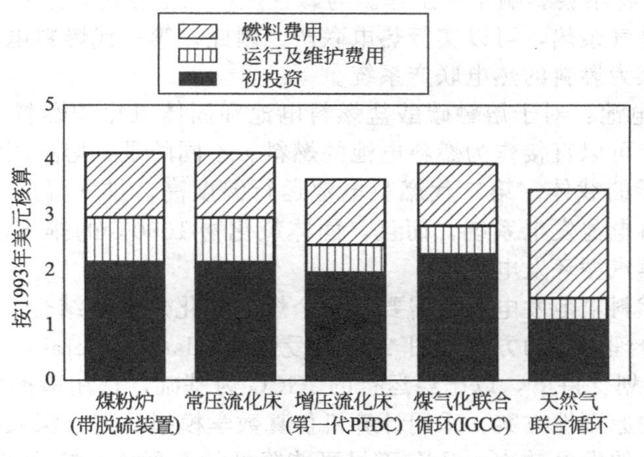

图 4-16　不同发电系统发电成本比较

表 4-7　不同类型燃煤发电系统的发电成本比较

项　目 \ 发电系统	PC+FGD	PC+FGD+SCR	IGCC	已投运的 PFBC	第五代 PFBC
初投资	100	110	120	100	80
燃料费用	100	102	90	88	86
运行及维护费用	100	103	115	95	90
发电成本	100	105	112	92	84

4.3.5　燃料电池清洁发电

燃料电池和普通电池一样，都是将化学能转化为电能的装置。不同的是燃料电池可以连续向电极供应燃料和氧化剂实现化学能向电能的连续转化。表4-8给出了几种基本的燃料电池。

表4-8 几种基本的燃料电池性能比较

燃料电池类型	电解质	燃料	运行温度/℃	电效率/%	排气温度/℃
碱性燃料电池(AFC)	KOH	H_2	100	40	70
固体聚合物燃料电池(SPFC)	聚合物	H_2	100	40	70
磷酸燃料电池(PAFC)	H_3PO_3	H_2	200	40	100
熔融碳酸盐燃料电池(MCFC)	Li_2/K_2CO_3	H_2,CO,HC	650	50	400
固体氧化物燃料电池(SOFC)	ZrO_2	H_2,CO,HC	1000	55	1000

表中可见，燃料电池的燃料都是可燃气体。因此如果要用煤作为燃料电池的燃料，首先要经过气化过程。表4-8中的燃料电池要以煤气为燃料，其要求和条件如下。

① 碱性燃料电池：由于采用氢氧化钾为电解质，如以煤气为燃料，则燃料电池的H_2和O_2的反应系统中不能有CO_2，否则CO_2会和电解质反应生成碳酸钾，从而导致电解质损失。

② 固体聚合物燃料电池：其电解质对CO_2不敏感，但煤气中的CO却会毒化其阳极，因此，必须除去煤气中的CO。

③ 磷酸盐电池：与固体聚合物燃料电池一样，其电解质对CO_2不敏感，煤气中CO浓度不超过100×10^{-6}将不会影响正常工作。与碱性燃料电池相比，运行温度和排气温度都比较高，要有效利用排气余热，可以实行热电联产。因此，第一代燃料电池中磷酸燃料电池最有可能用来发展以煤为燃料的热电联产系统。

④ 第二代燃料电池：对于熔融碳酸盐燃料电池和固体氧化物燃料电池而言，煤气经过除尘和脱硫过程后，可以直接作为燃料电池的燃料。不同的是，熔融碳酸盐燃料电池需要用CO_2在阴极作为离子的载体。第二代燃料电池运行温度高，排气温度自然就高，不但可以组成热电联产的燃料电池发电系统，而且，固体氧化物1000℃的排气温度还可以带动余热锅炉生产蒸汽组成蒸汽循环发电系统。

以煤为燃料的燃料电池发电系统需要与一个煤的气化炉系统结合，将燃料电池与IGCC相结合，将是一个合理可行的方案。图4-17是爱尔兰Ulster Coleraine大学能源研究中心在欧洲联盟JOULE计划支持下，以已经运行的IGCC为基础，选用磷酸燃料电池与IGCC组成的联合发电系统的原则性方案。采用计算机仿真数学模拟研究，深入探讨了技术性能，其目的不仅在于实现高的发电效率，还在于尽可能降低运行的CO_2排放量，以适应21世纪环

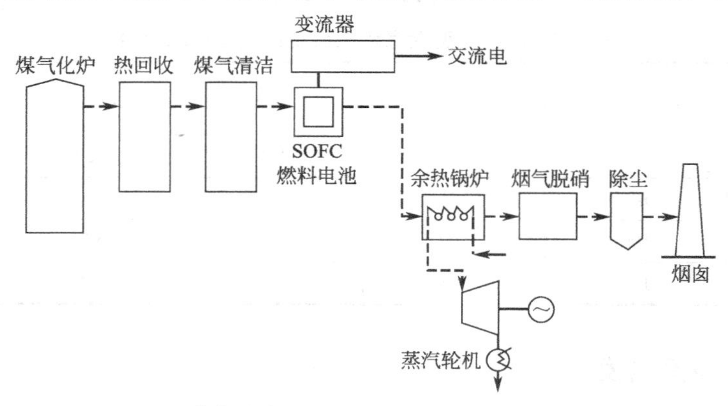

图4-17 固体氧化物燃料电池/蒸汽循环发电系统示意图

境保护要求。图 4-18 给出了固体氧化物高温燃料电池与 IGCC 结合的联合循环系统。

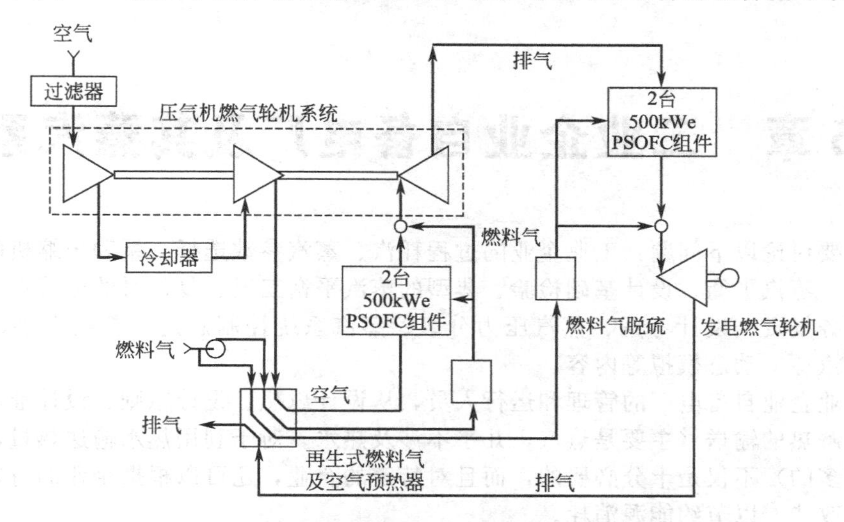

图 4-18　固体氧化物高温燃料电池/燃气循环发电系统示意图

目前，燃料电池作为发电系统，容量还小，完全没有商业化。随着技术研发和示范工程的延续以及 IGCC 技术的发展和应用，煤气化技术必定能够满足燃料电池发电的要求。由于良好的前景和潜在价值，各国政府都十分重视燃料电池发电系统的发展，21 世纪的某个时间，以煤为燃料、大功率、低成本的燃料发电系统必将成为现实。

第5章　工业企业自备电厂及其蒸汽系统

本章主要讨论以下问题：工业企业的过程耗汽、蒸汽参数选择、泵和压缩机的驱动、汽动泵的选择、蒸汽平衡、设计基础检验、典型的蒸汽平衡工况、复位时的母管控制、蒸汽平衡追踪、商务投资、设计考虑、蒸汽压力分级、蒸汽系统控制总述、管网大小、凝结水收集、替代蒸汽源、动态模拟等内容。

作为工业企业自备电厂的管理和运行人员，从设计思想、设计原则、设计准则、设计技巧等方面了解热的输送（主要是蒸汽，几乎不涉及热水。对于利用热水输送热量，思想和方法都是差不多的）不仅是十分必要的，而且对特定的企业，还可以根据企业的特定情况进行有效的优化改造，以节约能源消耗。

对热能工程而言，工业企业自备电厂主要是针对蒸汽发生和使用过程。对于大型工业企业来说，不论是内燃机还是其他形式的能源供应，都不如以蒸汽作为热源经济方便。作为一个大型企业的自备电厂，其运行过程通常都是受到主导生产过程限制的。如炼油厂的自备电厂，其发电量取决于炼油生产量，炼钢厂的自备电厂取决于钢铁产量等。对于不归属于专业电力公司的以供热为主的发电厂，其生产过程受到冬季供暖热负荷的制约，和所有专业电力公司的热电厂一样，都是以热定电。

大型火力发电厂都是由专业的设计研究院设计的，设计内容和过程都高度地专业化了，一旦用户提供必要的设计参数，设计院就可以在很短的时间内提出可行性研究报告、初步设计和详细的工程设计。设计和施工完成以后，火力发电厂的所有技术岗位都选聘经过严格训练的高素质专业人才，执行严格的电力法规和操作规程。

而企业自备电厂则不同，由于受到生产过程的制约，发电过程和供热工程都具有明显的周期性。因此，在企业自备电厂的设计中，要考虑的设计因素就比火力发电厂多。为了能使读者较好地理解企业自备电厂的特殊性，本章将尽可能详细地针对企业自备电厂，介绍中小型发电厂设计参数选择、操作运行等技术内容。

由于企业自备电厂受到生产过程的制约，发电过程和供热系统都必须能适应很宽的参数范围，而且要比电力行业的火力发电厂具有更高的可靠性才能保证安全正常的电力和热力供应。因此，系统设计方案都是最后时刻才敲定的，设备选择、系统联结、运行方式等内容的优劣和合适与否，对企业自备电厂的经济运行有着重要影响。而且设计过程中，由于系统的特殊性和复杂性，经常出现变更设计的情况，有时还会有较大的变动，设计的进程比电力行业的发电厂设计进程要慢得多。

假定企业自备电厂的蒸汽供应由以下几个部分组成：全套的蒸汽供应装置（锅炉和水汽系统）、完整的外围机构（码头或接收场地、装卸机械、运输转运站、管网以及相应的管理建筑等）。图5-1给出企业自备电厂典型的热力系统图，其中展示的设备在炼油厂、化工厂都是常见的。系统由下述子系统组成：①高、中、低三条蒸汽母管；②锅炉车间；③蒸汽用户；④汽轮机；⑤余热回收装置；⑥蒸汽扩容降压装置；⑦给水除氧器；⑧凝结水回收系统等。设计院工程师们的职责就是将这些系统恰当地组成完整、可靠而且能够经济运行的发电供热系统。

蒸汽既是发电的源动力介质，也是供热的载体。有时，蒸汽除了上述用途之外，还用于

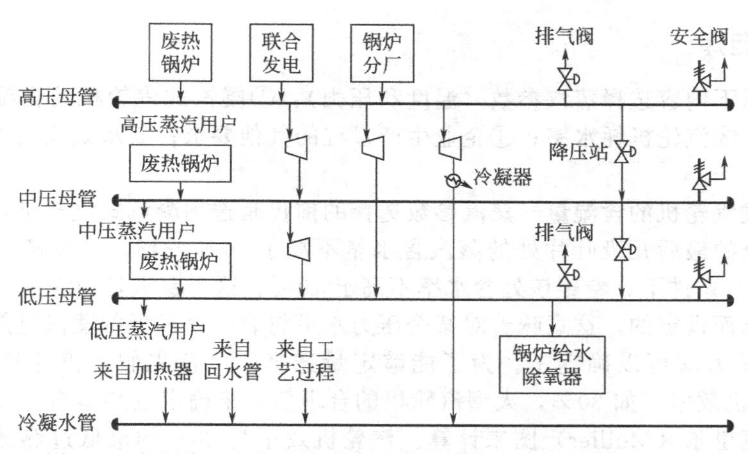

图 5-1　大型化工企业和炼油企业典型的蒸汽系统和凝结水系统

工业生产过程，如将蒸汽用于某些物质的热解、流动、搅拌、雾化、喷射等。蒸汽量和蒸汽参数（压力、温度或过热度）将完全取决于生产过程要求。

如果蒸汽参加化学反应，如在制氢厂、氨水厂、煤气化厂等，水蒸气的动力学参数也将成为重要的影响参数。

5.1　工业企业的供汽参数

5.1.1　过程耗汽

蒸汽消耗的主要用途是对生产的直接供热。如蒸馏塔的重沸器、氨系统的重沸器、加热器、采暖等。由于这些过程中，温度的要求通常不超过 175℃，低品位蒸汽将成为主要热源。

根据过程要求的蒸汽量来选择设备，低品位蒸汽供应存在着多种可供选择的方案。包括换热系统、流体循环供热以及蒸汽和电力供应等不同方式。在设计初期进行方案选择时，主要是基于技术经济比较和经济贸易研究结果来确定。过去在传授技术经济比较方法时，过多地强调了技术经济比较内容及其作用，而忽略经济贸易行情对工程的影响。而实际上，许多工程的部件或主要部件都很大程度上受到国际贸易和国内贸易行情的制约，投资总额的确定不得不根据国内外市场条件来确定和不断修改。

用工艺热来生产蒸汽是提高全厂热效率的有效方法。通过换热器回收所有可以回收的热量，可以生产出中低压蒸汽，同时还减少了生产过程对冷却的要求。尽管从过程角度看，生产低压蒸汽是可行的，但必须考虑到这些低品位蒸汽对总的蒸汽质量平衡的影响。因为在很多场合下，低品位蒸汽是缺乏用途的，从而导致设计方案成为不良方案。所以，用工艺过程热来生产蒸汽方案的最终确定是工艺过程工程师和设备工程师合作的结果。

从提高热效率的角度看，生产蒸汽通常是要用燃烧室和对流传热装置来完成的。高压蒸汽可在过程加热器的炉膛（该处主要是辐射换热）和对流段生成，制氢厂的重沸器、催化重整器/加热器等都是过程加热器。

催化还原装置中需要用废热蒸汽来保持正常操作的运行温度，在考虑降低 NO_x 排放要求时，可以加上一套选择性催化还原装置。焚烧废气生成的热量代表着另外一个蒸汽发生过程，如在流体催化裂化装置和流体焦化装置的 CO 焚烧废热锅炉都可以生产高压蒸汽。

5.1.2 参数选择

可以根据以下内容选择蒸汽参数（温度和压力）：①凝汽式汽轮机的含湿量；②系统采用的金属性能；③汽轮机耗水率；④企业生产过程的其他要求；⑤水处理投资；⑥蒸汽管网类型。

（1）凝汽式汽轮机的含湿量　蒸汽参数选择的前提是选用凝汽式汽轮机，蒸汽参数的选择要保证汽轮机的最后几级叶片处的蒸汽含水量不高于10%～13%。高速汽轮机（转速高于9000转/min）条件下，希望该处含水率不高于10%。这个要求是为满足汽轮机叶片对水颗粒的磨蚀要求而设定的，这意味着对某个压力水平将有一个最低的蒸汽过热温度，汽轮机效率和凝汽器压力就可以确定了。为了能够定量选择，可首先假定汽轮机凝汽压力（如5000Pa)、汽轮机效率（如80%，大型汽轮机的合理值）来确定过热蒸汽温度。最低过热蒸汽温度可以由莫里尔（Mollier）图来计算。汽轮机效率为80%的最低过热蒸汽温度和最高蒸汽湿度见表5-1。在这些数据的基础上，对于给定的压力水平，为了保持出口凝结蒸汽的含湿量不超过11.5%，必须确定最小的蒸汽过热度。

表5-1　汽轮机效率为80%的最低过热蒸汽温度和最高蒸汽湿度

入口蒸汽压力/Pa	入口蒸汽温度/℉	含湿量/%	入口蒸汽压力/Pa	入口蒸汽温度/℉	含湿量/%
1.03425×10^7	538	9.5	4.137×10^6	423	10.1
	482	12.5		371	13.0
	423	16.5		316	16.5
6.2055×10^6	482	9.3	1.03425×10^6	316	8.1
	423	12.1		260	11.2
	371	15.1		204	14.8

（2）参数选择的第二个要点是蒸汽系统所采用的金属种类。例如，由于晶粒边界上可能发生石墨线状析出，所以碳钢法兰的最高使用温度为399℃。所以，41.34×10^5Pa压力以下，蒸汽管网可以使用碳钢管，高于这一压力就需要使用合金钢了。在62.01×10^5～103.35×10^5Pa压力之间，蒸汽管道就需要使用碳钢和金属钼各占一半的合金，或者钼和铬各占一半的合金。

（3）汽轮机耗水率　汽轮机所需要的蒸汽量用耗水率表示，即单位功率所消耗的蒸汽质量。实际上，耗水量是理论耗水量和汽轮机效率的函数。前者与汽轮机进出口能量差有关，以蒸汽的等焓膨胀为基础，即是汽轮机进出口温度和压力的函数，后者是汽轮机容量、进口压力和运行工况（出口是否含水和是否膨胀到中间某个压力）的函数。从能量的观点看，蒸汽参数越高，循环效率就越高。

（4）过程要求　当蒸汽参数等级确定后，就要考虑过程要求，而不是考虑驱动方式。例如，对于蒸汽加热过程，就要考虑蒸汽具有足够高的压力以防止被加热的流体泄漏进入蒸汽中；管内流动的蒸汽要考虑有一最小压力以便回收低温凝结液。

（5）水处理投资　蒸汽压力越高，水处理的投资就越高。高于41.34×10^5Pa后，锅炉给水必须脱除矿物质。低于这一压力，可以进行给水软化。当蒸汽被用于某些过程，例如在催化床上进行的某些反应，蒸汽的质量就要求很高。

（6）管网类型　有两种系统形式：一种是局部的，如动力站所采用的形式；另外一种是复杂系统，蒸汽经过许多装置和过程。从投资的角度看，如果压力在41.34×10^5～103.35×10^5Pa的范围内，则尽量不采用小型的局部系统。对大型系统，由于可以满足温度和压力对于合金的要求，压力可以保持在10.335×10^5～41.34×10^5范围内。

由于上述因素，化工厂和炼油厂的蒸汽系统经常分为三个压力水平。高压 41.34×10^5Pa，作为主要的动力源；中压 10.335×10^5Pa，用于小型备用汽轮机和加热过程；低压通常为 3.4×10^5Pa，可以用于供热和其他低压需求。

5.2 动力机械的驱动方式

5.2.1 泵和压缩机的驱动

泵和压缩机的驱动究竟选择电还是蒸汽，取决于一系列因素和运行理念。当发生动力故障时，如果设备不能连续运行，则需要按照顺序安全地将设备运行停下来。为了达到顺序和安全的要求，在出现动力故障时，应该得到必要的技术保障：①仪表冷却空气；②冷却水；③排泄和吹空系统；④锅炉给水泵；⑤锅炉风机；⑥备用发电机；⑦消防水泵。

由于蒸汽和柴油备用系统比电力备用系统更加可靠，所以上述保障都是由蒸汽和柴油机来担任的。每种设备的停机过程都必须经过仔细分析和特殊设计。通常，蒸汽驱动泵的最小服务项目包括系统倒流量、排泄点、清洗油循环和加热器负荷，最重要的是保持冷却，其次是将全厂流体安全地送到各种收集容器中去。原动机的选择是不能通用化的，所有设备的停机方法和步骤都必须是特定的。

对于一个特定过程在不同时刻考虑到不同的驱动方式。例如，可用流量或负压调控压气机。采用流动泵取代恒速感应电机实现汽轮机的不同转速。在催化裂化-重整过程等压缩导致气体分子量发生变化的过程更显重要。

设备类型一定时，为了防止停机过程高温漂移失控，必须保证一定量的气体流动。在发生动力故障时，可以用蒸汽驱动泵担任动力源。

选择关键设备时要从安全的角度来选择驱动装置，采用驱动装置可以减少卸压和工质损失。多数情况下，这种系统的大小是根据总的动力供应失效量来确定的。如果丢失的热量由蒸汽驱动补充，则汽动泵将使整个管路恢复流动，减少了系统的压力降低。蒸汽驱动泵提供动力的同时还可以在停电条件下为主设备的支持设备（例如压气机的润滑系统、密封系统等）提供服务以防损坏。

驱动泵尺寸也是影响因素之一。感应电机要求很大的启动电流——通常是正常运行电流的数倍，这种电机启动过程电压的降低对用电系统造成一个瞬间的损耗。因此，尽管同步电机可以达到 1865kW(2.5×10^4 马力)，大于 746kW(10^4 马力）的都是由汽轮机担任驱动泵。

要保证寿命保持装置的可靠性，如建筑供暖、饮用水、管路检测、紧急照明等，在寒冷气候条件下出现断电时都要予以特别关注，这种条件下，至少有一台锅炉要配备蒸汽驱动泵。

为了蒸汽平衡和减少蒸汽损失，还要适当选择蒸汽驱动泵。在充分考虑管网和蒸汽平衡的前提下，才能最后确定驱动泵。此外，还要留有充分的余地来保证不同运行条件下的蒸汽平衡。

5.2.2 汽动泵的选择

汽动泵数量和用途确定后，就需要估算蒸汽消耗量来确定蒸汽平衡。这项工作的标准方法是采用蒸汽等熵膨胀法来校正汽轮机效率。等熵膨胀速率，也称作“理论耗汽率”，可由 Keenan and Keyes 编制的“理论耗汽率表”查取。汽轮机的实际耗汽由下式确定：

实际耗汽率＝理论耗汽率×汽轮机制动功率/汽轮机效率

典型的耗汽率见表 5-2。汽轮机效率主要取决于汽轮机容量。小型汽轮机（7.46～37.3）×10^6 MW 效率为 30％～40％；大型汽轮机（7.46～37.3）×10^9 MW 效率为70％～80％。效率也是蒸汽过热度、汽轮机转速以及（在某些条件下）压力比的函数。

表 5-2 确定汽轮机实际耗汽量的典型理论蒸汽流量 单位：kg/(kW・h)

排汽压力/Pa	入口蒸汽条件(Pa/℃)				
	103.35×10^5/496	62.01×10^5/441	41.34×10^5/399	10.33×10^5/260	3.44×10^5/204
41.34×10^5	13.61	30.9			
10.33×10^5	6.34	8.25	12.95		
3.44×10^5	4.85	5.85	8.35	21.69	
1.01×10^5	3.67	5.03	5.65	9.52	15.82
13545.55	2.89	3.82	4.16	5.86	7.61
5079.582	2.65	3.47	3.74	5.06	6.26

5.3 蒸汽平衡和平衡追踪

5.3.1 蒸汽平衡

过程和汽轮机耗汽量确定以后，下一步就是做工业企业（如化工厂或炼油厂）的蒸汽平衡。图 5-2 是一个蒸汽平衡的例子。该图表明了蒸汽生产和消耗、母管系统、输出系统和锅炉装置之间的关系。这里应该强调的是，平衡不是单一的，而是系列的，代表一系列变化的运行模式。平衡的目标是确定锅炉容量、蒸汽输出系统、除氧器容量、给水要求以及系统中不同部件中的蒸汽流量。

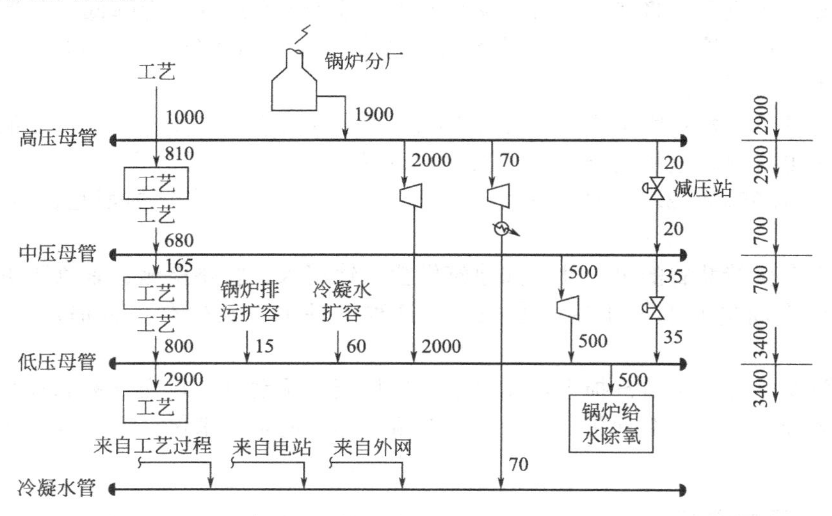

图 5-2 过程消耗和汽轮机消耗确定后的冬季正常蒸汽平衡

蒸汽平衡应该包含下列运行模式：正常工况、冬季和夏季工况、主机停运、主机启动、凝结水大量损失、发电蒸汽大量损失、停电时的蒸汽扩容、大型蒸汽用户耗汽量大幅度变化。

对于大型复杂的蒸汽系统，要考虑到 50%～100%蒸汽平衡以满足不同条件对主设备的影响。在这一点上，蒸汽系统设计的主要依据已经完整地系列化了。

① 检验所有重要负荷，特别注意那些自由度小的设计点，即重沸器、过程装置的喷射蒸汽、大型发电汽轮机以及起停安全等。

② 列出负荷表以便选择驱动装置，这些选择都是基于经济性竞争分析后确定的。

③ 确定蒸汽参数。

④ 根据管路投资，综合评价现场计划以确定蒸汽输送和冷凝水回收的可行性。

⑤ 根据所用的蒸汽和压力等级，收集过程装置数据，即对于该过程确定凝结驱动还是背压驱动。图 5-3 是这类信息的一个示例。

⑥ 进行试验和误差计算或计算机计算以确定锅炉、管路、除氧器和锅炉给水要求，即进行系统平衡。

⑦ 由于可能停电，停电成为主蒸汽保障的要求之一。额定运行和其他工况下都必须进行突然停电的不测事件研究。

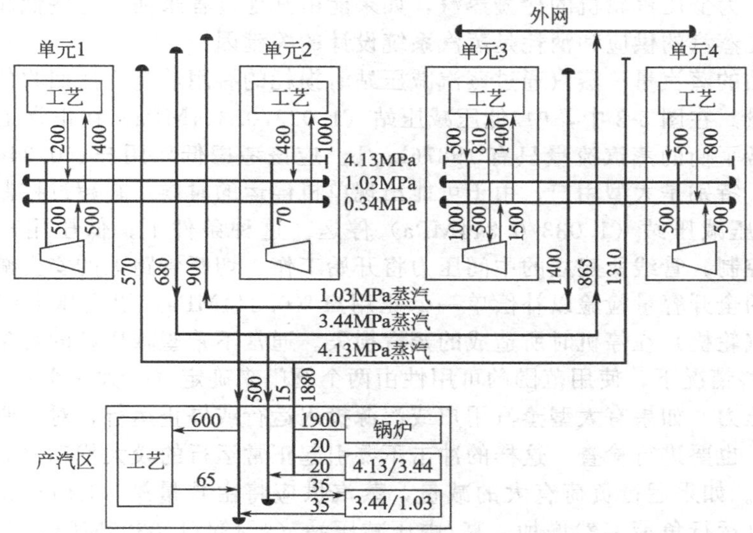

工艺设备序号	4.13MPa 蒸汽			1.03MPa 蒸汽			0.34MPa 蒸汽		
	供给	使用		供给	使用		供给		使用
	工艺	工艺	汽机	工艺	工艺	汽机	工艺	汽机	工艺
1			500	200				500	400
2			70	480		500			1000
3	500	810	1000					1500	1400
4	500		500				800	500	
外网					165				
产汽区	1900	20		20	35		65+35		600
总计	2900	2900		700	700		3400		3400

图 5-3　每个工艺过程中蒸汽的产生和消耗

5.3.2　设计基础检验

完成上述步骤以后，要进行下述检验。

(1) 锅炉容量　锅炉要有足够的容量（要有蒸汽计算容量10%～20%的裕量），校正应该配备的锅炉数量和备用锅炉数量。蒸汽平衡代表着正常条件下的锅炉规范参数，包括数量和容量。最大耗汽量根据紧急情况确定，正常耗汽量通常用来确定锅炉运行数量。按照锅炉规程，每台锅炉都要进行汽包检验，所以所有锅炉每年都要有停炉时间。正常运行的锅炉数量依据正常蒸汽使用量来确定。实际要求的锅炉数量（例如50%负荷运行3台、33%负荷运行4台等）应根据所建设的锅炉容量通过投资的技术经济比较获得。通常假定在停电时锅炉无法运行的双倍风险进行设计。

(2) 最小锅炉调节量　多数焚烧燃料的锅炉可以降低到MCR（maximum continuous rate）20%负荷下运行，不希望出现低于这一水平的运行。

(3) 正常负荷和最大负荷　如果在紧急条件下出现最大负荷（如停电），为了实现最小的锅炉设计容量，要考虑甩掉这种工况下的过程用汽量，但要与过程工程师和运行工程师商榷以保证整个过程的安全运行。

(4) 低品位蒸汽量　任何热系统蒸汽平衡的关键都在于低品位蒸汽量的确定。过剩的低品位蒸汽只能作为低压汽轮机的冷凝蒸汽，如果能由其他过程来使用这些低品位蒸汽就更好了。通常低品位蒸汽的供应和消耗是蒸汽系统设计的关键因子。

(5) 减压站的蒸汽量　蒸汽通过蒸汽减压站时损耗的有用功是无法回收的，下述流动应该保持最小流量。在图5-3中，中/低压减压站（1.033/0.344MPa）在正常工况条件下（通常是冬季）正常平衡的蒸汽流量只有15876kg/h。应该考虑低压用户（0.344MPa）系统的用户蒸汽损失，特别是大型用户，由于可能出现单机停运的时候，在超过控制线以后，用户可能要求中/低压减压站（1.033/0.344MPa）停运。这种条件下，低压用户（0.344MPa）联结管将难以控制，管线所建立的中间压力将开始工作，切断管路上的安全减压阀，同样还要进行减压站的全开容量检验以补偿单一低压用户（0.344MPa）以上压力汽源（例如，不设大型电机的汽轮机）在停机时所造成的蒸汽损失。通常不希望减压站的容量大于全开容量的80%。在某些情况下，使用范围的可用性由两个阀门来确定（一大一小）。

(6) 中间压力　如果有大型蒸汽用户或汽源投入运行或停止运行，对正常运行汽网（以天为计算单位）也要进行检查。这样的冲击不要引起正常运行的较大扰动（如减压阀失效或系统压力失控）。如果运行负荷有大的减量，蒸汽供应将由减量站（letdown station）减少蒸汽供应；如果运行负荷突然增加，高/中压减压站（4.134/1.0335MPa）必须有能力补充蒸汽供应；如果汽流是由于过程消失而出现，该站必须有能力补偿该负荷；如果1.0335MPa站意外产生汽流，高/中压减压站（4.134/1.0335MPa）必须有能力处理倒流。此处重要的是汽流增加到317520kg/h时，由于所增加的汽流无处可流，高/中压减压站（4.134/1.0335MPa）应该有能力在不增加低压蒸汽流量的条件下减少这一流量。正常情况下，高/中压减压站（4.134/1.0335MPa）必须有能力处理负的负荷波动。总的来说，这种减压站需要保持在最小的容量。另外，中等压力等级（1.0335MPa）的蒸汽短缺可以相对简单地由高/中压（4.134/1.0335MPa）减压站补偿，通常这种短缺不论数量还是持续时间都比较小（如启动过程、吹扫过程、电动维护过程、过程关机等）。

(7) 高压蒸汽　由于锅炉直接进行流量控制，高压蒸汽的检验更加侧重于战略考虑。在蒸汽量发生变化时，锅炉燃烧会发生相应调整。

5.3.3 典型的蒸汽平衡工况

图5-2是稳态条件下（冬季运行）的汽流平衡。所有装置都在运行，没有任何特殊的蒸汽要求。在夏季条件下，也要进行上述分析，因为除了蒸汽负荷减少外，任何单一条件都不能危及正常运行。该平衡代表着大量的备用量（例如停电时），在这种情况下，适当的测点

可以简单地确定系统是否处于正常状态和偏离程度。任何母管都可能出现最大压降，此时将代表减压阀的最大容量。锅炉给水或凝结水的丢失导致的主要问题就是复位问题（恢复正常参数），严重时将被迫停炉。

5.3.4 复位时的母管控制

稳态工况与多种平衡有关，可以调整锅炉产汽量以满足用户要求。但锅炉负荷无法快速变化，响应速率通常限制在 20%额定容量。因此，暂态工况必须依靠其他部件来控制母管压力。

控制 3 个母管压力的部件作用见表 5-3。具有这些部件的母管能使母管从一个平衡稳定地过渡到另一个平衡。

表 5-3 不同控制单元在调整压力时扮演的角色

控制单元	压头			图例说明
	高压	中压	低压	
	+ −	+ −	+ −	
4.134/1.0335MPa 减压站	↑①↓	↑①↓①		+压力升高 −压力降低 ↑控制单元打开 ↓控制单元闭合 数字代表序列步骤
1.033/0.344MPa 减压站		↑②↓②	↑①↓	
4.134MPa 调整阀	↑②			
0.344MPa 调整阀			↑②	
4.134MPa 安全阀	↑③			
0.344MPa 安全阀			↑③	

5.3.5 蒸汽平衡追踪

由于司令图的限制（司令图是工程指挥中心使用的工程进度、内容规划和完成详图），蒸汽平衡和锅炉容量在设计的早期就已经确定了。这些决定是基于汽轮机效率、过程废热锅炉产汽量以及其他外购耗汽设备等假设之上。因此，在整个设计阶段，应追踪足够数量的蒸汽平衡点来保证购买的设备能满足蒸汽系统的基本设计要求。

对装置数据库系统和线性运行模拟系统模型来说，这种追踪是它们很好的应用场合。在大型的“草根”状复杂系统的动态设计过程中，通过数据库和运行模拟，至少要追踪 40 个以上的蒸汽负荷的连续平衡。

5.3.6 商务投资

要设计有效但低投资的系统，设计师要绘出理想的最小投资曲线，其中要包括与基建、安装、燃料、运行、维护等因素有关的投资价位，以及最终确定系统的可执行投资研究。但由于设计师始终受到项目计划、设计主旨、项目早期填写的昂贵设备清单等的限制，设计中许多关键问题出现困扰时，已经无力回天了（如全负荷汇总、汽轮机耗水率、设备效率及设备投资等）。

国外的一些公司采用相对投资评估（comparative-cost estimate）作为常规方法来帮助做出工程决定。这一方法在选择设备时特别有用，如确定锅炉数量、锅炉选型（选择快装锅炉还是散装锅炉）、用废热回收产汽还是采用联合发电等早期问题。

影响蒸汽系统投资比较研究的主要因素有：设备及安装、辅机（如附加管道、升级燃烧控制、延伸的排污装置等）、年维护费用和年运行费用等。

前两项投资可由数据资料库或供应商提供，运行和维护投资可由基于所购设备的可靠性评价所获得的一次投资来确定费用因子。

有些投资是要根据用户所在地的条件确定的，如燃料价格、水价格、电价、水处理费用等，这些费用确定以后，各种压力下的产汽量就可以确定了。

确定动力锅炉选择的基础数据时，这种比较投资评估方法是十分有效的。在锅炉正常供汽量下，考虑其中一台锅炉停炉检修时能满足额定参数的供汽量等条件就可以确定锅炉台数。进一步假定紧急情况下的供汽量（所有锅炉都投入运行），可以确定不同条件下运行锅炉数量和组合方式。

表 5-4 与锅炉选择有关的数据

满足正常运行(8.6×10^5kg/h)		满足最高负荷(9.98×10^5kg/h)	
运行锅炉数	每台锅炉额定负荷/(kg/h)	安装锅炉数量	安装锅炉负荷/(kg/h)
3	294.8	4	1179.36
4	226.8	5	1134
5	181.44	6	1088.64
6	158.76	7	1111.32

表 5-4 表明，锅炉数量和容量的任何一种组合，都能满足正常和紧急情况下的蒸汽需求，因此，就可以据此做出早期投资决定。

另外一种方案是采用快装锅炉（尽管有些不妥），由于是组装出厂，可以节省大量的安装费用。汽轮机耗水率（或效率）是另外一个主要投资内容，超过售后服务期（通常为 3 年）后，与设备的一次投资相比，耗汽费用十分显著。

如果不是过多考虑工质种类，驱动设备的选择通常是通过商贸研究来确定。基于这些研究，通常首选电动泵。汽轮机备件是特别提出的，由于汽动泵和凝结水管网安装费用昂贵，远程泵通常也是电驱动。

5.4 蒸汽管网

5.4.1 设计考虑

随着设计的展开，设计师要考虑蒸汽负荷和压力等级、确定管网的蒸汽平衡点、检验安全性等并进行商务投资研究。为提供低投资的安全能源供应，设计上要保持系统的完整性。

怎样将设计概念转化成设计文件呢？哪些基本准则能保证这些概念在工艺流程中正确实现呢？

达到这些目标需要管路与仪表图（Piping and Instrument Diagram，P&ID）。尽管只是展示设计师的基本思想，但在与仪表工程师以及电气、土建、结构、力学等领域的工程师进行控制方略交流时将起到重要作用。最重要的文件是蒸汽系统规范。对主要设备要进行编号，同时要给出明显的功能图，如泵的设计容量和压头、电机功率、换热器指标、容器直径或对角线尺寸以及保温层厚度等。

仪表也要进行编号，定位、功能、流量、压力、温度、非正常工况等都要标示出来，形成管路和仪表的重要联络。

管线也要进行编号，注明各管段的管线负荷、管线尺寸和管子规范。管路设计师据此进行管线支吊和应力分析等详细设计。

管线规范文件意味着国家和行业的法规标准和设计参考。按此进行规范设计和工艺描述，选用管材和阀门材料、使用温度、最大压力范围、允许腐蚀量、垫圈材料以及各级压力管线的联络方式等。

管段参数表记载着设计信息，是P&ID图不容易表达出来的。编号过程对装置和泄压管都要有记载，以适当的正常工况顺序和变化特征为顺序排列。质量流量或体积流量要写清楚以便选择管径和仪表。鉴别每条管线的起点和终点（蒸汽的来源和用户），就可以确定管线的绝对压力损失和流动速度。压力和温度变化形成确定减压阀容量的基础，并为应力分析提供数据，为选择管线支撑形式（支撑原则、滑动支架、吊架、悬吊或支撑）以及确定膨胀量和确定膨胀节位置提供数据。保温材料及其厚度不论从节能还是从安全防护角度都需要加以说明。

5.4.2 蒸汽压力分级

在建立总蒸汽系统设计顺序时，首先考虑的是蒸汽压力分级和分配问题。压力分级可以通过在蒸汽母管上安装安全阀、设置减压站、蒸汽排空、汽轮机壳体安全阀以及实际压力等方法来实现。这些方法对拟订设备、仪器供应清单等都是重要的，是设计初期必须要考虑的。

5.4.2.1 低压母管

0.365MPa压力运行的减压站为相连的子母管提供的最小压力为0.33MPa。这样在母管上允许的最大压降为0.03MPa，可以用来确定母管规格（以冬季正常的水汽平衡为基础，其他工况的平衡都以此为基础）。

在0.4134MPa母管上所设计的排空管要考虑以下内容。

① 减压站要考虑0.3445MPa母管正常工况每小时的压力波动，包括0.3445MPa蒸汽供应和消费的任何波动。

② 去除氧器的低压蒸汽须经减压站减压才可提供给除氧器，以防除氧器内压力骤增。

③ 排空系统不要放在控制序列的前部。

考虑到碳钢法兰在1.0335MPa的温度压力变化范围内，母管的安全减压阀设置到0.55MPa，在汽轮机安全阀和排空阀之间设定合理范围（考虑减压站累积压力提高+10%，即0.606MPa；复位压力降低−7%，即0.51MPa）。注意，通过0.344MPa母管的蒸汽量可能加1个以上减压阀，设置上应该有所交错，使减压阀遇到复位和振荡时压力平缓变化。

按照规程，每台汽轮机要有1个减压阀，泄压阀一旦关闭时能够防止出现超过最大允许工作压力的流率，这一流率与机壳材料（铸铁、碳钢、合金或不锈钢）有关。汽轮机的安全阀必须高于0.344MPa蒸汽系统的减压阀压力，以防止汽轮机减压阀作为系统减压阀动作。

5.4.2.2 中压母管

基本方法与低压母管相同，但在经济上不同。这一系统不能设置排空阀。相反，中压母管压力建立于4.134/1.033MPa压力站的基础上，4.134/1.033MPa站的蒸汽直接来源于锅炉或者由该站接纳的外来汽源。不论哪种情形，只有在锅炉蒸汽被控制到可以管理的水平后才有可能考虑排空。

注意，当1.033MPa法兰压力/温度曲线置于254.4℃，1.033MPa母管法兰网络的持续承压能力大约为1.21MPa。虽然法规不允许温度漂移超过设计的温度曲线，但由于能够在母管设压点1.068MPa提供足够的裕量，仍可以选用1.21MPa母管法兰。

汽轮机安全阀设定点是制造商的产品卖点，恰当的安全阀动作压力点可以防止汽轮机出现汽塞，如果动作压力设置太低，母管安全阀（1.21MPa）动作之前会发生系统减压。

5.4.2.3 高压母管

高压母管压力按相同方法建立。设置排空阀保护减压压力直升到锅炉输出调整完毕。在4.237MPa点处设置缓压站，到蒸汽用户的距离允许管网损失压力30%，即0.2067MPa。

5.4.3 蒸汽系统控制总述

由于蒸汽系统每设置1个点对系统整体都有影响，控制工程师必须设置一系列储存标准状态的控制补偿器，这样可以保证最高优先级设备首先得到保护，两套控制系统元件将不会相互反向。表5-3进行了一个简单的总述，该表上都是瞬时工况，为设定优先级，每个减压站都对排空阀、主减压站、母管减压阀等注明了控制响应值。

5.4.4 管网大小

应比较详细地考虑蒸汽需求和安全使用之间的关系，蒸汽用户的远近和蒸汽或凝结水依靠余压自流都应是廉价而有效的。

由于蒸汽管网设计不当，给用户造成很多问题，造成蒸汽质量低于设计标准、压力过低或由于物理原因形成其他孤立缺欠。

可以接受的措施是适当地确定母管尺寸，虽然母管长些可以方便运行，但一次投资就相应提高，一系列相应投资如保温、支撑、膨胀处理等也相应提高，同时也增加了附加热损失和附加凝结水回收量，这样往往会导致系统设计的复杂化，大型设备的安装也会造成空间拥挤。

但如果管网小了，也会出现相应问题。虽然满足初期设计尺寸是可以接受的，按照30.48m/s的管网尺寸速度原则，所有管段都要按常规流体力学方法检验流动阻力。

如果蒸汽供应线不适当，凝结水就会在管网最低处汇集，导致管子截面缩小，增加压力损失，更明显的结果是速度太快。实际上凝结水有时能达到最大值，此时在转折点处将会出现水击，水击会造成噪声和不规则流动，严重时会造成法兰漏泄和固定点变形。

画出管网图后，设计师关心的是管网最低点，该处是凝结水的汇聚点和收集点，凝结水返回比较容易处理。蒸汽管要有一定的倾斜角度，以保证凝结水能随蒸汽一起流动。如果管子必须爬高而不将凝结水分离出来，就将出现凝结水依靠重力自流下来的情况，所以必须考虑排水口。如果管子必须抬高，回水管必须考虑用大口径管。回水管不必直接连接到管线上(因为凝结水会随着蒸汽流动)，但要设置回水盒或分离器来收集凝结水。汽轮机供汽管线的一根套管执行这一功能。由于蒸汽主要是降压流动，这个套管陷阱很容易安装在与汽轮机相邻的水平管段上。为了保持较小的蒸汽带水率，管线分岔应设置在蒸汽母管的上游。

5.4.5 凝结水收集

由于水处理费用昂贵，凝结水是必须收集回来的。回收的凝结水送回锅炉，不仅仅节约了水处理费用，也回收了部分热量，即使用户距离很远，凝结水也要回收。凝结水回收要考虑以下原则：

① 除非凝结水受到污染，否则都要回收回来。

② 通过设置回水线路使蒸汽背压达到最低。

③ 尽量避免凝结水量波动，以免造成回水管路压力波动。

④ 凝结水管要低于凝结蒸汽以形成重力自流。

5.4.6 替代蒸汽源

用过程加热器的管束生产蒸汽是废热回收的主要方法，否则这些热量将散失到大气中去。可以采用前述的三种压力母管系统，为使蒸汽更加有效地利用，水泵、汽包、锅炉给水等因素都要重新平衡。投资制约着利用大温差的大型蒸汽发生器的采用。

在这种联产系统中，可以配备燃气轮机发电机组来发电。燃气轮机的排气（含氧15%，温度427～555℃）成为产汽热源。为了大量生产蒸汽，废热锅炉有时要消耗燃料。有三种联产用的废热锅炉：无燃烧废热锅炉、提供777℃烟气的有火废热锅炉和采用10%过量空气燃烧燃料的废热锅炉（表 5-5）。

表 5-5　三个等级电站的蒸汽消费量

压力/温度(MPa/℃)	耗汽量/(kg/h)		
	9MW	25MW	80MW
非点火锅炉			
1.10/419.5	31706.6	70670.8	178264.8
4.34/419.5	24267.6	48807.4	136533.6
6.17/461.1	22861.4	45360.0	128368.8
10.5/530.5	—	—	—
助燃废气到 777.7℃			
4.34/419.5	35879.77	102513.6	244490.4
6.17/461.1	42638.40	99338.4	236779.2
1525/530.5	40325.04	93895.2	224078.4
10%到全燃料燃烧			
4.34/419.5	148346.8	342468.0	788810.4
6.17/461.1	144244.8	333849.6	768398.4
10.5/530.5	138801.6	320241.6	737553.6

确定了联产类型之后，下一步就是锅炉和燃气轮机的选型。燃气轮机是恒流机械，空气流量和速度都是固定的，后者是根据发电机转速确定的，取决于结构。

① 废热锅炉产汽量可以由锅炉容量来决定。

② 如果废热锅炉烧火，产汽量可以由燃料量来调节。

③ 如果废热锅炉大量烧燃料，产汽量由燃料消耗量来决定。

在动力需求不变时，如果燃气轮机的排气量不被旁通，废热锅炉的产汽量取决于燃气轮机的排气量。

如果采用大量燃烧燃料的锅炉，而锅炉容量又超过了用汽需求，锅炉正常运行时就要明显低于最大连续出力。由于燃气轮机中的过量空气太多，燃气轮机与锅炉的联合循环效率就可能低于锅炉效率。如图 5-4 所示，对 6.2MPa、514℃、340200kg/h 最大连续出力的锅炉配 25MW 燃气轮机的联合循环，燃气轮机输出和锅炉负荷存在一定关系，这一关系

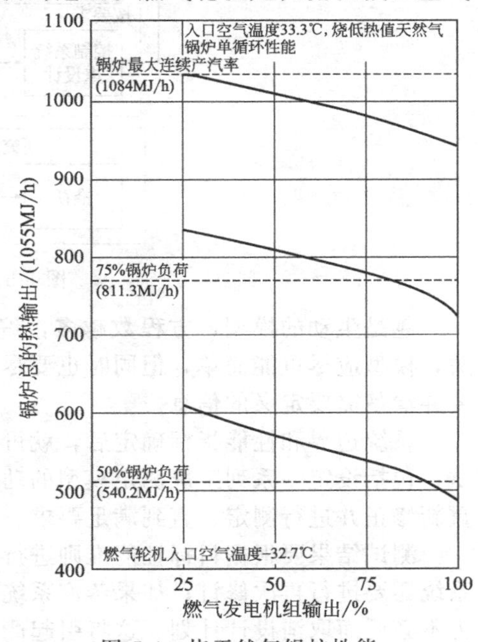

图 5-4　烧天然气锅炉性能

是因为燃气轮机过量空气太大、温度低等原因影响了锅炉和燃气轮机的负荷。

如果锅炉和燃气轮机都在额定工况的60%负荷下运行，锅炉参加简单循环时的效率较高。

其次该考虑是采用哪种锅炉？有两种方案和供联合循环选择的锅炉：不设引风机的压力式火管锅炉（fired box boiler）和平衡通风锅炉。前者强制减少燃气轮机背压造成功率输出降低，后者的大风机有控制问题和内爆与外爆的危险。内爆与外爆是锅炉特有的事故种类，外爆是指由于锅炉炉膛压力过大，胀破锅炉炉墙，形成向外喷射的爆炸；内爆是指由于某种原因，引风机的抽力将锅炉炉膛内抽成负压，使锅炉炉墙在大气作用下向炉膛内部凹入的现象。内爆多数发生在大型电站锅炉。后者的运行要求进行暂态分析来考虑风机和挡板的失效问题，万一出现此类问题，应迅速使燃气轮机废气转向以防锅炉炉膛压力升高。由于高温烟气闸门运行和维护都比较困难，设计时考虑这些因素对系统的运行可靠性和安全都十分重要。

第三要关心停电时的安全运行。紧急情况下，燃气轮机的发电机要解列，但锅炉始终要给风来保持产汽。这就要求燃气轮机在全负荷和零负荷时都能以相同的空气量工作，即要求采用单轴燃气轮机而不是采用双轴燃气轮机。

5.4.7 动态模拟

由专用计算机模拟动态运行和暂态工况。通过模拟得到的知识可以用于减少设计、建筑、启动、运行等方面的投资。模型可用于控制系统的运行和评估，分析系统构造、建设、启动等过程中的系统行为并进行运行人员的训练。

模拟可以作为修正蒸汽发生器控制系统性能（发电机和废热锅炉）和用户（汽轮机和过程装置）对可能出现的扰动的响应（即锅炉、汽轮机或过程装置解列时的反应）。图5-5给出了包含控制系统设计和分析的步骤。首先是系统的定义，不仅包括物理边界的界定，同时也给出了数学模型要代表的变量和行为类型。

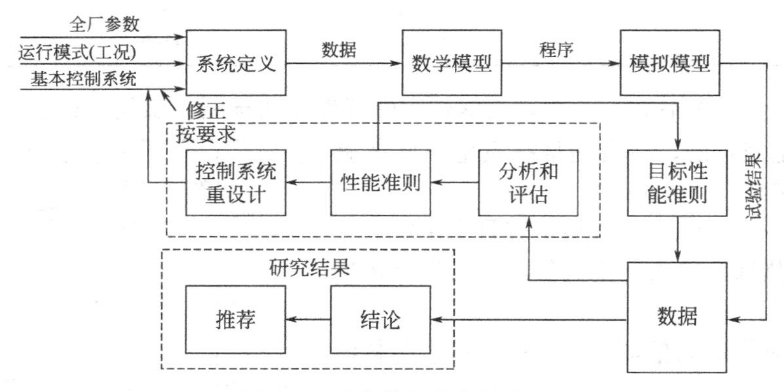

图5-5 动态模拟研究的步骤

越是生动的模型，方程数越多，编程和运行时间就越长。由于投资和系统的复杂性相关，模型应尽可能简单，但同时也要尽可能详细地满足用户要求。所以在编程和运行程序前要弄清楚需要定义的信息。

系统边界和性能指标确定后，就可以编程了。修正程序错误后，要进行模型运行周期测试，包括设定一系列工况测定模型的动态行为来确定模型的可用性。当模型有不当处时，要重新修正并进行测定，直到满足要求。

测试结果要根据目标性能准则进行分析和检验。如果这些测试不能满足准则要求，控制系统还要进行再次修订；如果蒸汽系统设计不能展示暂态工况良好的可控性，用户就可能认为不必要而取消设计计划，这将引起严重的经济问题。

第6章　火电厂投资——评估和使用

火电厂建设的投资量很大，其中有相当大的部分投到建筑设施方面。这样，火电厂设备选型、设备容量等就成为投资的基础函数。火电厂设计师都面临着由一次投资到运行费用等诸多问题。

火电厂投资可以由工程咨询公司、政府代理机构、工业集团、火电厂业主等方面共同决定。由于私人电厂的资料很难弄清楚，工业集团一般也不进行这方面的统计，与电力行业相比，投资变化是相当大的。

6.1　火力发电厂的投资要素

火电厂本身和设备选型的基本准则是投资最小化，如果不考虑其他内容，通常将电送到用户的运行费用最低成为第二准则。投资不仅要考虑工程的复杂性和业主的特殊性，还要考虑到法律和政策。通常机组容量越大，单位投资就越小，政策上也会得到关照。全世界的电力行业几乎都是以不同形式垄断着的，几乎所有的发电厂都是盈利性的。从投资的角度看，不但电厂盈利与否差别甚大，而且一次投资强度差别也十分巨大。

6.1.1　电厂投资要素

图6-1是投资分解最简单、应用十分广泛的柱状图。其中电厂成本被分解成3块，即投资、燃料和运行维护。核电厂、燃煤和燃油三类电厂差别十分巨大，其中核电厂投资最高，但燃料成本最低，燃油电厂与核电厂相反。

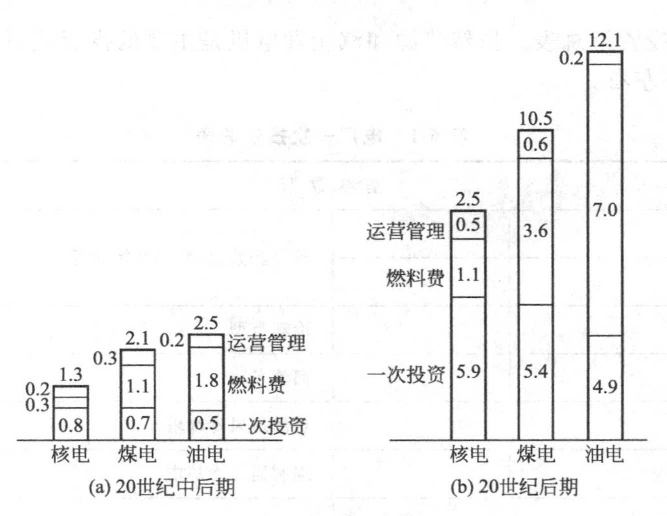

图 6-1　发电成本一次投资构成（美分/kW）

图6-2是不同年份美国实际发电厂投资分解的总支出。按百分数分成6类，其中生产类

支出对应图 6-1。饶有兴趣的是“输配电”类只占投资的 5.6%。有人称采用小型分散的单个电厂可以巨大地节省配电费用，无论对公用事业电厂还是私人电厂都没有经过实际投资验证。远距离输电损失，对多数电厂而言只在 1%～2%之间，这样，对大型发电厂而言，输电损失的份额就很小。图中总投资单位为 10^9 美元。

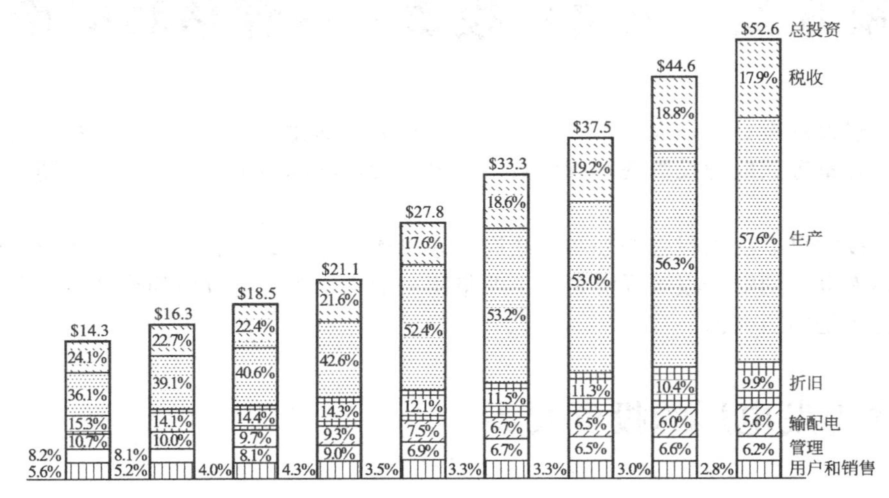

图 6-2　发达国家电厂总投资的 6 种构成

6.1.2　一次投资

所有电厂，不论是核电厂还是化石燃料电厂，热电厂都是由热源、汽轮机、发电机、热力系统 4 部分组成。每一部分都有自己的控制和测量系统。电厂各主机不是同时安装，但要考虑到负荷增加的附加容量。从第一个主机到最后一个主机安装完毕都要考虑装置输出和一次投资增加。为使电厂投资规范化，美国联邦电力委员会（Federal Power Commission，FPC）（后来美国能源部 DOE 加入其中）作为联邦能源调解委员会（Federal Regulatory Power Commission，FRPC），将电厂投资包括各大主机的建设和运行标准化，并制作了这些投资的标准表格。

表 6-1 是电厂投资汇总表。虽然热源和汽轮发电机是主要的投资项目，但这些内容只占到电厂投资的 25%左右。

表 6-1　电厂一次投资总表

基本数据			
电厂名称		投资基数:按建设开始计算	
净容量			
反应堆类型		冷却类型	
安装地点		河流名称	
设计建设周期		自然通风冷却塔	
订货时间(年月)		强制通风冷却塔	
投运时间(年月)		其他(描述)：	
税率、建设期间税			

续表

投资分解		
投资号码	投资名称	总投资(千美元)
直接投资		
20	土地和地权	
	电厂本身投资	
21	建设和装置就位	
22	反应堆	
23	汽轮机	
24	电器设备	
325、352、353	杂项	
	小计	
	备件	
	不可预见	
	小计	
间接投资		
91	建筑仪器、设备、服务	
92	工程和建筑可能服务	
93	其他投资	
94	建筑期间税	
	小计	
	建筑投资起点	
	建筑期间递增(8%/年)	
	电厂总投资	

6.2 影响电厂投资的主要因子

电厂不同，一次投资变化非常大。图 6-3 给出了变化程度。该图是燃煤电厂涉及投资和投入运行年份的散点图。轻水反应堆的散点图上升 10%～30%，燃气电厂则下降 50%。所有情况下，散点图的宽度都十分巨大，最低投资几乎是最高投资的 1/2。这些变化的原因，包括装机容量的大小、是否包括场地费、基础坚固条件、土方量和控制方式以及当地劳动率等因素。

6.2.1 机组容量

影响单位投资的最大因子是机组容量。1000MWe 机组单位投资约为 200MWe 机组投资的 60%（图 6-4）。图中的项目是许多电厂的统计，有些内容不随机组容量而变，如仪表、控制，有些内容随机组容量成正比变化，如每吨煤的破碎价格等（图 6-5）。

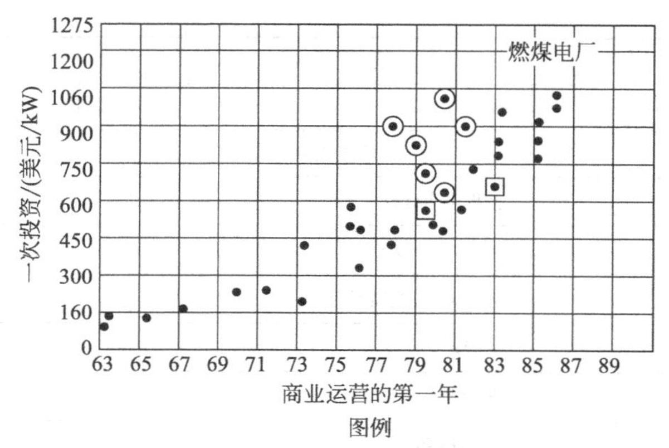

图 6-3 发达国家燃煤电厂单位发电量的一次投资

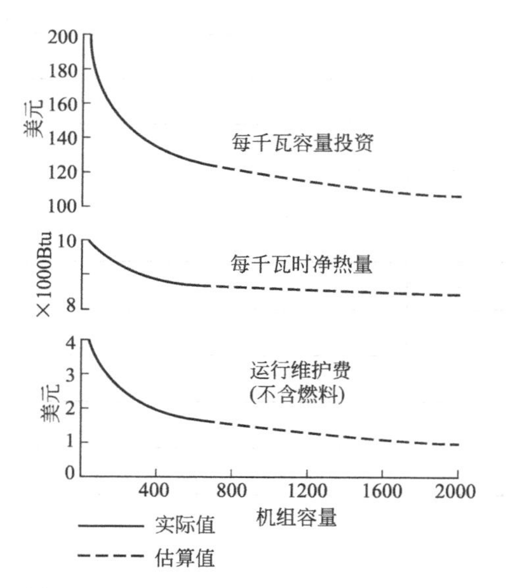

图 6-4 双机组燃煤电厂机组容量对经济性的影响

注：1Btu=1055.06J。

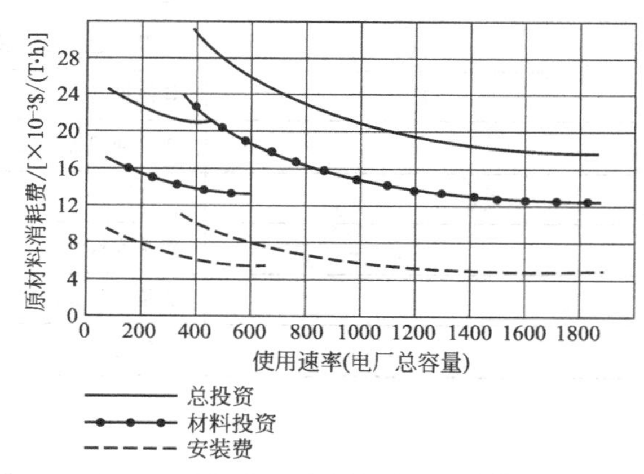

图 6-5 从火车运输角度评估机组容量对煤、石灰石和白云石处理量的影响

6.2.2 燃料种类

电厂采用不同燃料，辅机和投资的变化非常大。燃煤需要煤场、运送皮带、破碎机、磨煤机、除尘器、脱硫装置、烟炱净化、灰渣处理以及灰场等。一旦烧油，就可以免去大部分辅机，烧气则可以全部免去这些辅机。烧油或烧气时，燃烧装置更加简单而且价格也便宜。投资随着煤种（含灰量）而变，烧褐煤时炉膛容积最大。核电厂在反应堆、仪表、核废料处理等方面投资大。

6.2.3 电厂复杂程度

电厂热效率可以通过改进电厂循环，包括增加再热、给水逐级加热等措施提高。这些措施越完善，系统和管道就越复杂，提高电厂效率的同时，也增加了一次投资的费用。这样在中间负荷和高峰负荷条件下，燃煤电厂系统设计就要简化，同时在一定程度上，一次投资在电厂热效率方面也要表现出一定程度的折中。

6.2.4 蒸汽参数对汽轮机投资的影响

提高蒸汽温度和压力可以提高循环效率，也可以降低辅机的单位电耗，如破碎、给煤、冷凝水系统等，同时也使汽轮机和发电机的单位投资升到采用贵重金属的程度。图6-6是100MWe机组汽轮机、凝汽器、给水系统的投资与蒸汽温度之间的变化。这条曲线是1953年发表的，至今这个趋势仍然没有变化。

提高循环效率和降低一次投资都与蒸汽参数（温度和压力）有关。正常的历史发展阶段中（没有国家大规模的经济转型或其他人为干扰），单位发电投资是逐年降低的。

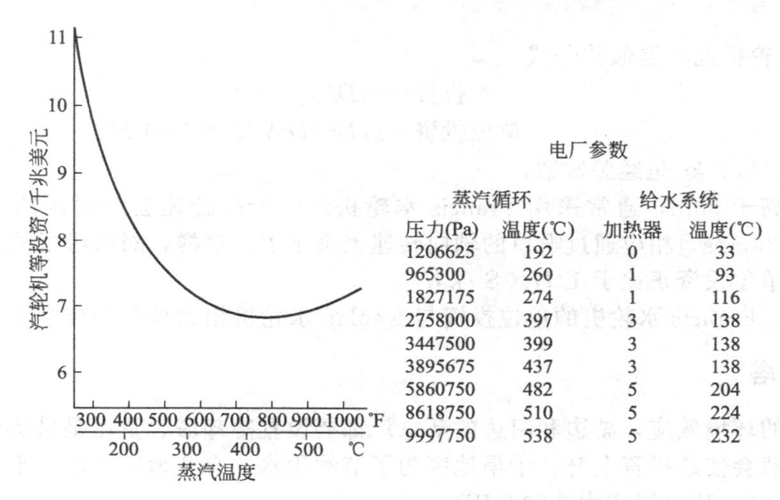

蒸汽循环		给水系统	
压力(Pa)	温度(℃)	加热器	温度(℃)
1206625	192	0	33
965300	260	1	93
1827175	274	1	116
2758000	397	3	138
3447500	399	3	138
3895675	437	3	138
5860750	482	5	204
8618750	510	5	224
9997750	538	5	232

图6-6 汽轮机入口蒸汽温度对汽轮机、凝汽器和给水系统（不包括锅炉、发电机和电厂其他装置）一次投资的影响

6.2.5 压头对水轮机投资的影响

可以将水轮机压头比作汽轮机的蒸汽温度，水压头提高就可以降低水轮机的一次投资，从这点出发，发电量正比于水压头，水轮机外形尺寸取决于水的体积流量。

根据美国20世纪50～80年代购买的29台Kaplan水轮机和Francis水轮机总结出水轮机参数与投资的关系如下。不包括发电机投资，采用多种方法计算机模拟，考虑8个主要投资影响因素，其中水轮机通常占到83%份额。总平衡包括测试、工具、备件和安装。主要投资的最终方程如下。

Kaplan水轮机：$W=7.8214\times10^{-5}D^{3.3407}n^{0.064}H_s^{1.363}h_p^{-0.7338}$

投资：$f(\$)=(HCIT)^{1.0101}(nw)^{0.9104}$

Francis水轮机：$W=355\times10^{-5}D^{1.9566}n^{0.064}H_s^{0.3331}$

投资：$f(\$)=38.1725\ (HCIT)^{1.0394}D^{2.0008}n^{0.8203}$

式中，W为质量，t；n为装置数；h_p为功率，hp；D为喉口直径，in；H_s为静水压头，ft；$HCIT$为水轮机的水利投资指数。

水轮机的水利投资指数由Water and Power Resources Service编写，并以季报的形式在Engineering News Record上公布。

可用下述公式检验这些方程，评价基本设计参数对单位投资、投资攀升和机组数下降、水轮机投资的影响以及对输出电量（与水压头或水流量成正比）的影响：

$$h_{\mathrm{p}}=kD^{2}VH_{\mathrm{s}}$$

式中，V 是通过喉口时的轴流速度；k 是经验常数。

$$投资/h_{\mathrm{p}}=k_1/(D^{0.12}V^{1.73}H_{\mathrm{s}}{}^{0.37})=D^{3.34}H_{\mathrm{s}}{}^{1.36}(DVH_{\mathrm{s}})^{-0.73}/(D^{2}VH_{\mathrm{s}})$$

式中，k_1 是经验常数。

对低水压头的 Kaplan 水轮机，转速通常不受水旋的影响，因此转速和喉口速度正比于 $H_{\mathrm{s}}{}^{0.5}$，每千瓦功率的投资变为：

$$单位投资=k_2/(D^{0.12}H_{\mathrm{s}}{}^{1.23})(\$/\mathrm{kW})$$

式中，k_2 是经验常数。

投资数据表明，Kaplan 水轮机直径变化对投资影响不大，投资额随着水压头下降增加得比较快。

Francis 水轮机也有类似的公式。

$$投资=k_3D^{2}$$

$$单位投资=k_4D^{2}/D^{2}VH_{\mathrm{s}}=k_5/VH_{\mathrm{s}}$$

式中，k_3、k_4、k_5 是经验常数。

当水压头高于 30m，通常采用 Francis 水轮机。由于高转速会产生涡凹（cavitation），转速不能超过 36m/s，相应通过喉口的轴向转速也确定了。这样，对所考虑的范围，V 基本上是常数，则单位投资正比于 $1/H_{\mathrm{s}}(\$/\mathrm{kW})$。

此式表明，Francis 水轮机的单位投资与 Kaplan 水轮机相比稍低并与尺寸无关。

6.2.6 冷却塔

如前所述的环境效应，湖边和河边的新电厂都要设置冷却塔，费用是昂贵的。通常采用湿式冷却塔必然会使总投资上升。干旱地区为了节约用水，有些地区采用了干式冷却塔，其投资达到了 \$100/kW（湿式为 \$30/kW）。

6.2.7 建筑时间

电厂的建筑时间很长，建设工程可以分成不同阶段，这些时间安排包括从合同生效到商业运行的时间进程。当然合同签字之前还有大量工作，包括电厂选址、地质钻探、概念设计等。设计合同签约时，要给出投资估算。图 6-7 中给出了设计和相应建设期间进行的三个投资评估修订日期。还要注意，在详细设计工作完成之前进行建设（主要是为了加快工程进度），但如果设计出现偏差，将导致许多工程上的麻烦，很多情况下会因为缺少图纸而停工，例如在没有图纸的条件下安装管路，经常要按图纸再强行校正管路。任何情况下，这种做法都加大了工程投资。

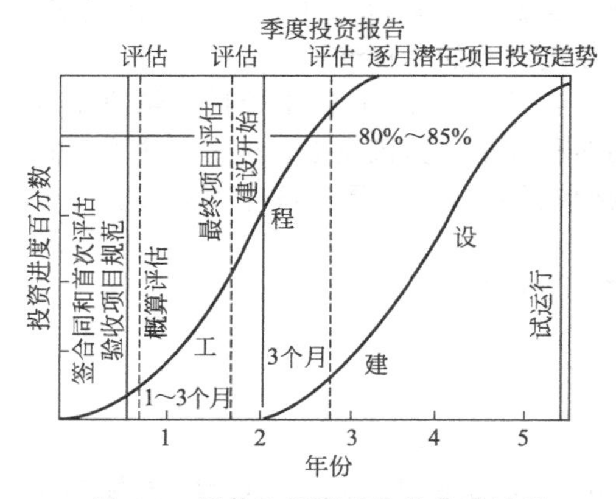

图 6-7 评估和投资报告的典型过程

使建筑投资最小化的主要步骤就是开发一套技术，评估出图、备料、设备、运输和安装所需要的时间，详细的评估图给出各个现场部分的项目，用计算机进行详细浏览和评估。该图和计算机数据要随着工程进展不断修正，明确标出没有按时完成的部分和进一步滞后的部分，同时标出投资的封闭检验。

6.3　建筑期间的主要投资项目和资金追加

由于政府出台新规章、银行利率提高、通货膨胀等原因造成的工期延误已将建筑期间的投资利率提高到总建筑费用的很大一部分，这部分投资叫做建筑期内利率（Interest During Construction，IDC），或者叫做建筑期间的许增资金（Funds Used During Construction，FUDC）。

如果电厂发现自身电力不足，在中间电力负荷期间必须从高峰电厂购买电力，也会增加用户的额外附加费用。

6.3.1　主要一次投资项目的相对份额

新电厂直接和间接的投资变化是相当大的，图 6-8 给出了这些变化影响的效应。

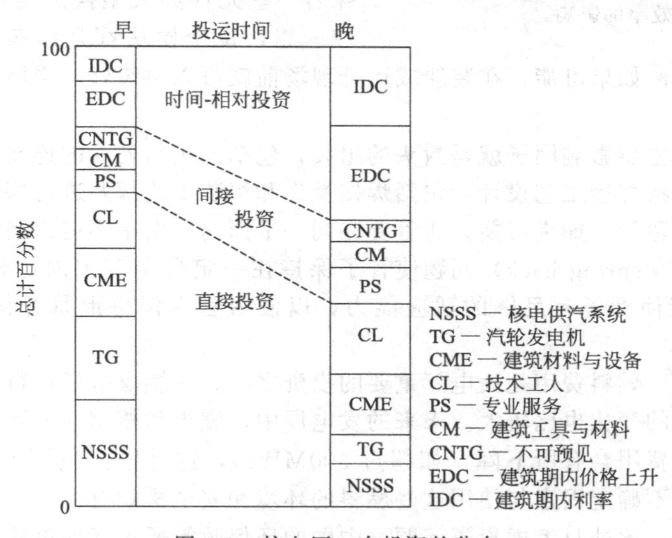

图 6-8　核电厂一次投资的分布

6.3.2　每周工作时间延长的影响

努力达到“工期时间表”和不得不延长每周的工作时间也会增加投资费用。这不仅是因为超时奖金和休息日工作工资，也同样因为超时工作人体疲劳导致工作质量下降。这一影响见图 6-9，这张图是第二次世界大战期间英格兰人首先定量画出的。

6.3.3　新型电厂的一次投资

可以得到常规化石燃料电厂和核电厂详细投资分解，除非出现建厂许可证、通货膨胀等因素的影响，都可以做出良好的投资评估。而新型电厂的情形却非常困难，不确定因素太多，必须要做投资评估，但主要是参照常规发电厂和化工类企业类似设备的单价进行评估。许多著作中都收录了这些投资数据，有的按参数列出，如电机功率、换热器表面积、管道直径和长度、压缩机、风机和水泵的压头和流量。非标机械设备的投资评估，如材料类型和数量以及类似装置的价格。实际上，如果恰当地考虑了材料和设备类型等因素，构件重量可能是投资的最佳单一评估因子。

任何条件下，对非标设备最好从两个或三个不同出发点进行评估，以提高对投资的保险

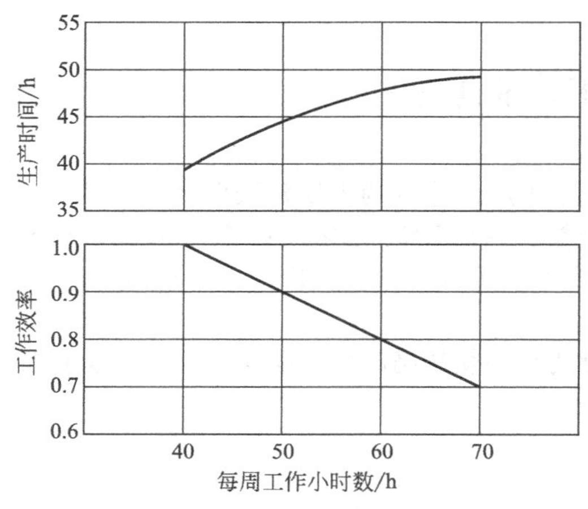

图 6-9 连续工作小时数对现场人员生产效率的影响

程度。

(1) 换热器投资 通常换热器是电厂投资的大项，尤其是工艺先进的电厂。因此通盘考虑，按顺序确定其中各项投资，尤其是要显示出影响投资的各种设计因素。为了保证设备投资尽可能低，希望在承受腐蚀和承受应力条件下，用廉价材料。这意味着对选定的热力循环，最高工作温度和压力条件必须在循环效率、管壁厚度、换热器外壳、承压能力等方面进行折中。所以，通常不采用厚壁合金材料。

能降低设备投资的一个重要方面就是设计成组装式，而不是采用现场组装的形式。这意味着一些元件如大型换热器，设计成模块式比较理想，每个模块都是组装式，在安装之前，这些模块相对独立。如果可能，在装船或运抵现场前就可以组装好，当然体积太大就不容易实现。

换热器投资的主要影响因子就是封头的组装，包括封头与列管的连接，必须有良好的防泄漏性能。封头管板焊接工艺设计，包括焊接操作和组装工艺都要进行探伤和检验。

通常列管都是弯管，如果可能，弯管要在同一平面内。由于不但组装工艺简单，而且便于检验，弹性后效（spring back）问题使管子保持在一定公差范围内比较困难。因此，希望换热器设计时能使管子有足够的适应能力，以便由管卡保持形状并使弯管的公差得到满足。

(2) 燃料投资 燃料费用是火电厂重要的投资之一，占燃煤电厂运行费用的一半，其绝对投资和相对投资的变化也比较大。未来的发电厂中，燃煤和核燃料的运行成本最低。提高电厂单机容量燃料费用会有所下降（如超过 600MWe），这是因为电厂循环效率得到提高。相对投资中最大的不确定因素与使用这些燃料的环境和安全法规有关。

(3) 烟气脱硫 此处只考虑投资问题。中国的环保政策要求环保设施要与设备实现三同时，即同步设计、同步施工、同步运行，设计阶段就将脱硫结合起来。燃煤电厂烟气脱硫一次投资增量可以从安装投资中做出典型评估。研究表明，如果煤中含硫量低于 1%，烟气脱硫的一次投资可以降低 10%。另外，脱硫产物处理也会增加一次投资。老电厂改造上烟气脱硫系统比新电厂设计烟气脱硫系统要增加 30%～50%投资。

烟气脱硫系统运行费用高，这部分费用曾占运行维护费的 40%～60%。另外，烟气脱硫系统由于腐蚀和堵塞问题也增加了投资。

(4) 核电厂燃料投资 燃料循环和电厂的总投资构成由于燃料负荷高和燃料制备费用高而复杂，也与核废料处理有关。

(5) 运行和维护 电厂运行维护费投资随单机容量和机组数量的不同而不同，在美国，最大费用是人工费。随单机容量上升，要求的人数减少，因此，可以再次强调机组大型化的优势。

(6) 核电和煤电 人们期望，核电与煤电的人力需求是相近的。但实际上，核电在安全方面要多出 50～100 人，而运行人员要少一半，维护人员是煤电的 2/3，还不包括附加的工作以及由于腐蚀和粉尘引起的事故处理。油气电厂比燃煤电厂的人员少，不需要燃料制备和灰渣处理。

电力系统有一套特殊人马，在停机时进行快速检修，尤其是年间和大修期间。

（7）材料和供应 材料和供应的费用与机组类型、役龄以及电厂规模有关。这些费用的合理评价涉及征地、现场清理、循环水系统、混凝土、结构钢架、土建、蒸汽供应系统、机械配件、燃料制备系统、管线、绝热保温、仪表、电气、油漆、工作站等因素。

6.3.4 某电厂扩建工程投资简介

本工程建设 2 台国产 50MW 供热机组，3 台 220t/h 循环流化床锅炉。燃用西山混煤。主厂房由汽轮机房、除氧煤仓间、锅炉房组成。汽轮机厂房纵向布置锅炉运转层以上露天布置。主蒸汽和高压给水均为母管制，配合 4 台 100%容量的电动给水泵，其中 1 台备用。凝结水为单元制，每台汽轮机安装 3 台 150N-110 型凝结水泵，2 用 1 备。本期建设 1 座 110m 高烟囱采用双滑内衬，内衬采用耐火砖、耐酸砂浆砌筑，基础采用圆形平板式基础。扩建 1 套燃料供应系统，除灰系统采用静电除尘器，采用干式除渣系统，灰渣全部综合利用。水处理采用离子交换加混床方案。2 台机组共用 1 座 3500m^3 冷却塔和 2 台循环水泵，新增 3 眼深井，与老厂 2 眼深井联合运行。电气主接线按 110kV 双母线连接考虑，2 台机组分别采用发电机-变压器接入 110kV 配电装置。热工控制采用 DCS 系统（分散控制系统）。附属生产工程包括钢筋混凝土 5 层办公楼、材料库、机炉电检修间、修配厂、警卫传达室、食堂、汽车库和浴室。

6.3.4.1 **编制依据** 工程概算的计算依据包括《火力发电厂初步设计报告内容深度规定》（DLGJ118—94）、国家计委计基础［2001］1286 号文件《关于×××热电厂扩建项目建议书的批复》、电力工业部电力规划设计总院电规经（2001）13 号文件印发的《关于当前估（概）算中若干问题的处理意见》、《关于×××热电厂扩建项目初步设计委托函》、《关于×××热电厂扩建项目初步设计审查意见》。

6.3.4.2 **定额** 定额套用原电力工业部颁发并于 1997 年 1 月 1 日起施行的《电力建设工程概算定额》、国家电力公司电力规划设计总院电定（2000）19 号文《关于印发〈电力建设工程概算定额〉有关问题的解释及定额子目调整、补充的通知》、××省电力工业局×电定［2000］7 号文《关于印发电力建设建筑、安装工程北京地区价目本××省材机费调整系数的通知》

6.3.4.3 **设备价格** 工程概算静态投资价格年为 2000 年。

项 目	锅 炉	汽 轮 机	发 电 机
型号	循环流化床锅炉	CC50-8.83/0.98/0.245	WX18Z-054LLT
出力	220t/h		60MW
制造厂	哈尔滨锅炉厂	上海汽轮机厂	济南发电机厂
价格	1960 万元	1465 万元	655 万元

6.3.4.4 **取费标准** 根据电力工业部建设协调司《电力工业基本建设预算管理制度及规定》（1997 年版），考虑到本项目为扩建工程，施工单位的选择引进投标竞争机制，临时设施费按标准的 90%计列，施工机构转移费取消。同时，当前的贷款利率较取费标准编制年低了约 50%，因此间接费中财务费用按标准的 50%计列。

6.3.4.5 **土地征用费** 征用费单价按扩建工程征地协议书为 26 万元/亩，租地单价为 3.5

万元/公顷。

6.3.4.6 **价差预备费** 根据国家计委计投资（1999）1340号文印发的《国家计委关于加强对基本建设中大中型项目概算中“价差预备费”管理有关问题的通知》，投资价格指数按0计算。贷款利率按6.21%（名义利率）计算。

6.3.4.7 **项目投资**

① 发电工程：静态总投资69247万元，单位投资为6924.7元/kW；动态总投资70669万元，单位投资为7066.8元/kW。

② 接入系统工程资金为580万元。

③ 项目的计划总资金为71468万元。

6.3.4.8 **造价分析**

(1) 根据国家计委2001年9月以计基础［2001］1818号文对本工程可行性研究报告的批复，热电厂投资为64970万元，本初步设计概算超过估算5581万元（占估算的8.77%）。

(2) 各系统超估算比较

① 燃料供应系统。由于环保要求，造成设计方案改动，原储煤场变为储煤筒仓，同时由于电厂已经无地可征，厂内布置紧凑，相应增加了输煤栈桥、筒仓和转运站等建筑物和输煤系统设备。建筑费用增加3168万元，比估算增加149.52万元；设备费用增加1129万元，比估算增加97.2%；安装费用增加247万元，比估算增加120.46%。

② 除灰系统。增加了除灰、输煤控制楼和两个空压机室。建设费用增加180万元，比估算增加39.8%。

③ 水处理系统。设计方案变化，由原来的反渗透改为离子交换加混床。建设费用增加72万，比估算增加20.14%；建设费用减少310万元，比估算减少19.63%。

④ 电气系统。设计方案变化，取消了电气主控楼、天桥等（并入主厂房），建设费用减少227万元，比估算减少45.34%。

⑤ 附属生产系统。增加了制冷站、室内消防等。建设费用增加了438万元，比估算增加23.28%。

⑥ 厂内外单项工程。根据地质要求，厂区内建筑物部分需要进行地基处理。建筑费用增加368万元，比估算增加397.56%。

⑦ 其他费用。征地费由于初设阶段取得了征地协议，土地单价比可研阶段增加土地征地费2484万元，比估算增加32.84%。

⑧ 基本预备费。基本预备费系数按3%记取，比可研阶段减少3124万元，比估算减少64.68%。

其他部分概算适中，符合初步设计概算要求。

(3) 综上所述，电厂内部分，建筑费用增加4058万元，比估算增加29.51%；设备购置费用增加1292万元，比估算增加4.98%；安装工程费用增加873万元，比估算增加7.54%；其他费用减少640万元，比估算减少5.16%。合计厂内工程静态总投资增加金额5581万元，符合要求。

厂外部分，根据审查意见，不上灰渣综合利用部分，取消灰渣综合利用费用300万元。

6.3.4.9 **总概算表**

某热电厂扩建项目概算表见表6-2。

表 6-2　某热电厂扩建项目概算表　单位：万元

序号	费用名称	建筑工程费	设备工程费	安装工程费	其他费用	合计	各项占总计%	单位投资/(元/kW)
一	厂内外生产工程	17288	27228	11940		56456	81.5	5645.6
1	热力系统	5797	15174	5626		26597	38.4	2659.7
2	燃料供应系统	5286	2290	452		8028	11.6	802.8
3	除灰系统	631	1689	523		2843	4.1	284.3
4	水处理系统	427	1268	465		2160	3.1	216.0
5	供水系统	2555	274	1440		4269	6.2	426.9
6	电气系统	274	3360	1895		5529	8.0	552.9
7	热工控制系统		2690	1528		4218	6.1	421.8
8	附属生产系统	2318	483	11		2812	4.1	281.2
二	厂内外单项工程	523		150		673	1.0	67.3
1	地基处理	460				460	0.7	46.0
2	厂内外临时工程	63		150		213	0.3	21.3
	小计	17811	27228	12090		57129	82.5	5712.9
三	其他费用				10049	10049	14.5	1004.9
	小计	17811	27228	12090	10049	67178		
四	基本预备费				1706	1706	2.5	170.6
五	编制年价差			363		363		
	工程静态投资	17811	27228	12453	11755	69247	100.0	6924.7
	各项费用单位投资	445	681	311	294	1731		
	各项费用静态投资	25.72	39.32	17.98	16.98	100.00		
六	建设期贷款利息				1421	1421		
	发电工程动态投资	17811	27228	12453	13176	70668		70668
七	配套工程							
	接入系统工程(只包括厂内至变电站部分)				580	580		
八	铺底生产流动资金				220	220		
	工程项目计划总投资	17811	27228	12453	13976	71468		

第2篇
新能源概论

第7章　绪　　论

7.1　能源危机导致常规能源变革

20世纪70年代，西方世界爆发的石油危机（也称为能源危机）使人类第一次意识到能源资源的重要性。不能继续无限制地使用煤、石油、天然气等化石能源，由于经济的发展，使得化石能源的采量越来越大，而价格却越来越高21世纪初石油价格的大幅窜升和爆跌，必将在能源消费端引起新的能源变革，包括能源技术进步、用能方式提升和能源规划的强化和政治完善。

石油作为人类赖以生存的必不可少的能源，某种意义上已经成为战争的焦点。美国作家丹尼尔·耶金的报告文学“石油风云”生动描述了20世纪的石油发展史，他认为20世纪的战争大多是由于能源的争夺引起的。能源作为商品与国家战略、全球政治和实力紧密交织在一起。

能源是经济的命脉，所谓能源促进经济发展首先表现为能源是经济增长的物质基础和实现发展的中心内容。一般情况下，能源消耗总是随着经济增长而增长，大多数情况下存在一定的比例关系。

常规能源利用在按一定比例推动经济发展、提供能量的同时，也按一定比例严重地污染了环境。污染不断出现，危害不断发生，如果不加以制约，将威胁人类的生存。以1000MW火力发电厂为例，在燃烧气体燃料、燃料油和煤炭时，每年释放出各种污染物见表7-1。

表7-1　1000MW火力发电厂每年释放出的各种污染物

污染物	年排放量/($\times10^6$kg)		
	煤气	油	煤炭
颗粒物质	0.46	0.73	4.49
硫氧化物	0.012	52.66	39.00
氮氧化物	12.08	21.70	20.88
一氧化碳	忽略不计	0.008	0.21
碳氢化合物	忽略不计	0.67	0.52

能源在经济发展中的作用：一是推动生产发展和经济规模的扩大；二是推动技术进步；三是提高人民生活水平。鉴于能源在经济发展中的独特地位和作用，一些专家提出“新能源经济”，希望在保持经济高速发展的同时，能保持较低的能源消耗。

1981年8月，在肯尼亚首都内罗毕召开的“联合国新能源和可再生能源会议”上，通过了《促进新能源和可再生能源发展与利用的内罗毕行动纲领》，在技术上明确了新能源和可再生能源的含义，即以新技术和新材料为基础，使传统的可再生能源得到现代化的开发与利用，用取之不尽、清洁的可再生能源来不断取代资源有限、对环境有污染的化石能源，重点在于开发太阳能、风能、生物质能、海洋能、地热能和氢能等。

7.2　中国清洁能源发展现状

清洁能源可分为狭义和广义两大类。狭义的清洁能源仅指可再生能源，包括生物质能、太阳能、风能、地热能和海洋能等，它们消耗之后可以得到恢复补充，不产生或很少产生污染物，所以可再生能源被认为是未来能源结构的基础。广义的清洁能源是指在能源的生产、产品化及其消费过程中，对生态环境尽可能低污染或无污染的能源，包括低污染的天然气等化石能源、利用洁净能源技术处理的洁净煤和洁净油等化石能源、核能和可再生能源及其他新能源等。

中国是世界上最大的煤炭生产和消费国，庞大的能源系统以煤炭为主。到 2002 年底，在中国发电装机容量 3.56 亿千瓦中，燃煤电站占了 74.7%；总的发电量中，燃煤发电量占 81.7%。预测到 2010 年，燃煤电站装机容量仍要占到 65%以上。

结合我国一次能源结构的现实，大力发展以高效洁净利用为宗旨的洁净煤技术是我国当前发展清洁能源新技术的重点。表 7-2 为中国目前主要的洁净煤技术项目。

表 7-2　中国洁净煤技术一览

领　域	过　程	技　术　现　状
煤处理	煤使用前	煤的预处理(普及),型煤(普及),配煤
高效煤燃烧及先进发电技术	煤燃烧过程	CFBC(再热,应用),PFBC(示范),IGCC(研发),常规超临界,超超临界,中小型工业锅炉改造
煤转化	煤使用过程	煤气化(大、中型应用),煤液化(工业示范)
煤的综合高效及清洁利用	煤使用过程	燃气轮机(开发)联产(电、气、液体燃料及热等联产)(研发)
污染控制及废物处理	煤燃烧后	烟气净化(SO_2 和 NO_x 的脱除)(开发及国产化),烟气净化(烟雾及粉尘的控制),电厂飞灰的利用(普及及应用)
	煤提取过程	煤层气(开发、利用及示范),煤矿地区的生态环境技术,煤矿水及废物的综合利用

与煤炭资源相比，中国是石油和天然气资源相对匮乏的国家。石油进口量逐年加大，石油安全问题成为能源安全的主要问题。

中国是一个可再生能源资源丰富的国家，尤其是在中国西部，太阳能资源和风能资源丰富。表 7-3 综合地介绍了目前我国可再生能源利用现状。

可再生能源资源可供开发利用潜力巨大，是我国实行长期可持续发展战略的重要组成部分。1994 年国务院批准发布的《中国 21 世纪议程——中国 21 世纪人口、环境与发展白皮书》中强调，“可再生能源是未来能源结构的基础”，要“把开发可再生能源放到国家能源发展战略的优先地位”，“广泛开展节能和积极开发新能源和可再生能源”，并提出了相应的政策措施和近期优先实施的项目。1996 年制定了《1996～2010 年中国新能源和可再生能源发展纲要》。

表 7-3 中国可再生能源应用（本世纪初统计）

类别	项目	应用现状
水能	小水电	全国共建成小水电站 48000 座，总装机容量 2480 万千瓦，年发电 800 亿千瓦时
太阳能	太阳热水器	全国太阳热水器保有量达 2600 万平方米，是世界最大的太阳热水器产销国；全国产销太阳热水器 6100 万平方米，产值达 60 亿元
	太阳灶	全国太阳热水器保有量达 33.2 万台，居世界第 1 位
	太阳房	全国已建成太阳房约达 1800 万平方米
	太阳能电池	全国太阳能电池发电装置累计装机容量约达 20 兆瓦
风能	独立型风力发电机组	全国累计安装独立型风力发电机组约达 19.8 万台，总容量 5.28 万千瓦
	并网型风力发电机组	全国已建成并网型风力发电场 26 座，总装机容量 34.4335 万千瓦
生物质能	家用沼气池	全国累计推广家用沼气池 763.7 万个，产气 25.9 亿立方米，居世界之首
	生活污水净化沼气池	全国已建成生活污水净化沼气池 49322 个
	大中型沼气工程	全国已建成大中型畜禽养殖能源环境沼气工程 1000 多处，产气 10 亿立方米
	秸秆气化	全国已建成秸秆气化集中供应点 388 处，产气 1.5 亿立方米
	蔗渣发电	全国已建成蔗渣发电工程 800 多兆瓦
地热能	地热发电	全国已建成地热发电约 27.78 兆瓦，其中西藏羊八井地热电站装机 25.18 兆瓦
	地热直接利用	全国约有地热直接利用点 1300 多处，利用总量达 2443 兆瓦，其中利用量最大的是地热采暖，全国已营运的冬季地热供暖系统的供热面积超过 1000 万平方米
海洋能	潮汐发电	全国已建成潮汐电站 8 座、潮洪电站 1 座，总装机容量 10.65 兆瓦

第8章　洁净煤技术及煤的清洁燃料生产

8.1　洁净煤技术及煤的清洁燃料生产

煤是天生的非清洁能源，很多煤炭能源动力系统能源利用率低、污染严重。因此，洁净煤技术格外受重视。

洁净煤技术是指煤炭从开采到利用的全过程中，在减少污染物排放和提高利用效率的加工、转化、燃烧及污染控制等方面的新技术，主要包括洁净生产技术、洁净加工技术、高效洁净转化技术、高效洁净燃煤发电技术和烟气污染排放治理技术等。

洁净煤技术按其生产和利用的过程大致可划分为四类。①煤炭洗选与加工。包括煤炭的洗选、型煤、水煤浆。②煤转化。主要包括煤炭液化和煤炭气化技术。③洁净煤发电技术。主要指高效超临界发电、常压循环流化床、加压流化床联合循环、整体煤气化联合循环。④烟气净化技术。包括烟气除尘、烟气脱硫、脱硝和其他污染控制新技术。

8.1.1　煤炭洗选与加工

(1) 煤炭洗选　煤炭经洗选后可显著降低灰分和硫分的含量，减少烟尘、SO_2 等污染物的排放。

(2) 煤炭加工　指煤被加工为型煤和水煤浆。

① 型煤分为民用型煤和工业型煤两类。民用型煤与烧散煤相比，燃烧效率大大提高，节煤 20%～30%，烟尘和 SO_2 排放可减少 30%～60%。工业型煤比燃烧原煤节能 15%左右，排尘减少 70%～80%，总固硫率 30%～50%。

② 水煤浆是一种理想的代油洁净煤基两相流体燃料，由 35%左右的水、65%左右的煤以及小于 1%的添加剂等经强力搅拌混合而成。水煤浆具有燃烧时火焰中心温度较低、燃烧效率高、SO_2 及 NO_x 排放量低的特点。

8.1.2　煤炭转换

煤转化主要包括煤炭气化和煤炭液化技术。

(1) 煤气化　煤炭气化是在适宜的条件下将煤炭转化为气体燃料使污染物排放得到控制的技术。

在煤气化过程中，煤与水和氧化剂（空气或纯氧）发生化学反应。氧化剂的作用是把煤部分氧化，而不是完全燃烧。煤经过氧气化后的产品主要是由氢气和一氧化碳组成的合成气。习惯上将气化反应分为 3 种类型：碳-氧间的反应、水蒸气分解反应和甲烷生成反应。

① 碳-氧间的反应。也称为碳的氧化反应。以空气为气化剂时，碳与氧气之间的化学反应有

$$C + O_2 \longrightarrow CO_2$$
$$2C + O_2 \longrightarrow 2CO$$
$$C + CO_2 \longrightarrow 2CO$$
$$2CO + O_2 \longrightarrow 2CO_2$$

上述反应中，碳与二氧化碳间的反应 $C+CO_2 \longrightarrow 2CO$ 常称为二氧化碳还原反应，亦有人把其称为 Boudouard 反应（该反应最初研究者为 O. Boudouard）。该反应是一较强的吸热反应，需在高温条件下才能进行反应。除该反应外，其他 3 个反应均为放热反应。

② 碳与水蒸气的反应。在一定温度下，碳与水蒸气之间发生下列反应：

$$C + H_2O \longrightarrow CO + H_2$$
$$C + 2H_2O \longrightarrow CO_2 + 2H_2$$

这是制造水煤气的主要反应，也称为水蒸气分解反应，两反应均为吸热反应。反应生成的一氧化碳可进一步和水蒸气发生如下反应：

$$CO + H_2O \longrightarrow CO_2 + H_2$$

该反应称为一氧化碳变换反应，也称为均相水煤气反应或水煤气平衡反应，为一放热反应。在有关工艺过程中，为了把一氧化碳全部或部分转变为氢气，往往在气化炉外利用这个反应。现今所有的合成氨厂和煤气厂制氢装置均设有变换工序，采用专用催化剂，使用专有技术名词“变换反应”。

③ 甲烷生成反应。煤气中的甲烷，一部分来自煤中挥发物的热分解，另一部分则是气化炉内的碳与煤气中的氢气反应以及气体产物之间反应的结果。

$$C + 2H_2 \longrightarrow CH_4$$
$$CO + 3H_2 \longrightarrow CH_4 + H_2O$$
$$2CO + 2H_2 \longrightarrow CH_4 + CO_2$$
$$CO_2 + 4H_2 \longrightarrow CH_4 + 2H_2O$$

上述生成甲烷的反应均为放热反应。

除以上反应外，煤中存在的其他元素，如硫和氮等，也会与气化剂反应，还原性气氛下生成 H_2S、COS、N_2、NH_3 以及 HCN 等物质。在一定温度下，煤气化中还会存在一定量的未分解焦油和酚类物质等。虽然这些物质含量较少，但将直接影响后续的煤气净化和提质加工过程。

煤气化发展已有 100 多年的历史，一般有以下几种分类方法。按供热方式分为自供热气化（反应热由气化煤氧化提供）、间接供热气化（气化热量通过气化炉壁供入）、加氢气化和热载体供热等形式；按气化炉内原料煤和气化剂的混合方式和运动状态分为固定床（常叫做移动床）、流化床和气流床等形式。

(2) 煤液化　煤炭液化分为间接液化和直接液化。

① 煤间接液化。是首先将煤气化制得合成气（$CO+H_2$），合成气再经催化合成转化成有机烃类。典型的煤间接液化的合成过程在 250℃、15～40 个大气压下操作，已实现大规模工业化。

② 煤直接液化。将高压氢气通入煤粉浆中，并在合适的催化剂下将煤制成液体。代表性的煤直接液化工艺是德国的新液化（IGOR）工艺、美国的 HTI 工艺和日本的 NEDOL 工艺。

8.1.3　洁净煤发电技术

洁净煤发电技术主要有常规煤粉发电机组加烟气污染物控制技术、循环流化床燃烧（CFBC）、增压流化床燃烧（PFBC）、整体煤气化联合循环（IGCC）等。

(1) 常规煤粉炉发电机组加烟气净化　常规燃煤发电机组系统中增加烟气净化设备，通过烟气脱硫、脱硝和除尘，达到降低SO_2、NO_x和烟尘排放的目的。大型燃煤锅炉配备的烟气脱硫装置脱硫效率都在95%以上。此外，大型锅炉上安装的都是低NO_x燃烧器，使NO_x排放水平控制在500mg/Nm^3。

(2) 循环流化床燃烧（CFBC）　循环流化床锅炉技术作为一种新型成熟的高效低污染清洁煤技术，可以高效率地燃烧各种固体燃料（特别是劣质煤），可以直接向燃烧室加入脱硫剂控制燃烧过程中SO_2的排放。流化床低温燃烧也控制了NO_x的生成，氮氧化物排放远低于煤粉炉，仅为200×10^{-6}左右。另外，排出的灰渣活性好，易于实现综合利用，无二次灰渣污染，负荷调节范围大，低负荷可降到满负荷的30%左右。

中国是世界上CFBC锅炉最多的国家。100～135MW发电用的CFBC锅炉超过50台，并具有国内自主开发能力。四川、云南、河北等地已有多台300MW循环流化床锅炉投入运行。

(3) 增压流化床燃烧（PFBC）　PFBC除具有与CFBC相似的优势外，增压流化床燃烧产生的高温烟气经过除尘，进入燃气轮机做功，构成增压流化床燃烧联合循环（PFBC-CC）。其发电能力比相同蒸汽参数的单汽轮机发电增加20%，效率提高3%～4%，特别适于改造现有常规燃煤电站。蒸汽循环还可采用高参数包括超临界汽轮机以提高效率。世界上目前已建成的PFBC-CC电站有8座，除一座电站容量为360MWe外，其他电站容量为80～100MWe等级。

(4) 整体煤气化联合循环（IGCC）　IGCC发电技术通过将煤气化生成燃料气，驱动燃气轮机发电，其尾气通过余热锅炉产生蒸汽驱动汽轮机发电，构成联合循环发电，具有效率高、污染排放低的优势。图8-1表示IGCC发电系统流程图。

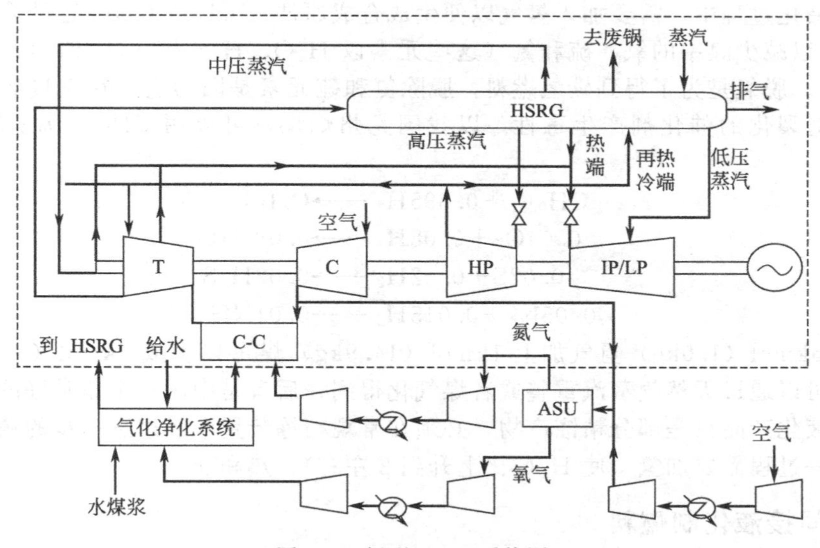

图8-1　新型IGCC系统图

IGCC于20世纪70年代初西方国家石油危机时期开始研究，1972年在德国Lünen的斯蒂克电站投运了世界上第一台功率为160MW的IGCC示范装置；1984年5月美国在加州的Daggett建成了100MW的IGCC示范电站。后在美国的Louisiana州Plaquemine的DOW化学工厂内又建设一座总功率相当于160MW的IGCC示范电站。两个示范工程的运行成功，从原理上肯定了煤通过气化技术与先进的燃气蒸汽联合循环热力系统相结合的洁净煤发电技术的新途径，并从实践上验证了其技术的可行性和环保性能的优越性。

此后，美国、英国、日本、荷兰、德国、印度等国纷纷建起了IGCC示范电站，其中最受关注的是美国洁净煤技术（CCT）计划中的Wabash River、Tampa和Pinon Pine电站和西班牙的Puertollano电站以及荷兰的Buggenum电站等IGCC示范工程。目前IGCC系统净效率已经提高到42%～46%，单机功率已达300MW等级，正在由商业性示范走向商业化应用。我国“十五”规划期间在山东烟台建设一座400MW等级的IGCC示范电站。

8.2 煤基生产清洁燃料

煤基生产清洁燃料就是指以煤为原料，通过煤的直接液化或间接液化生产清洁合成燃料的过程。

煤直接液化和间接液化制清洁燃料技术分别处于不同的发展阶段，两种方法一个主要问题是增加氢碳比。碳氢燃料，如汽油和柴油，氢碳比约为2（质量比），石油氢碳比在1.3～1.9之间，典型的烟煤，氢碳比约为0.8。

8.2.1 煤直接液化制燃料

煤直接液化技术，将H_2气体通入煤粉浆中可以提高氢碳比，并且在合适的催化剂下将煤制液体进行再循环处理从而得到合成原油。通过蒸馏的方法，可以从合成的原油中回收类似于汽油和柴油的产品及丙烷和丁烷。通过不同温度范围的蒸馏，得到的每种产物都由多个不同大分子组成。

在直接液化过程中，需要加入氢气以便生成合成原油（可以以$CH_{1.6}$这种简单的形式表示），同时可以减少煤中的氧、硫和氮（这些元素以H_2O、H_2S和NH_3的形式从液体燃料产品中除去）。脱氧是为了得到碳氢燃料，脱除氮和硫元素是因为它们在直接液化厂下游的精炼过程中对裂化的催化剂产生毒性。以我国兖州烟煤（可以用$CH_{0.81}O_{0.08}S_{0.02}N_{0.01}$表示）为例

$$CH_{0.81}+0.395H_2 \longrightarrow CH_{1.6}$$

$$0.04O_2+0.08H_2 \longrightarrow 0.08H_2O$$

$$0.02S+0.02H_2 \longrightarrow 0.02H_2S$$

$$0.05N_2+0.015H_2 \longrightarrow 0.01NH_3$$

由此0.5kmol（1.0kg）氢气加上1kmol（14.9kg）煤可以生成1kmol（13.6kg）合成原油。氢气可以通过天然气蒸汽重整或者煤气化得到，后者是中国一个非常好的选择。

煤直接液化产品只是部分精馏产物，必须在常规精炼装置中经过进一步的精炼得到最终的燃料，这一过程需要加氢（使H/C比上升到2左右）、热和功。

8.2.2 煤间接液化制燃料

煤间接液化技术首先将煤气化得到合成气，然后合成气制合成燃料。合成气中的CO和H_2经过催化剂化合得到可以作为燃料使用的化合物或碳氢燃料，如合成汽油和合成柴油或是氧化燃料。对于不同燃料生产过程，所需要的碳氢比不同，可以通过水煤气反应$CO+H_2O \longrightarrow H_2+CO_2$脱除产生的CO来解决增加氢碳比问题。

目前通过煤间接液化生产的最重要的产品为经F-T过程得到的碳氢合成燃料、甲醇和二甲醚。

（1）Fischer-Tropsch液体 制合成碳氢燃料过程可以简化表示为两个催化反应，这两个反应将气化反应得到的小CO和H_2分子组合成大的碳氢分子，其中CO中的氧通过水蒸

气去除：

$$nCO+2nH_2 \longrightarrow nH_2O+C_nH_{2n}\text{（烯族烃）}$$

$$nCO+(2n+1)H_2 \longrightarrow nH_2O+C_nH_{2n+2}\text{（石蜡）}$$

Fischer-Tropsch 合成的产物依赖于使用的催化剂和反应条件。其中 n 变化范围为 5～10（粗挥发油），产物是系列富烯烃产品，这些在高温 Fischer-Tropsch 过程中的化学产品可以被用作合成汽油。对于富含石蜡产物，其 n 变化范围为 12～19，在低温 Fischer-Tropsch 过程中可制合成柴油和石蜡。研究表明，Fischer-Tropsch 液体应着重制合成柴油，因为原始的蒸馏产品是优良的柴油燃料，而原始的石脑油产品还需要进一步的精炼方能得到可用的汽油。通过 F-T 过程生产的直链碳氢化合物燃料合成中间蒸馏物（SMD）是一种压缩点火发动机的理想燃料。

（2）甲醇　甲醇是世界广泛使用的化工产品，它能直接或间接用作燃料。甲醇可以取代汽油作为车辆燃料，同时也容易被重整为燃料电池使用的富氢气体燃料。从煤气化后的合成气制甲醇的主要反应式为：

$$CO+H_2O \longrightarrow CO_2+H_2\text{（水煤气反应）}$$

$$CO+2H_2 \longrightarrow CH_3OH\text{（甲醇合成）}$$

美国清洁能源计划工程项目中，空气产品化学公司已经开发了适于商业运行的浆态床反应器生产甲醇。

生产的甲醇还可以通过 Mobil 过程（一种能够从低价难以利用的天然气中提取石油的商业技术）进一步处理得到汽油，或者甲醇脱水制二甲醚。

（3）二甲醚　二甲醚（DME）是一种不含硫的氧化合成燃料（CH_3OCH_3），这种燃料超级清洁，而且可以用任何含碳原料生产。虽然 DME 的原子组成与乙醇（C_2H_5OH）相同，但其在常温下以气态形式存在，而乙醇是液态。目前，DME 主要用于烟雾剂喷射罐的推进剂，但是，DME 是一种多用途的燃料，适合于炊事、交通运输和发电等用途。

煤基合成二甲醚是指煤气化得到煤气合成甲醇，甲醇脱水得到 DME。一步法获得 DME 的基本反应过程为：

$$CO+H_2O \longrightarrow CO_2+H_2\text{（水煤气反应）}$$

$$CO+2H_2 \longrightarrow CH_3OH\text{（甲醇合成）}$$

$$2CH_3OH \longrightarrow CH_3OCH_3+H_2O\text{（甲醇脱水）}$$

我国拟在宁夏建造年产 830000 吨的 DME 工程项目。该生产工艺是基于 Chevron-Texaco 煤气化炉工艺和美国空气产品化学公司的浆态床反应技术。

8.3　未来煤炭能源系统

为延续和发展 20 世纪清洁能源科技，以煤生产合成气为基础的煤炭零排放能源系统展现了广阔的应用前景。

8.3.1　煤基多联产能源系统

图 8-2 是一个煤基合成甲醇的多联产系统。煤在气化炉中产生的合成煤气经净化处理后形成主要成分为 H_2 和 CO 的洁净合成煤气。合成气可以作为原料气送入化工流程用于生产甲醇等化工产品，也可以用于动力系统。以煤气化为基础的多联产能源系统能够比较好地解决 IGCC 系统与甲醇生产独立运行时能耗大、成本高等突出问题。合成煤气用于发电则有不

同的方式：①直接送入燃气轮机燃烧室，实现联合循环发电系统，即常规的 IGCC 的动力岛系统；②从合成煤气中分离出 H_2，与纯氧气燃烧，组成氢-氧联合循环系统；③合成煤气中分离出的 H_2 用于燃料电池发电装置。燃气轮机联合循环发电系统已经实现了大容量、高效率的商业应用目标，成为发电行业的主力军，值得注意的是，由于合成气中的 CO_2 没有被氮气稀释，易采用低成本、低能耗方法来分离与处理。分离出的 CO_2 可以作为化肥、干冰等多种产品的生产原料，或者可以用来强化煤层气的开采。

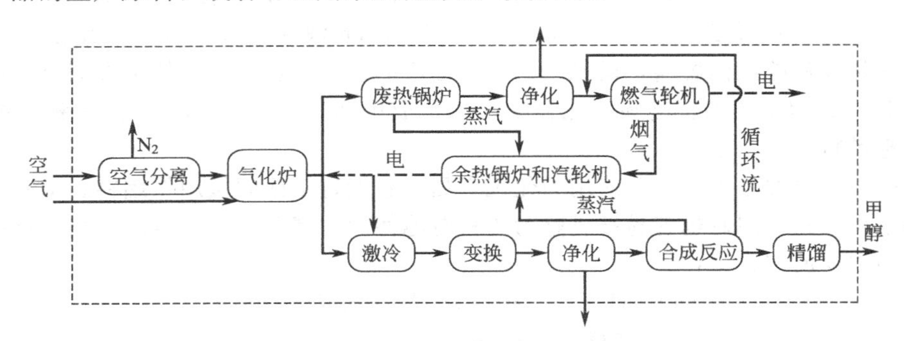

图 8-2 煤基-甲醇多联产（并联流程）系统

8.3.2 美国“前景 21”多联产系统

美国洁净煤技术计划（CCT）已转入“前景 21”（Vision-21）计划，大力推进煤炭的高效洁净综合利用技术，最终实现含碳能源的零排放利用系统。采用煤气化生产氢能，煤气化产生的合成气经转化反应分离出氢气，作为高温固体氧化物燃料电池（SOFC）和燃气轮机组成的先进联合循环多联产系统的燃料，热转功效率非常高（图 8-3）。氢气还可供给低温质子交换膜燃料电池作为汽车动力。合成气制氢过程分离出来的 CO_2 可通过各种途径处理。据预计，到 2050 年，这样的系统，能源利用效率可达 60%，常规污染物排放接近零。

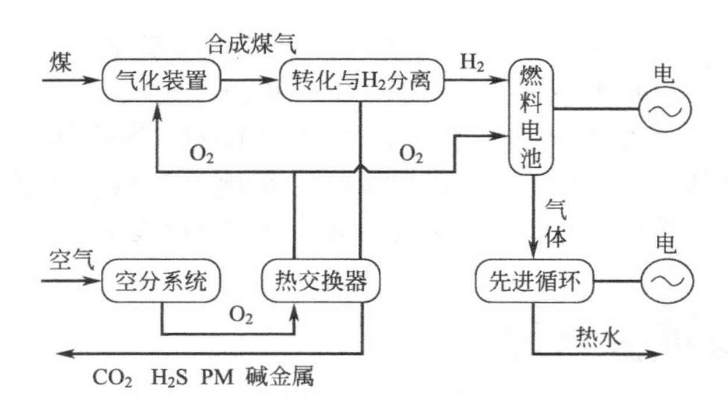

图 8-3 美国“Vision-21”多联产系统

8.3.3 Shell 合成气园新概念

由 Shell 公司提出的 Syngas Park（合成气园）的概念，亦以煤气化或是石油和渣油气化为核心，从转化反应后的反应气中分离出的氢气可作为燃料电池、火箭发射、发电等装置的重要清洁燃料。合成气园的概念比一般的多联产系统更为广泛，更接近工业生态园工业模式。从图 8-4 可见，合成气可直接用作燃气蒸汽轮机联合循环发电的燃料及城市煤气，还可作为生产氨的原料，并且能进一步合成尿素、醋酸、胺盐等产品。利用合成气合成的甲醇、二甲醚既是重要化工产品的原料，又是公认的清洁燃料。

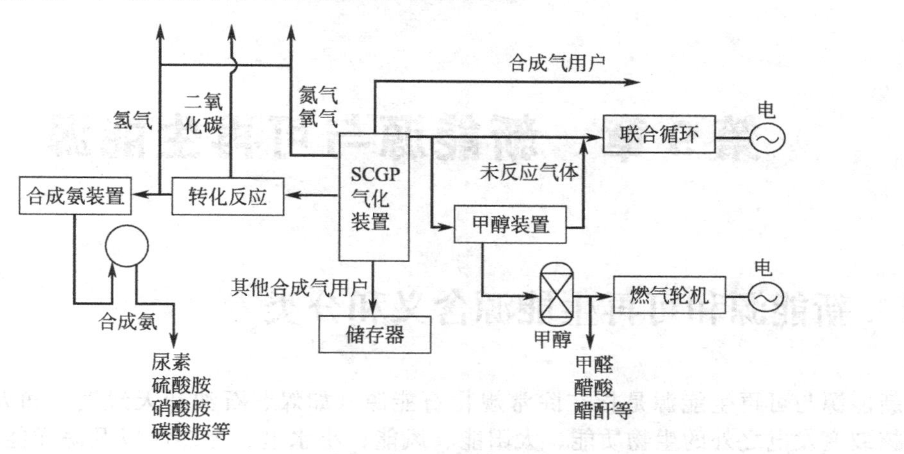

图 8-4　Shell 合成气园

第9章　新能源与可再生能源

9.1　新能源和可再生能源含义和分类

新能源与可再生能源是指在除常规化石能源（如煤、石油和天然气）和大中型水力发电、核裂变发电之外的生物质能、太阳能、风能、小水电、地热能以及海洋能等一次能源。这些能源资源丰富、可以再生、清洁干净。

（1）生物质能　蕴藏在生物质中的能量，是绿色植物通过叶绿素将太阳能转化为化学能而贮存在生物质内部的能量。通常包括木材及森林废弃物、农业废弃物、水生植物、油料植物、城市和工业有机废弃物以及动物粪便等。

（2）太阳能　太阳内部连续不断的核聚变反应过程产生的能量。狭义的太阳能仅指太阳的辐射能及其光热、光电和光化学的直接转换。

（3）风能　指太阳辐射造成地球各部分受热不均匀，引起各地温差和气压不同，导致空气运动而产生的能量。

（4）地热能　来自地球深处的可再生热能，它起源于地球的熔融岩浆和放射性物质的衰变。

（5）海洋能　指蕴藏在海洋中的可再生能源，它包括潮汐能、波浪能、海流能、潮流能、海水温差能和海水盐差能等不同的能源形态。

（6）小水电　是小水电站及与其相配套的小电网的统称。1980年联合国第二次国际小水电会议上，确定了3种小水电站容量范围：小型水电站（Small）1001～12000kW；小小型水电站（Mini），101～1000kW；微型水电站（Micro）100kW以下。

9.2　太阳能及其利用

9.2.1　概述

人类对太阳能的利用有着悠久的历史。中国早在两千多年前利用铜制的凹面镜聚光，把太阳光聚成小焦点，用以引火。中国古代称这种聚光镜为“阳燧”。《淮南子·天文训》有“故阳燧见日，则燃而为火”的记载。古埃及的亚历山大城曾有人利用太阳能将空气加热膨胀，把尼罗河水抽取上来灌溉农田；著名的古希腊学者阿基米德曾利用太阳能聚焦将敌船烧毁，被誉为当时最先进的“天火武器”。

1996年，联合国在津巴布韦召开“世界太阳能高峰会议”，发表了《哈拉雷太阳能与持续发展宣言》，会上讨论了《世界太阳能10年行动计划》（1996～2005）、《国际太阳能公约》、《世界太阳能战略规划》等重要文件。

中国大部分地区位于北纬45°以南，全国2/3的国土面积年日照时数在2200h以上，每平方米年太阳能辐射总量为 3340～8400 兆焦。陆地表面每年接受到的太阳能相当于 17000 亿吨标准煤，太阳能资源非常丰富。尤其是西北地区和青藏高原，年平均日照时间在 3000h 左右，西藏拉萨素有阳光城的美称。我国东南海域也有足够的太阳能资源。因此，太阳能的开发利用在我国能源可持续发展中有着举足轻重的地位。到 2003 年底，全国已安装光伏电池 5 万千瓦，主要为边远地区居民及交通、通信等领域提供电力，现在已经进行并网光伏电池发电系统的试验和示范工作。全国已有太阳光伏电池及组装厂 10 多家，制造能力超过 2 万千瓦/年。近年来，中国太阳能热水器发展十分迅速，使用量和生产量都居世界前列。到 2003 年底，全国太阳能热水器使用量为 5200 万平方米，约占全球使用量的 40%，年生产能力为 1200 万平方米，太阳能热水器市场的竞争已经很强，展示了极好的发展前景。据测算，每平方米太阳能热水器每年相当于节约 120 公斤标准煤，节能效果和环境效果都十分明显。

9.2.2 太阳能基本特性

太阳是一个炽热的气体火球，太阳的主要成分是氢和氦。太阳表面的有效温度为 5762K，而内部中心区域的温度则高达几千万度。在这种高温下，原子失去了全部或大部分的核外电子，发生高温核聚变反应，其中最主要的是一种氢聚合成氦的热核反应。在这种反应过程中，太阳向宇宙空间发射的辐射功率约为 3.8×10^{23} 千瓦，其中尽管只有 22 亿分之一投射到地球上，但是太阳投射到地球上的能量每昼夜超过 10^{11} MW，或按名义太阳照射面积 1.39kW/m^2。其中大部分太阳能被大气层吸收或被反射掉，真正在晴天辐射到地球表面的太阳能只有 0.9kW/m^2。其中一小部分太阳能照在植物的叶片上，发生化学反应，将太阳能储存到植物内部。图 9-1 是地球上的能流图。

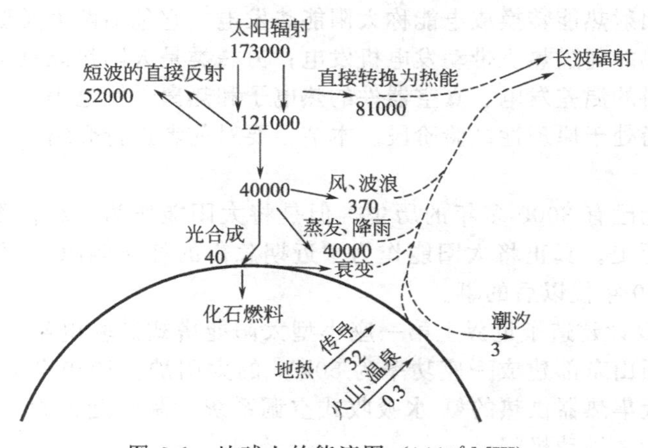

图 9-1 地球上的能流图（$\times10^6$ MW）

由于地球以椭圆形轨道绕太阳运行，地球大气上方的太阳辐射强度会随日地间距离不同而异。但由于日地距离太大（平均距离为 1.5×10^8 km），地球大气层外的太阳辐射强度几乎是一个常数，称作“太阳常数”。它是指平均日地距离时，在地球大气层上界垂直于太阳辐射的单位表面积上所接受的太阳辐射能。测得的太阳常数的标准值为 1353W/m^2，日地距离造成的影响不超过±3.4%。

太阳能具有储量的“无限性”、“巨大性”的特性，还具有“广泛性”、“清洁性”、“间歇性”和“经济性”等优点。但太阳能也有两个主要缺点：一是能流密度低；二是其强度受各种因素（季节、地点、气候等）的影响不能维持常量。这两大缺点限制了太阳能的有效利用。

9.2.3 太阳能利用分类

太阳能利用通常是指对太阳能的直接转化和利用。从能量转换方式角度看，太阳能利用分为太阳能热利用和太阳能光伏利用。表9-1说明了太阳能利用的分类。

表9-1 太阳能利用分类表

序号	利用方式	用途
1	太阳能发电	直接光发电:光伏发电、光偶极子发电 间接光发电:光热动力发电、光热离子发电、热光伏发电、光热温差发电、光化学发电、光生物电池
2	太阳能热利用	高温利用(>500℃):高温太阳炉、太阳能热发电 中温利用(200～500℃):太阳灶 低温利用(<200℃):太阳能热水器、太阳能干燥、太阳能空调制冷
3	太阳能动力利用	热气机-斯特林发动机(用于抽水和发电)、太阳能空间站
4	太阳能光化利用	光聚合、光分解和光解制氢
5	太阳能生物利用	速生植物(如薪柴林)、油料植物、巨型海藻等
6	太阳能光-光利用	太空反光镜、太阳能激光器和光导照明

9.2.4 太阳能热发电

将吸收的太阳辐射热能转换成电能称太阳能热发电。它包括两大类型：一类是太阳热能间接发电，即太阳热能通过热机带动发电机发电；另一类是太阳热能直接发电，太阳热能利用半导体或金属材料的温差发电、真空器件的热电子和热离子发电等。前者已有一百多年的发展历史，而后者尚处于原理性试验阶段。本节主要对前者进行介绍。

9.2.4.1 概述

人类利用太阳能已有3000多年的历史，但是将太阳能作为一种能源和动力加以利用，却只有300多年的历史。真正将太阳能作为“近期急需的补充能源”、“未来能源结构的基础”，则是20世纪90年代以后的事。

1950年前苏联设计建造了世界上第一座小型太阳能塔式试验电站；1952年，法国国家研究中心在比利纽斯山东部建成一座功率为50kW的太阳炉；1960年，美国佛罗里达建成世界上第一套用平板集热器供热的氨-水吸收式空调系统，制冷能力为5冷吨；1961年，一台带有石英窗的斯特林发动机问世。

据不完全统计，从1981～1991年，全世界建造的太阳能热发电站（500kW以上）约有20余座，主要形式是塔式电站，最大发电功率为80MW。以色列和美国联合组建的LUZ太阳能热发电有限公司于1985～1991期间，先后在美国加州沙漠相继建成了9座抛物槽式太阳能热发电站，总装机容量353.8兆瓦，并投入并网营运。经过努力，电站的初次投资由4490美元/千瓦降到2650美元/千瓦，发电成本从24美分/千瓦时降到8美分/千瓦时。

9.2.4.2 太阳能集热器

(1) 太阳能集热器简单分类　太阳能集热器是把太阳辐射能转换为热能的装置，分为平板型和聚集型两种。在太阳能热发电系统中最为常用的是平面反射镜和曲面反射镜。

① 平面反射镜。聚光效应比较小，一般多采用多面平面反射镜将阳光聚集到一个高塔的顶处，其聚光比通常可达 100～1000，可将接受器内的工质加热到 500～2000℃。

② 曲面反射镜。它分为槽型抛物面反射镜、盘式抛物面反射镜和线性与圆形菲涅尔透镜。槽型抛物面反射镜将阳光经抛物面槽发射聚集在一条焦线上。其聚光比大约为 10～30，集热温度可达 500℃。盘式抛物面反射镜形状是一条抛物线旋转 360°所画出的抛物球面，其聚光比可达 50～1000，介质工质温度可达 800～1000℃。

聚集型集热器可以获得比较高的供热温度，在太阳能的高温热利用方面具有平板型集热器所不可替代的作用，但它需要复杂的跟踪太阳附加装置，维护困难，制造和运行成本均比较高。

(2) 太阳能集热器性能　太阳辐射能在太阳能集热器的能量转换过程中，吸收的太阳能一部分转换为载热流体携带的有效能量收益，另一部分被集热器贮存和散热损失掉。

由于辐射和导热的原因，随着吸热升温，平板式集热器的集热效率下降。抛物线聚焦可以克服平板集热器的缺点，将锅炉管束放到焦点附近，也可以使用真空管降低对流散热。更高效率可采用空穴式集热器 (cavity type collector)，除了吸热方向，其他方向均采取绝热措施。

图 9-2 是各种集热器将太阳能转换成热能的效率曲线，所有数据都是晴天试验获得的。由于存在阴霾，受光表面很大部分入射能变成散射，而透镜或抛物线反光镜无法聚集散射，因而人们更喜欢使用平板集热器。图 9-3 是在田纳西 Oak Rigde 获得的不同天气条件下太阳能能流密度分布。上面的曲线是以星期为基础的，表明入射光中有一半是散射形态，一年中有 4 个月的散射超过直射。曲线的中间一段表明，即使是晴天，一年中也有 3 个月散射超过直射。其中部分原因是投资低，平板集热器主要用于建筑采暖和家庭用热水供应。但平板集热器热效率低，形成的温度也低，太阳能发电，需采用其他形式集热器。即使是夏季的中午，平板集热器也无法得到有用的电力。其效率见图 9-4 所示的太阳能形成的温度与有用热输出曲线。

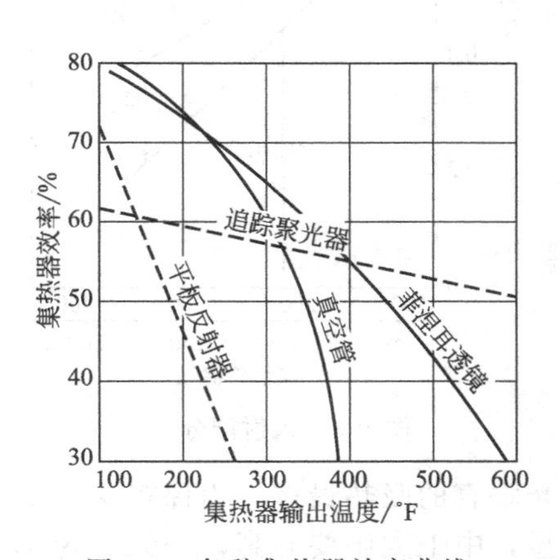

图 9-2　各种集热器效率曲线

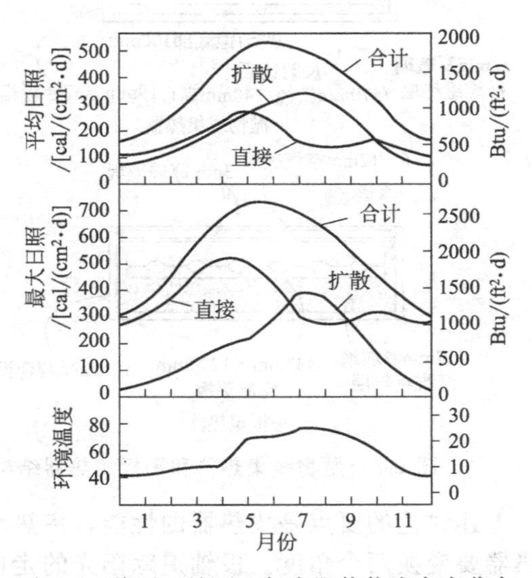

图 9-3　美国田纳西一年太阳能能流密度分布

图 9-5 是典型的抛物线集热器。为减少周围空气造成的热损失，特别是强风对流的影响，该装置上部用玻璃覆盖，既提供了清洁表面，又减少了抛物镜面的反射率。玻璃表面反射掉一部分太阳能，大部分太阳能穿过玻璃进入集热器。另外，镜面反射率也不完善，通常

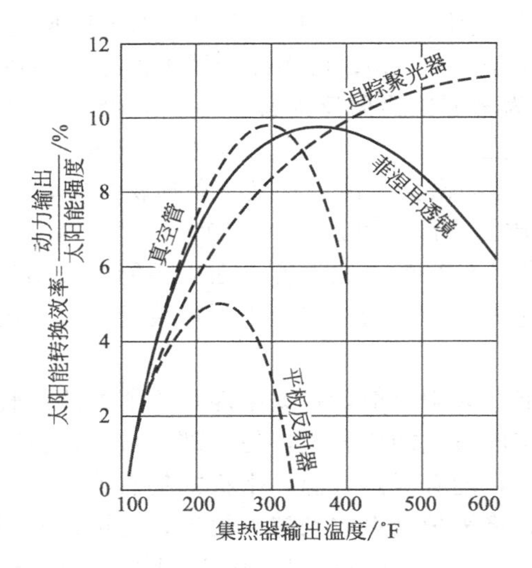

图 9-4　平板集热器效率与集热温度

在抛光条件下为 0.83，还与表面吸收率有关，锅炉管束吸收入射光线能量的 90%，其余 10%被反射掉。即使抛物镜面采用玻璃罩和绝热衬，锅炉管束也因对流和导热而损失大量能量。这些损失的累积效应见图 9-6。该图是没有封闭外壳的抛物线镜面集热器。图 9-7 是真空管集热器和腔体集热器。

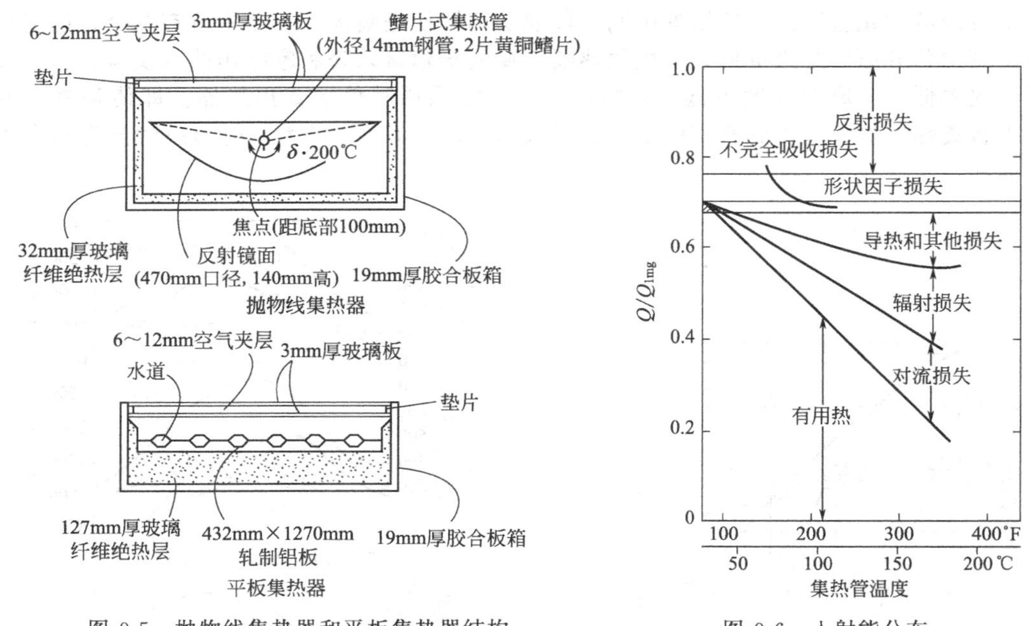

图 9-5　抛物线集热器和平板集热器结构

图 9-6　入射能分布

上述讨论的要点是集热器的性能，集热平面与阳光垂直的吸热最多，为保持这一条件，集热器要变换两个角度。极轴追踪阳光的走向。很明显，中午太阳要升高，一天要转 47 度角，除了子午两时（午夜和正午），水平轴都要转动，转角最大时是冬至和夏至这两天。

为不必沿着极轴追踪太阳，可将抛物线集热器沿东西方向安装，提升角逐日变化，使入射面在中午始终与太阳垂直。但要想在冬至和夏至附近的几个月中获得高的集热效率，或者全天变化提升角，或者采用低集中因子。因此，采用了垂直肋片（图 9-5）来降低集中因

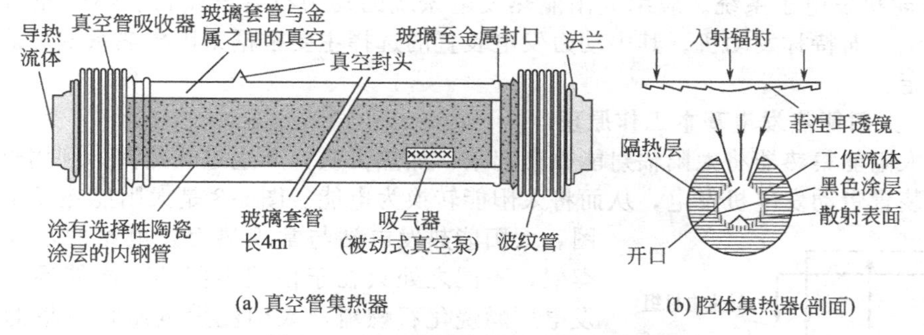

图 9-7　真空管集热器和腔体集热器

子，集热器的指向角就不必随时变化。

为降低投资，图 9-5 使用的抛物线集热板可用绳索拉紧铝板，形成近似抛物面，形成的集中因子约为 40。反射器升角固定，在冬至和夏至的日子可改变聚光指向肋片的聚焦偏差。为提高集热管导热，可采用大直径管，但大直径管的散热面积也随之增大。热容量是个重要参数，低热容系统在多云的日子里，在两片云之间可以达到期望的温度。实际上，多云日子的集热不均是无法建立合理的热平衡的。多数太阳能电灯进行的合成能量试验中，薄雾、光线照射、云出现的频率等因素使得实验数据十分分散，而晴天就大不一样。

9.2.4.3　太阳能热发电系统构成

(1) 太阳能热发电分类　太阳热发电根据集热的太阳热能温度的不同，可分为低温热发电和高温热发电，所用集热介质多为水、空气或油。太阳能热发电系统一般主要以采用较高聚光装置的集热器为主。按照太阳能采集方式，目前在技术上和经济上可行的三种形式是：①线聚焦抛物面槽式太阳能热发电；②点聚焦中央接收式太阳能热发电（简称塔式）；③点聚焦抛物面盘式太阳能热发电（简称盘式）。

(2) 系统构成　典型太阳能热发电系统由聚光集热子系统、蓄热子系统、辅助能源子系统和汽轮机发电子系统构成。下面简单介绍各个组成部分的功能和作用。

① 聚光集热子系统。其包括聚光器、接受器和跟踪机构。a. 聚光器：接受太阳辐射并将收集的阳光聚集到一个有限尺寸面上，以提高单位面积上太阳辐射度，从而提高被加热工质的工作温度。b. 接受器：接受经过聚焦的阳光，将太阳辐射能转变为热能，并将热传递给工质并使之变成过热蒸汽。c. 跟踪机构：为了使一天中所有时刻的太阳辐射都能通过反射镜面反射到固定不动的接受器上，反射镜必须设置跟踪机构。太阳聚光器的跟踪方式又分为单轴跟踪和双轴跟踪。所谓单轴或双轴跟踪，是指反射镜面绕一根轴还是两根轴转动。槽型抛物面反射镜多为单轴跟踪，盘式抛物面反射镜和塔式聚光的平面反射镜都是双轴跟踪。

② 蓄热子系统。为保证太阳能热电站稳定运行，一般在太阳能热发电系统中，设置蓄热子系统。蓄热子系统一般是由真空绝热或以隔热材料包覆的蓄热容器构成。可采用的蓄热方式有：a. 显热蓄热，采用物质的显热以储存收集的太阳热能，显热蓄热介质有水、油、岩石、砂等。b. 潜热蓄热，利用物质的潜热蓄热。c. 化学储能，利用化学反应进行蓄热的方式。其基本概念是物质 A 在获得太阳热能后，即转变为物质 B+C，而在 B+C 转变为 A 时，则释放出热量。

③ 辅助能源子系统。太阳能热发电站系统一般在系统中增设常规燃料锅炉，以备用于阴雨蔽日和夜间启动。现在太阳能热发电站新的设计理念是建造太阳能和常规燃料的双能源混合发电站。

④ 汽轮机发电子系统。应用太阳能热发电系统的动力机有汽轮机、燃气轮机、低沸点工质汽轮机、斯特林发动机。其中动力发电装置的选择主要根据太阳集热系统可能提供的工质参数而定。

9.2.4.4　太阳能热发电基本工作原理

通过太阳能集热器将太阳辐射能收集起来，加热工质，产生过热蒸汽，利用过热蒸汽驱动热动力装置带动发电机发电，从而将太阳能转换为电能。图 9-8 是太阳能热发电系统示意图。太阳能热发电站与常规热力发电站的基本工作原理类似，不同之处只在于使用不同的一次能源：常规热力发电厂燃烧化石燃料，太阳能发电站将收集的太阳辐射能为能源。

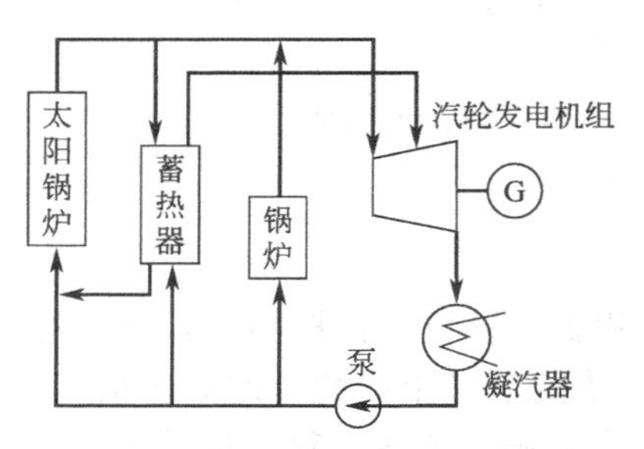

图 9-8　典型太阳能热发电系统示意图

太阳能发电系统效率 η_t 是评价太阳能热动力装置特性的指标。太阳能发电系统效率是太阳能集热器热效率 η_s 和动力装置循环效率 η_c 的乘积，即

$$\eta_t = \eta_s \eta_c$$

一般而言，动力装置循环效率 η_c 一般随循环系统工质初温提高而增加。太阳能集热器热效率不仅与集热器的类型和聚光比有关，而且集热器热效率有一个重要特点是：集热效率 η_s 随循环工质温度提高而减小。因此，由 $\eta_t=\eta_s\eta_c$ 可知，太阳能热发电系统都存在一个可以选择的最佳工作温度值。在这个温度下，太阳能发电系统效率 η_t 有最大值。

9.2.4.5　典型太阳能热发电系统简介

(1) 塔式太阳能热发电系统　太阳能热发电分为两大类，一类为集中式热发电站，另一类为分散式小功率发电装置。早期集中式多为塔式太阳能电站，近来则发展抛物柱面镜集热式太阳能热电站。20 世纪 80 年代初，美国、日本和欧洲先后建设了一批塔式太阳能电站，诸如，意大利西西里岛上的尤雷利奥斯和日本的 1000 千瓦实验型太阳电站；美国加利福尼亚巴斯托的美国太阳Ⅰ号和Ⅱ号电站，以及法国丹密斯 2000 千瓦太阳电站，这些太阳电站多数是研究试验性的，投资大，经济性差。塔式太阳能热发电系统又称集中型发电系统，它属于高温热发电系统。这种系统的主要特征是：电站广场的中心设有高大的竖塔，塔顶装有接受器，以塔为中心，在其周围布置许多平面发射镜。如果将大量抛物线集热器连在一起形成大的集中供热动力站，就需要大量的管道以收集和输运蒸汽、热水或其他传热流体，因此形成很大的热容量、热损失并带来很高的投资。

图 9-9 是塔式太阳能热发电系统的示意图。太阳能热发电系统的工作过程如下：太阳辐射热被定日镜群反射集中后，被塔顶的接收器吸收，然后由传热介质将得到的热量输送到安装在塔下的透平发电装置中，推动透平式流体机械，带动发电机发电。塔式太阳能热发电系统一般由定日镜群、中心接收塔、蓄热槽、主控系统和发电系统 5 个部分组成。定日镜群是由许多平面反射镜和跟踪机构组成。它们按四个象限分布在高大的中心接收塔的四周，形成一个巨大的镜场。每面定日镜都安装在刚性镜架上，跟踪装置采用计算机控制，驱动镜面瞬时自动跟踪太阳。中心接收塔也称太阳动力塔，是塔式太阳能热发电的集热装置。它由太阳辐射接收器和高塔两部分组成。作为接收器，对于塔式太阳能热发电而言，通常也称为太阳能集热锅炉。它把收集的太阳光转变为热，并加热接收器内的工质。接收器有腔式、盘式、柱状式等结构形式。图 9-10 是法国人采用大量平板镜将阳光折射到抛物线镜上，形成对锅炉的聚焦。这种方法的优点是能将锅炉的热损失降到最低，约为 5%，而且热容量最小。其缺点是镜面的两轴安装精度要求很高，结构复杂，价格昂贵。另外，当乌云蔽日时，会产生较大的热应力，锅炉的吸热也急剧

下降。

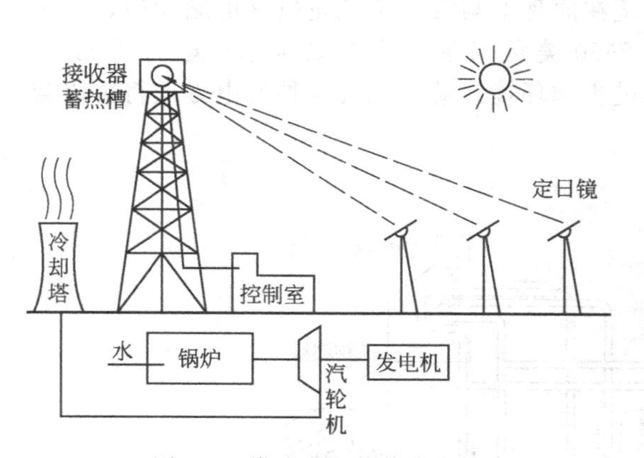

图 9-9　塔式太阳能热发电站

图 9-10　平面镜塔式太阳能动力塔示意图

蓄热系统是利用传热性能良好的油或熔盐来吸收热能，以供动力系统产生蒸汽使用。

塔式太阳能热电站工质的运行温度约 500℃以上，热效率 15%以上。目前世界上已运行的典型塔式太阳能热发电是美国 1981 年运行的太阳Ⅰ号（图 9-11）和 1996 年试运行的太阳Ⅱ号电站（图 9-12）。太阳Ⅰ号电站功率 10MW，共有定日镜 1818 块。太阳能热发电效率约为 4.1%～5.7%，最大瞬时发电效率为 15%。太阳Ⅱ号电站是在Ⅰ号电站试验运行基础上发展起来的。太阳Ⅱ号电站共有定日镜 1926 块，电站设计容量为 45MW，蒸汽参数为 565℃、100bar(1bar$=10^5$Pa)。太阳能平均发电效率 13.5%。

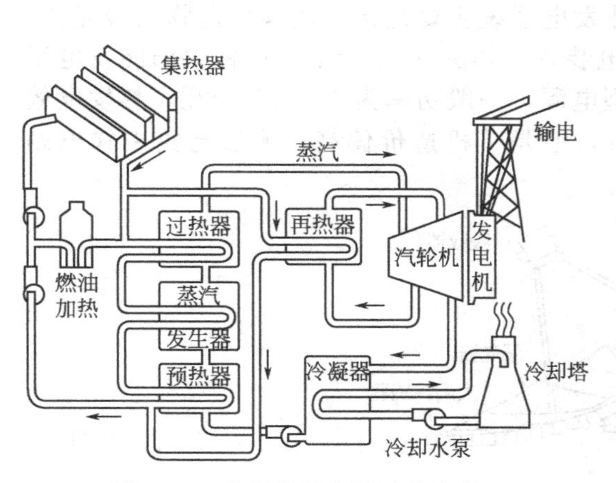

图 9-11　太阳Ⅰ号电站系统流程

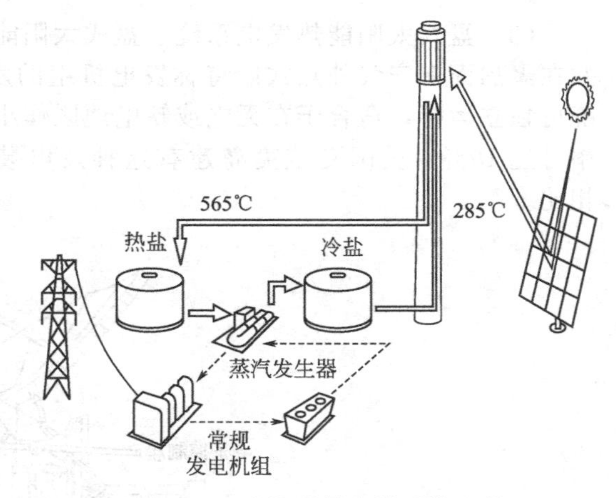

图 9-12　太阳Ⅱ号电站系统流程

（2）槽式太阳能热发电系统　槽式抛物面发射镜太阳能热发电系统简称槽式太阳能热发电系统（SEGS）。太阳辐射能经过众多的、串并联的槽型抛物面聚光集热器，收集较高温的太阳热能，加热工质，产生过热蒸汽，驱动汽轮机发电机组发电。20 世纪 80 年代初期到 90 年代初，美国 Luz 公司在美国南加州建造的 9 座槽式商业化太阳能热电站，可以代表世界上槽式太阳能热发电的发展现状。迄今为止，已建立总发电功率 354MW 机组，效率 11%～13%，最大效率可达到 15%。

图 9-13 是 Luz 公司开发的槽式抛物面热发电系统示意图。被加热的工质沿抛物面槽式反射镜的聚焦线流动，该聚焦方式比塔式的定日镜聚焦方式简便，也不要建高塔，可以平面

布置。热发电系统一般直接用水作传热工质，水在集热器受热后，进入过热器。若在阴霾天气，还可用辅助燃料加热，以补充太阳能的热力不足。由过热器产生的过热蒸汽送入汽轮机，推动汽轮机做功，带动发电机发电。该系统在原理上与常规蒸汽轮机火电站相似，只是增加了太阳集热器部分。该电站的初始投资为2650美元/千瓦，发电成本为8美分/千瓦时，上网电价为13～14美分/千瓦时。若考虑技术进步和环境效益，无疑这种发电方式将可以与常规能源热力发电系统相竞争。

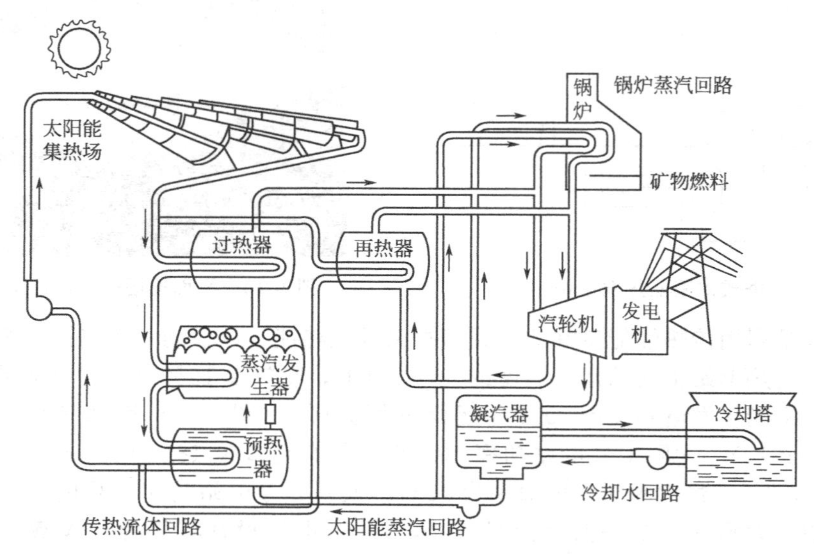

图 9-13　Luz公司SEGS电站系统图

（3）盘式太阳能热发电系统　盘式太阳能热发电系统主要是指采用碟形抛物面聚光器，并在聚焦面上安装外热式斯特林发电机组的发电装置，如图9-14所示。这种太阳能发电系统可独立运行，适合于在无电或缺电地区作小型电源，一般功率为10～25千瓦，热发电效率可达16%。美国夏威夷岛建有这种发电装置，但是单机造价偏高，无法与集中式电站相比。

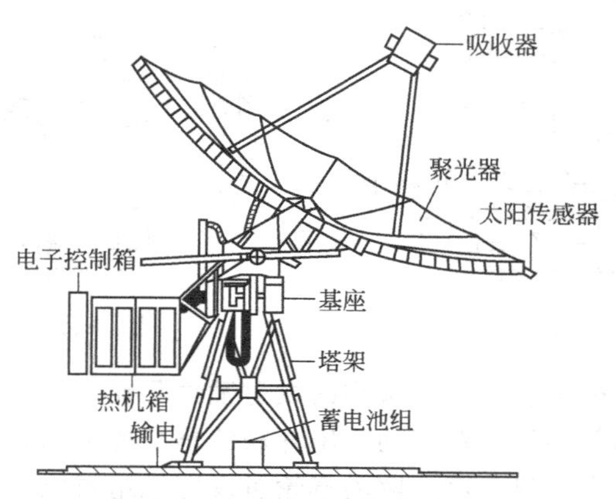

图 9-14　盘式太阳能热发电

盘式太阳能热发电系统的开发目的是为了空间应用。根据已有数据分析，盘式太阳能热发电系统与太阳能光伏发电装置相比，其单位发电功率的装置重量更轻。现今，盘式太阳能热发电系统更主要的应用目的是为解决边远荒漠地区的供电问题。

（4）太阳池热发电系统　水也是一种蓄热材料，利用水池储热被称为太阳池。一般太阳池有三种类型：盐浓度太阳池、凝胶式太阳池和浅池式太阳池。后两者目前尚在试验中。盐浓度太阳池实质是一个具有一定含盐量浓度梯度的盐水池。盐浓度太阳池是利用池水不同深度含盐浓度不同来抑制自然对流现象，在水中形成不同浓度的含盐溶液层，如同多层玻璃浮在水中，太阳的光线可以透过，但在池底转换的热辐射则不易通过，使得池底的水温积蓄得较高，这种储存的热能可供热发电利用。图 9-15 为无对流的太阳池的工作原理。

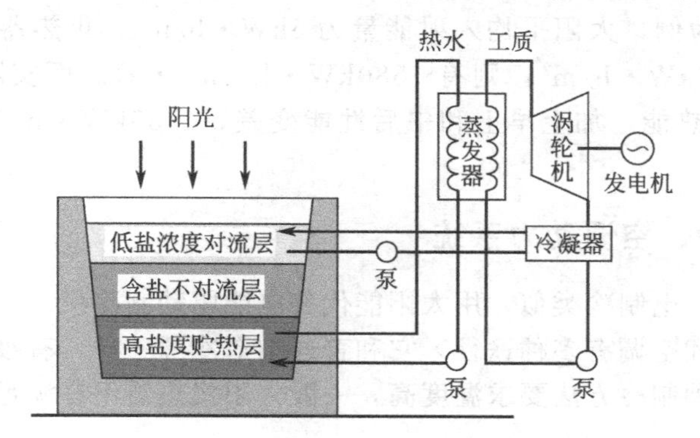

图 9-15 太阳池蓄热发电

池的上部保有一层较轻的新鲜水，底部为较重的盐水，使在沿太阳池的竖直方向维持一定的盐度梯度。上层清水和底部盐水之间是有一定厚度的非对流层，起着隔热层的作用。由于水对红外辐射是不透明的，入射到太阳池表面的太阳辐射，其红外部分在近表面几毫米以内的层中被吸收。太阳光的可见光和紫外线部分可以透过几米深的清净水，这部分辐射能量将被池的深色底部吸收。当池底部的盐水被太阳能加热后，水开始膨胀上升，若膨胀所产生的浮力还不足以扰乱池内盐浓度梯度的稳定性，则可以有效地抑制和消除因浮力而可能引起的池水混合的自然对流趋势。这样，储存在池底部的热量只有通过传导才能向外散失，这就是无对流的太阳池。

无对流的太阳池相当于一个平板太阳集热器，用 1～2m 深水底部吸收太阳辐射能，产生低温热，水在其中被加热，热水作为载热体再通过热交换器加热低沸点工质产生过热蒸汽，驱动汽轮机发电机组发电。20 世纪 60 年代初，以色列人就在死海建立了一座太阳池试验装置。1979 年他们就在死海南岸的爱因布科克镇建起了一座 150 千瓦的太阳池发电站，1981 年又建造了一座 5000 千瓦的同样类型电站。

上述四种系统是目前较为典型的太阳能热发电系统。随着科学和工程技术进步，太阳能热发电技术正在蓬勃发展，且已经取得了很大的进展。其中塔式和槽式太阳能热发电站研究和应用得更为广泛，具有广阔的应用前景。以上述四种热发电系统为基础核心的太阳能热发电系统的新概念、新设计将在 21 世纪层出不穷，诸如，太阳能-燃气轮机联合循环发电系统、太阳能重整天然气发电系统、太阳能-煤气化发电系统等。

9.2.4.6 太阳能热发电系统目前存在的主要问题

太阳能热发电系统目前存在的主要问题是电站初期投资高昂，由此造成无法与常规化石能源动力相竞争。太阳能-热能-电能系统的投资高，有时达到常规系统投资的数倍，计算是以夏季最高负荷且不储能为基础的。大型定日镜的投资受到结构庞大、刚性要求和重量等因素的制约，几个项目的测算表明，二轴定日镜质量不低于 $22kg/m^2$，低于一定价格是无法制造出来的。

从收集能量的角度看，太阳能蓄能问题也是目前太阳能热发电系统中的一个主要问题。一般来说，全年平均每天至少有 6 小时可用光，天气原因可减少 80%，平均下来，在名义上的晴天，直接辐射不会超过总光量的90%；还有一部分散射无法利用。镜面反射率80%，假定达到地球表面0.9kW/m²，收集的热量为：$0.9\times365\times6\times0.9\times0.8\times0.8=1135$kW/(m²·年)。考虑到其他因素（能量是否储存、运输、不同的地理位置等），1135kW/(m²·年)集热量的一次投资差别巨大，若太阳能系统作为能量自给自足，则意味着冬季产生的热量要和夏季一样多，这意味着要采用储能系统，定日镜几乎无法发挥最好功能。以美国Arizona南部为例，太阳平均入射能量为6kW·h/m²，集热器效率0.8，锅炉效率0.9，日平均集热4.6kW·h/m²，则有1580kW·h/(m²·a)。而实际上，早上启动和乌云遮盖时都损失大量热能，加上早上和午后性能变差，1135kW·h/(m²·a) 还是比较合理的。

9.2.5 太阳能制冷、空调动力系统

太阳能制冷原理与电制冷类似，用太阳能代替电能驱动制冷机。

利用太阳能制冷和空调有多种途径，它和普通制造冷源一样，有吸收式、压缩式和蒸汽喷射式等。由于后两种制冷方法要求温度高，一般太阳集热器不易满足需要，所以较常见的是吸收式太阳能制冷。

9.2.5.1 吸收式制冷工作原理

吸收式制冷的工作原理是：利用两种不同沸点的物质组成工质对，其中沸点低的物质为制冷剂，沸点高的物质为吸收剂。较常用的工质对有氨和水，也有水和溴化锂。以氨-水工质对为例，氨的沸点为−33.5℃可作为制冷剂，水的沸点为100℃可作为吸收剂。吸收式制冷机就是根据吸收器和蒸发器中两种不同溶液的浓度和温度差，以产生饱和蒸气压，促成蒸发和吸收作用而进行制冷。

目前最为代表性的太阳能吸收式制冷系统是太阳能氨-水吸收式系统和太阳能水-溴化锂吸收式系统。这就是所谓的太阳能吸收式制冷。

9.2.5.2 太阳能氨-水吸收式制冷系统

图9-16是太阳能氨-水吸收式制冷系统流程示意图。将平板型太阳集热器作为氨发生器，太阳辐射把氨发生器加热，使压力升高，氨-水溶液中的氨不断气化而进入冷凝器，并冷凝成纯液氨，冷凝时所放出的热量由冷却水带走。同时，随着氨的不断气化，集热器-氨发生器内的溶液浓度不断下降，稀氨水就通过热交换器传热后进入氨吸收器，以待吸收来自蒸发器的纯氨气，使溶液浓度恢复。打开冷凝器与氨蒸发器的膨胀阀，纯液氨进入蒸发器，并在其中急速膨胀而气化，此气化过程要大量吸收热量，这时通过制冷循环泵就能使冰箱的温度下降（热量被气化时吸收），达到制冷的目的。纯氨气进入吸收器后，被其中的稀氨水溶液喷淋及冷却水降温，溶液的浓度提高，最后用循环泵打回集热器-氨发生器，整个循环完成。

这种制冷方式可以在操作上分连续式和间歇式两种。再生-吸收和蒸发-制冷两个循环同时进行的叫连续式。它需要使用泵，将消耗一部分电，若把两个循环分开进行，即在白天有太阳时进行再生-吸收，而在夜间无太阳时进行蒸发-制冷，则称为间歇式。间歇式效率虽然低，但设备简单，不需要其他动力，对于无电地区，特别是日夜温差较大的北方地区尤其适用。

9.2.5.3 太阳能水-溴化锂吸收式制冷系统

利用太阳能直接或间接加热发生器中已被稀释的溴化锂水溶液。溶液中的水受热蒸发，同时，由于蒸汽分离，溶液浓缩，返回吸收器。与此同时，被分离的水蒸气流经冷凝器放热，再经膨胀阀，变成低温低压液体，进入蒸发器，吸收外界的热量，变成蒸汽，进入蒸汽

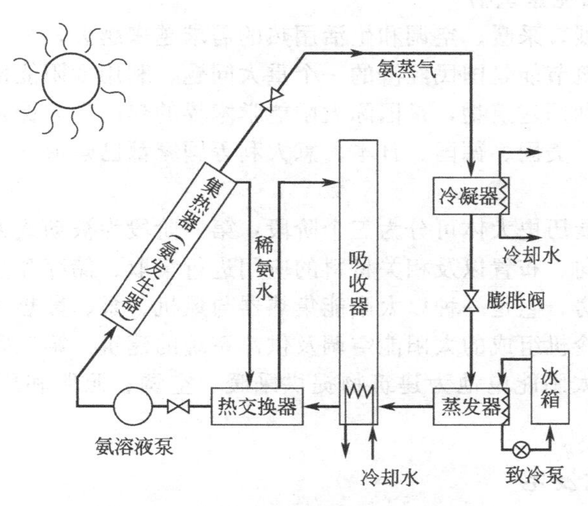

图 9-16　太阳能氨-水吸收式制冷系统

分压低的吸收器，为溴化锂水溶液所吸收。这样，在蒸发器内，由于水蒸发需要蒸发潜热而夺走热量，使蒸发器中的水温降低。吸收器内由于溴化锂水溶液吸收水蒸气，产生吸收热，使吸收器内的溶液温度上升，如此完成一个循环。如图 9-17 所示。

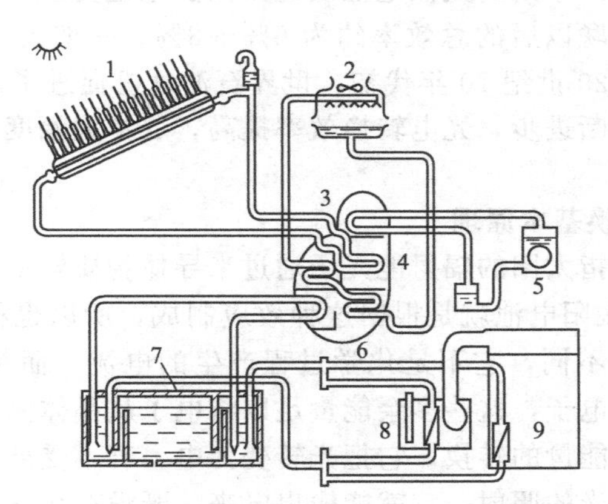

图 9-17　太阳能水-溴化锂吸收式制冷系统

1—集热器；2—冷却塔；3—高压发生器；4—低压发生器；5—辅助锅炉；
6—吸收式制冷机；7—热槽；8—空调机；9—房间

太阳能制冷系统中采用的太阳能集热器主要有平板集热器、真空管集热器、低聚光比的聚光集热器。平板集热器一般适合小于集热 80℃的太阳热能；真空管集热器适合于集热温度为 80～120℃的太阳热能；低聚光比的聚光集热器适合于集热温度为 120～350℃的太阳热能。

太阳能制冷的关键在于集热器的效率和各部件运行时温度及压力的控制，同时也取决于当地的水温，若冷却水温低，制冷效率就高。但是，在太阳能制冷系统中，作为热源的蒸汽或热水温度，不能像常规制冷系统中那样可以根据比较成熟的经验和理论选择某个较为经济合理的数值，而必须参照可供使用的集热器效率，若采用较低的集热温度，随之而来的是整个系统的效率很低。因此，对太阳制冷系统来说，如何合理地选择制冷系统的热源温度、冷水温度和冷却水温度，都是目前尚待解决的问题。

9.2.5.4　未来的太阳能建筑物

随着经济迅速发展，采暖、空调和生活用热的需求越来越大，是一般民用建筑物用能的主要部分。因此，建筑节能是国民经济的一个重大问题。利用太阳能供电、供热、供冷、照明，建成太阳能综合利用建筑物，是国际太阳能学术界的热门研究课题，是太阳能利用一个新的发展方向。中国、美国、德国、日本、意大利等国家都已建成这种全部依靠太阳能的示范建筑物。

太阳能建筑的发展历史大体可分为三个阶段：第一阶段为被动式太阳房，它是一种完全通过建筑物结构、朝向、布置以及相关材料的应用进行集取、储存和分配太阳能的建筑。第二阶段为主动式太阳房，它是一种以太阳能集热器与风机、泵、散热器等组成的太阳能采暖系统或者与吸收式制冷机组成的太阳能空调及供热系统的建筑。第三阶段是太阳能电池在建筑物中的应用，利用太阳能电池为建筑物提供采暖、空调、照明和用电，这种建筑被称为“零能房屋”。

9.2.6　太阳能光伏发电

1954 年美国贝尔研究所首先试制成功实用型单晶硅太阳电池，获得 6%光电转换效率的惊人成果，为光伏发电大规模应用奠定了基础。接着宇宙空间技术发展，人造地球卫星上天，空间电源的需求使太阳电池作为尖端技术，身价百倍，太阳能电池作为电源的使用量越来越大，尤其是在航天业。早期的光伏电池以硅太阳能电池为主，单个电池的效率为 12%，但电压较低。多个电池串联以后的总效率约为 6%～8%。一般说来，太阳能电池的输出正比于直射光线的正弦角。20 世纪 70 年代初，世界石油危机促进了新能源的开发，将太阳电池转向地面应用，技术不断进步，光电转换效率提高，成本大幅度下降，光电转换已展示出广阔的应用前景。

9.2.6.1　太阳能光电转换基本原理

太阳能的光电转换是指太阳的辐射能光子通过半导体物质转变为电能的过程，在物理学上叫“光生伏打效应”。太阳电池就是根据这种效应制成，所以也称光伏电池。其实它与平常的干电池、蓄电池完全不同，它不是化学过程产生的电流，而是一种物理过程产生的电流。光量子能将能量传给电子，这些多余能量足以将电子从晶体网格中撞出。因此，太阳电池没有物质的消耗，仅是能量的转换，它把光转变为电。若不受外力的机械破坏，太阳电池的使用寿命很长，只要有光的照射，它就能输出电来，既没有化学腐蚀性，也没有机械转动声，更不会排放烟尘污染，是清洁而又静悄悄地发电。

图 9-18 为太阳电池光电转换原理示意图。当阳光照射到一种特制的半导体材料上，其中一部分光被表面反射掉，其余部分被半导体吸收或透过。被吸收的光，当然有些会变成热，另一些光子则同组成半导体的原子价电子碰撞，于是产生电子-空穴对。这样，光能就以产生电子-空穴对的形式转变为电能。如果半导体内存在 pn 结，则在 p 型和 n 型交界面两边形成势垒电场，就能将电子驱向 n 区，空穴驱向 p 区，从而使得 n 区有过剩的电子，p 区则有过剩的空穴。这样在 pn 结附近就形成与势垒电场方向相反的光生电场。光生电场的一部分除抵消势垒电场外，还使 p 型层带正电，n 型层带负电，在 n 区与 p 区之间的薄层产生所谓的光生伏打电动势。若分别在 p 型层和 n 型层焊上金属引线，接通负载，则外电路便有电流通过。如此形成的一个个电池元件，经过串联和并联，就能产生一定的电压和电流，输出人们所需要的电能。

硅太阳能电池就是利用这个原理产生电流。薄薄的一层硅晶体网格与微量的外来电子（如磷）一起被胶住，外来电子可占据晶体硅原子的晶体网格。与四价硅相比，磷是五价的，这样就出现了多余电子，在光子作用下能形成电子流。晶体网格的平衡可以涂上少量的其他原子（如硼），硼原子三价，出现电子不足，即电子空穴，正电荷过量。正电荷会通过晶体网格向负极迁移，负电荷则反向运动。电子被光子激活，通过导体在电池表面的外电路传到背面的“电子洞”形成 1 电子伏特的驱动电压。为使前面富电子区域的效率高（负极，n 型晶体网格），只能涂 0.5μm 厚，以使光子能撞出足够量的电子。

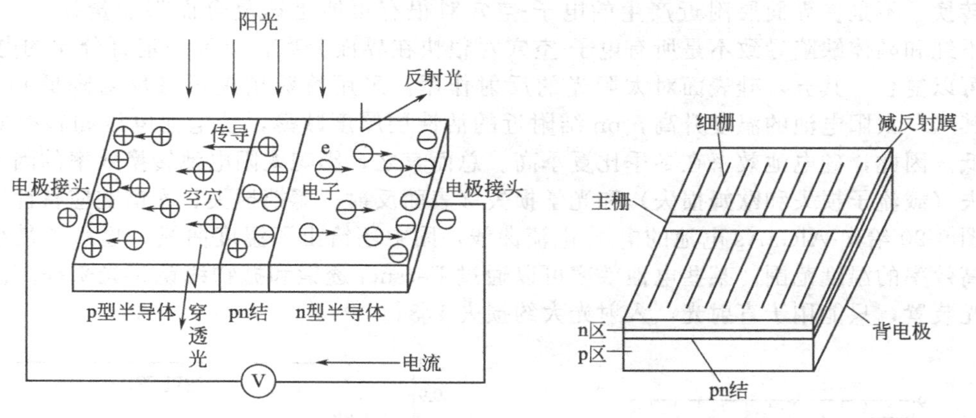

图 9-18　太阳光电转换示意图　　图 9-19　晶体硅结构示意图

9.2.6.2　晶体硅太阳电池

（1）晶体硅太阳电池基本结构　最早问世的太阳电池是单晶硅太阳电池。晶体硅太阳电池是以硅半导体材料制成大面积的 pn 结，一般采用 n+/p 同质结结构，即在 p 型硅片上制作很薄的经过重掺杂的 n 型层，然后在 n 型层制作金属栅线作为正面接触电极，在整个背面也制作金属膜作为背面接触电极，其结构示意图见图 9-19。为了减少光的反射损失，一般在整个表面再制备一层减反射膜。

（2）晶体硅太阳电池制备工艺过程　晶体硅太阳电池制备工艺包括制备硅片、硅片预处理、掺杂形成 pn 结、制备电极、制备减反射膜、组装及检修等过程。一般而言，多数太阳能电池都是采用熔硅池。用宝石锯（diamond saw）将晶体切成薄层，每个薄层的一个面对着高温的磷气氛，直到生成一定厚度的 n 型层。然后采用光电技术在两面涂上高导电能力的金属（如银），再用蚀刻法去掉大部分金属，形成很细的金属网格，这样就能形成 90%的面积让光通过进入 n 型层。为防止银格被腐蚀破坏，外面加上一层金属保护层，如金属镍、钛、金、钯等。为防止硅表面的光反射，外面再涂上抗辐射材料，然后将前面的导体网格与电池内的金属网格焊接起来。

用上述方法制造的太阳能电池，不仅工艺复杂，而且价格昂贵。所以，研究者一直研究采用其他材料来降低其成本。目前已进行研究和试制的太阳电池，除硅系列外，还有硫化镉、砷化镓等许多类型的太阳电池，但这需要高纯度材料（杂质远远小于 1×10^{-6}），制造过程仍然十分复杂，并且需要严格的质量管理。

（3）太阳电池的转换效率　太阳电池的转换效率 η 是太阳电池的最大输出功率 P_m 与照射到太阳电池的总辐射能 A_tP_{in} 的比值，即

$$\eta=P_m/(A_tP_{in})$$

式中，P_{in} 为单位面积的太阳光强度。

单晶硅电池能将约 16%～20%的入射光线转换为电流，实验室最佳条件下，已经接近 25%。理论上讲单晶硅太阳电池转换效率可以达到 30%甚至更高，之所以只有很小一部分太阳能转换成电流，其原因一是不论哪种材料的太阳能电池都无法将全部太阳能转换成电

流。光谱分析可知，单晶硅太阳电池光谱敏感最大值与太阳辐射强度最大值没有完全重合，太阳光谱中波长大于1.1μm的波长部分不能产生电子-空穴对，而转变成热。太阳光谱中大约有25%这样的光不能被利用。其二，光线能量足以产生电子-空穴对，则光能的大小就不起作用了。不论哪种光，光能临界值上一个光量子只能产生一个电子-空穴对，剩余光能又被转化成热能，大约30%的光能没有被利用。其三，不是所有光线都能够在pn结周围被吸收和转换。不是在界面层附近产生的电子-空穴对很有可能迅速复合而将能量损失。其四，晶体不纯和晶体缺陷导致不是所有电子-空穴对很快在界面分离，以致一定百分比的电子-空穴对可以复合。其五，硅表面对太阳光的反射作用。采用特殊措施可将反射降低到1%以下。其六，太阳电池的温度升高，pn结附近的活性层厚度减薄，使电池电压和转换效率明显降低。因此，硅电池效率在冬季比夏季高。总而言之，影响太阳电池转换效率的因素是电学损失（载流子损失和欧姆损失）和光学损失（表面反射、遮挡损失、光谱响应特性）。

图9-20给出AlGaAs电池的电压-电流曲线，图中还给出了温度曲线，显示了最小损失和最高效率的温度范围。某些电池效率可以通过Fersnel透镜和抛物线镜聚光来提高。但这些聚光装置，只能用于直射光，入射光大约损失1/3。

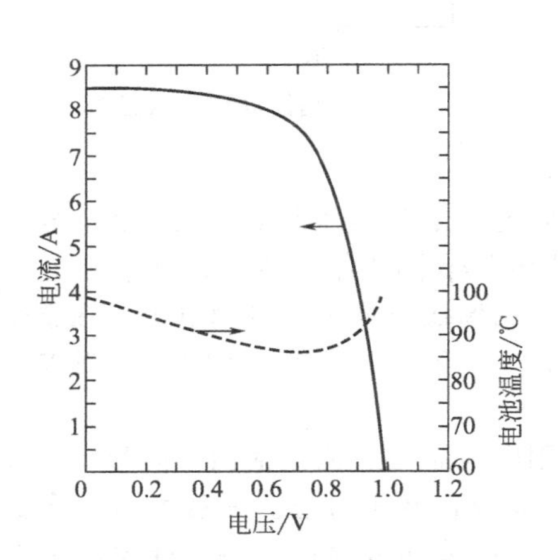

图9-20 AlGaAs电池的电压-电流曲线

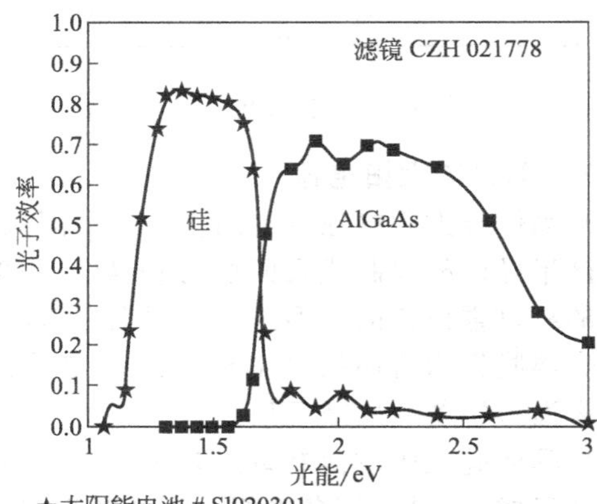

图9-21 硅和AlGaAs电池经过过滤器分解的光谱分布图

如果采用聚光装置，不但电池单位投资大为减少，还有可能将聚焦的光束分解成两个光谱段，以便用最适应的电池接受不同的光谱段。图9-21给出了使用硅和AlGaAs电池分别接受经过过滤器分解的光谱，包括过滤器和电池的系统总效率为28.5%。另一个使用最大光谱的方法是采用多层不同类型的薄电池，虽然这是一个十分优秀的概念，但实践起来困难很大。

9.2.6.3 太阳能电池的发展

1999年以来，太阳能电池每年都以35%以上的速度发展，2004年全球总产量达到1194MW，仍然供不应求。德国实行新的并网电价使光伏发电成为德国很有前途的产业。欧美发达国家和一些发展中国家继续实施庞大的光伏屋顶计划，使得这些国家对太阳能电池的需求会更加迫切。目前，太阳电池朝着超薄、聚光、多结的高效方向发展，2003年生产出的产品只有40μm厚。聚光可以在较小的面积上实现较高的转化率，还可减低成本；多结可以充分利用太阳能，减少在聚光条件下串联电阻的影响。

值得提及的是太阳电池在空间发电站的应用。太阳电池从太空应用转到地面开发，现在又将从太空发电，送到人间。近年来，随着光电技术、航天技术和微波技术等高科技的飞速发展，这一设想的可行性正在增加，1991 年 8 月，各国数十名科学家会集在巴黎，进一步对这一设想进行了研讨。裕拉泽的设想是将太阳电池组装的发电站设置在距地球 36000 公里的同步轨道上运行，宽 50km、长 100km 的太阳电池阵列面向太阳，始终跟踪太阳，不受任何影响，24h 不停发电，并用微波传向地面，然后由地面接收站将微波转换为电能。图 9-22 是空间发电站的设想，这座太空电站的发电能力设计为 500MW。

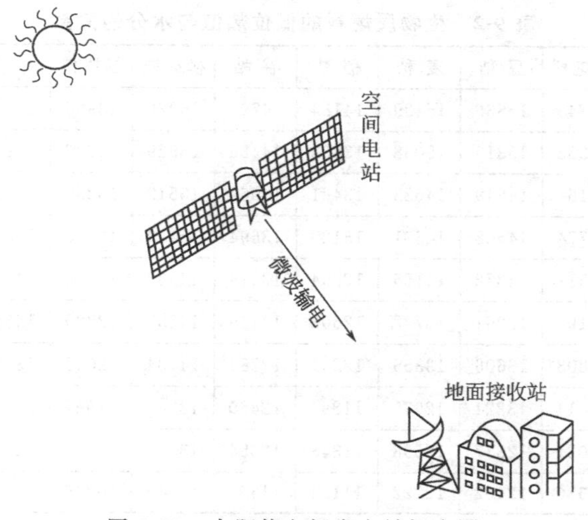

图 9-22 太阳能空间发电站概念图

9.3 生物质能及其利用

据生物学家估算，地球上每年生长的生物能总量达 1400 亿～1800 亿吨（干重），相当于目前世界总能耗的 10 倍，潜力十分巨大。在世界能源消耗中，生物质能占总能耗的 14%，但在发展中国家占 40%以上。然而，目前只有 1%～3%的生物能源被人类利用，而且利用效率也不高。

9.3.1 生物质能含义

自然界生物质种类繁多、分布广泛，包括了水生、陆生生物及其代谢物，但只有能够作为能源的生物质才属于生物质能源。其基本条件是资源的可获得性和可利用性。按原料的化学成分，生物质能主要有糖类、淀粉和木质纤维素物质。按来源分主要有农业生产废弃物、薪柴（包括枝丫柴、柴草在内）、农林加工废弃物（包括木屑、谷壳、果壳在内）、人畜粪便和有机生活垃圾、有机废水和废渣、能源植物（农作物、林木、水生植物）。其中各类农林、工业和生活有机废弃物是目前生物质利用的主要原料。

生物质能具有以下特点：

① 燃烧过程对环境污染小。生物质中有害物质含量低，灰分、氮、硫等有害物质都远远低于矿物质能源。生物质含硫一般不高于 0.2%，燃烧过程放出 CO_2 又被等量的生物质吸收，因而是 CO_2 零排放能源。

② 储量大，可再生。只要有阳光照射的地方，光合作用就不会停止。

③ 生物质能源具有普遍性、易取性。不分国家和地区，价廉、易取、加工简单。

④ 是唯一可以运输和储存的可再生能源。

⑤ 挥发性组分高，炭活性高，容易着火，燃烧后灰渣少且不易黏结。

⑥ 能量密度低，体积大，运输困难。

⑦ 气候条件对生物质能源的性能影响较大。

⑧ 生物质燃料都含有较多水分，而水分对燃料热值有巨大影响。表9-2～表9-4是生物质燃料水分含量与热值之间的关系。表9-5是一些生物质燃料的成分分析。

表9-2 生物质燃料的低位热值与水分的关系 单位：kJ/kg

水分%	玉米秆	高粱秆	棉花秆	豆秸	麦秸	稻秸	谷秸	柳树枝	杨树枝	牛粪	马尾松	桦木	椴木
5	15422	15744	15845	15836	15439	14184	14795	16322	13996	15380	18372	16970	16652
7	15042	15360	15552	15313	15058	13832	14426	15929	13606	14958	17933	16422	16251
9	14661	14970	15167	14949	14682	13481	14062	15519	13259	14585	17489	16125	15841
11	14280	14585	14774	14568	14301	13129	13694	15129	12912	14209	17050	15715	15439
12	14092	14393	14577	14372	14155	12954	13514	14933	12736	14016	16828	15506	15238
14	13710	14008	14192	13991	13732	12602	13146	14535	12389	13640	16385	15069	14738
16	13330	13623	13803	13606	13355	12251	12782	14134	12042	13263	15937	14686	14426
18	12950	13238	13414	13221	12975	11899	12460	13740	11694	12391	15493	14276	14021
20	12569	12853	13021	12837	12598	11348	12054	13343	11347	12431	15054	13870	13621
22	12192	12464	12636	12452	12222	11194	11690	12945	10996	12134	14611	13460	13213

表9-3 自然风干后生物质低位热值 单位：kJ/kg

生物质	低位热值	生物质	低位热值	生物质	低位热值
人粪	18841	薪柴	16747	树叶	14654
猪粪	12560	麻秆	15491	蔗渣	15491
牛粪	13861	薯类秧	14235	青草	13816
羊粪	15491	杂糖秆	14235	水生植物	12561
兔粪	15491	油料作物秆	15491	绿肥	12560
鸡粪	18841	蔗叶	13816		

表9-4 含水量11%的生物质低位热值换算成标准煤

生物质	低位热值/(kJ/kg)	换算成标准煤/kgce	换算系数
玉米秆	14280	14280/29300	0.487
豆秸	14568	14568/29300	0.497
麦秸	14301	14301/29300	0.488
稻秸	13129	13129/29300	0.448
杨树枝	12912	12912/29300	0.441

地球上的生物质能资源极其丰富，是仅次于煤炭、石油、天然气的第四大能源，在整个能源系统占有重要地位。

生物质能是来源于太阳能的一种可再生能源，具有含碳量低的特点。加之在其生长过程中吸收大气中的CO_2，因而用新技术开发利用生物质能，不仅有助于减轻温室效应和实现生态良性循环，而且可替代部分石油、煤炭等化石燃料，成为解决能源与环境问题的重要途径之一。

表 9-5 一些生物质燃料的成分分析

种类	工业分析				元素分析						低位热值/(kJ/kg)
	水分	灰分	挥发分	固定碳	H	C	S	N	P	K_2O	
杂草	5.43	9.40	68.27	16.40	5.24	41.00	0.22	1.59	1.68	13.60	16203
豆秸	5.10	3.13	74.65	17.12	5.81	44.79	0.11	5.85	2.86	16.33	16157
稻草	4.97	13.86	65.11	16.06	5.05	38.32	0.11	0.63	0.15	11.28	13980
玉米秸	4.87	5.93	71.45	17.75	5.45	42.17	0.12	0.74	2.60	13.80	15550
麦秸	4.39	8.90	67.36	19.35	5.31	41.28	0.18	0.65	0.33	20.40	15374
马粪	6.34	21.85	58.99	12.82	5.35	37.25	0.17	1.40	1.02	3.14	14022
牛粪	6.46	32.4	48.72	12.52	5.46	32.07	0.22	1.41	1.71	3.84	11627
杂树叶	11.82	10.12	61.73	16.83	4.68	41.14	0.14	0.74	0.52	3.84	14851
针叶木					6.20	50.50					18700
阔叶木					6.20	49.60					18400
烟煤	8.85	21.37	38.48	31.30	3.81	57.42	0.46	0.93			24300
无烟煤	8.00	19.02	7.85	65.13	2.64	65.65	0.51	0.99	—	—	24430

9.3.2 植物能源

植物能源就是以提供能源为目的的植物，不仅可以代替部分化石燃料，而且有助于减轻温室效应、促进生态良性循环，成为解决能源与环境问题的重要途径之一。

植物能源通常包括速生薪炭林、含糖或淀粉类植物、能榨油或产油的植物、可供厌氧发酵用的藻类或其他植物。一般按植物中所含主要生物质的化学成分可分为以下几类。

① 糖类能源植物：甘蔗、甜高粱、甜菜等，可以直接通过发酵生产燃料乙醇。

② 淀粉类能源植物：木薯、玉米、甘薯等，经水解后可以通过发酵生产燃料乙醇。

③ 纤维素类等能源植物：速生林、芒草等，经水解后可以通过发酵生产燃料乙醇，也可利用其他技术获得气体、液体或固体燃料。

④ 油料能源植物：油菜、向日葵、棕榈、花生等，提取油脂后生产生物柴油。

⑤ 烃类能源植物：续随子、绿玉树、银胶菊、西谷椰子、西蒙得木等，提取含烃汁液，可生产接近石油成分的燃料。

许多能源植物都是自然生长的，收集比较困难。作为能源植物往往需要人工培植，即经过嫁接、驯化、繁殖，不断提高产量。能源植物含能量多少与下列因素有密切关系：种类、品种、立地条件（日照时间和强度、环境温度与湿度、雨量、土壤条件）、栽培技术、收获方法、抗病抗灾性等。人工选育能源植物的基本条件是：种子资源丰富、生物质产量稳定、繁殖育种容易、光合效率高、生长周期短、大田管理粗放、抗逆性强等。

重要的能源植物有以下几种。

(1) 甜高粱　又称糖高粱、芦粟、甜秫秸、甜秆等。欧美近年来大力开发，选育优良品种，大面积推广，研究经济可行性并用法律规定实施计划。

日本 1984 年已经完成 10t/年生产能力的甜高粱酒精厂。巴西优化出多个优良品种，开展了“国家甜高粱试验”，1980 年开始生产酒精燃料，供发动机使用，每年 2～5 月加工甜高粱秆（11 月～来年 1 月加工甜菜，其他时间加工高粱生产酒精），平均亩产 147L 酒精。巴西计划将其国土 2%的面积种植甘蔗、木薯和甜高粱以解决能源问题。

阿根廷、意大利、波多黎各、印度、法国、日本、新西兰等国也在积极开发甜高粱的引进栽培和加工工艺研究。中国 1974 年开始陆续引进“欧丽”、萨尔特、泰勒、凯勒、贝利、考利、史密斯和 M-81E 等品种。其中，M-81E 在天津通过鉴定，成为北京的当家产品。20 世纪 70 年代 200t/d 糖厂进行甜高粱试验，80 年代播种甜高粱 4205 万亩，占世界总面积的 6%，每亩甜高粱可酿 60°白酒 300～500kg。酒精产量和已开发的一些作物能耗见表 9-6。

表 9-6 酒精产量和已开发的一些作物能耗 单位：MJ/(hm^2 · 年)

作　物	酒精产量	农业耗能	工业耗能	所需总能	1L 酒精能耗
甘蔗	4700	15882	9222	25104	5356
木薯	1790	8519	3515	12033	5715
甜高粱	6105	30610	12092	42702	7008
玉米	993	7577	1736	9314	10711
桉树	1700	2305	3343	5607	3330

(2) 能源甘蔗　能源甘蔗品种是乙醇生产的核心技术，20 世纪 70 年代，巴西投资 39.6 亿美元实施“生物能源计划”，育成 SP71-6163、SP76-1143 等品种。美国 1979 制定了 UPR 计划，选育高生物质能的能源甘蔗；20 世纪 80 年代中期，印度和美国合作实施 IACRP 计划，利用热带种和野生蔗杂交甘蔗 IA3132，乙醇产量达 $12m^3/hm^2$。中国甘蔗研究起步较晚，“九五”、“十五”期间通过一系列中间试验引进和自育了一批能源甘蔗品种。

(3) 油料植物　大豆、油菜籽、油棕、黄连木、工程微藻、餐饮废油等都是重要的油料资源，主要生产生物柴油，是石油柴油的代用品。

20 世纪 80 年代初，美国选定 12 种烃类植物研究开发，并在南加州建立了“生物燃料油林场”。1990 年后，美国重视生物燃料油复合型生产原料研究。1999 年，美国能源部组织法国、荷兰、德国、奥地利和马来西亚科学家对棕榈、藻类、部分热带植物进行研究。其结论是到 2050 年，全球液体燃料油有 80%来自木本、草本栽培油料植物和藻类。

中国含油植物 400 多种，2001 年油料作物产量 5000 万吨，其中豆类 2050 万吨、花生 1440 万吨、油菜 1130 万吨、芝麻 80 万吨。这些植物是使用油的主要原料，还不能作为能源。表 9-7 列出的油料植物可能成为适合我国制取生物质燃料油的植物原料。

表 9-7 主要油料能源植物油脂成分分析

品　种		月桂酸	肉豆蔻酸	棕榈酸	硬脂肪	花生酸	十六碳烯酸	油　酸	亚油酸	亚麻酸
木本植物	油茶		0.8	10.6	1.7			77.33	9.167	0.267
	黄连木		0.013	20.87	1.5	0.567	1.2	46.4	29.37	0.007
	山桐子		0.007	12.8	3.3		2.876	9.2	71.13	0.467
	光皮树	0.007	0.067	16.53	1.767		0.973	30.5	48.5	1.6
	棕榈	19.5	18.6	27	12.3			22.6		
	桉			5.5	2.4	0.7		12.8	78.5	
	续随子	0.01		5.8	1.9	0.3	1.1	70.25	16.2	2
	白檀			20.73	0.873			48.23	30.18	
	油桐	0.167	0.007	5.733	2.567		0.007	16.4	22.07	0.3
草本	油菜籽		0.04	3.567	1.133	0.007	0.14	14.5	15.47	13.6
对照	大豆			13	2.9			19.35	58.08	6.7

9.3.3　石油植物

能从肌体中直接提取像石油一样的液体，且该液体不需加工或只需要简单加工就可用作内燃机燃料，含有该液体的植物就是石油植物或能源植物。目前科学家已经发现 40 多种石油植物和 200 多种其他能源植物，专家们正进行品种选择和质量优化。英国拨出 159 万亩土地营造石油林，巴西建立 200 万亩桉树林，瑞士计划用十年时间用生物石油代替 50%的年用油量，美国则培育出乳液含有与天然石油类似的油的石油植物，可提炼出汽油和煤油。

9.3.3.1　木本植物

(1) 桉树　大洋洲的一种桉树含油率高达 4.1%，加上高沸点燃料，共占植物鲜重 8.7%。就是说，1t 桉树可以提炼 87kg 液体燃料。桉油黏度低，辛烷值高，着火温度低，发热量接近柴油，并能与汽油、酒精混合燃烧，是一种性能优越的代用柴油。桉油特性见表 9-8。

表 9-8　桉油特性

项　目	特 征 值	项　目	特 征 值
密度/(kg/m³)	910～920	发热量/(kJ/kg)	39365～40060
着火温度/℃	54	动力黏度(30℃)/(Pa·s)	
辛烷值	100.1～100.2		

(2) 绿玉树为热带和亚热带半干旱地区生长的乔木，削破树皮能流出牛奶状液体，主要成分是甾醇（可与其他物质混合成油）。日本冲绳的绿玉树每公顷产油 7570L。

(3) 油楠　分布于亚热带，我国只有一种油楠，含有棕黄色轻质油，对于 60cm 以上粗的树干，单株一次可产油 1～3.5L。

(4) 霍霍巴　原产美国、以色列、墨西哥等地。种子含有清澈透明的浅黄色液体蜡，含蜡量为种子重量的 50%。人工栽培的霍霍巴每公顷年产蜡 1050kg。

(5) 马尾松　提炼松香、松节油、活性炭后，下脚料经分馏得到主要成分为芳香烃的松柴油。松柴油燃烧时不冒黑烟，热值、闪点、黏度与柴油相近，热稳定性好，不易氧化，但提炼时应注意除去其中的胶质含量。

(6) 苦配巴　乔木，高达 30m，原产亚马孙流域。树干上钻一小孔，2～3h 可流出 10～20L 的金黄色油状树汁，成分接近石油。不经加工可直接用作大多数农用机械、卡车、机车和发电机燃料。

(7) 续随子　又名香槐，大戟科植物，1～2m 高，用刀子划破树皮流出乳胶状液体，稍经处理就获得类似汽油的燃料，人工栽培每公顷灌木日产油可达 50 桶以上。美国续随子林场资料显示，每公顷每年产树液 4680L，发热量为 39307kJ/kg。续随子在中国栽培已久，其种子含油 50%。

(8) 黄鼠草：广泛分布于美国，每公顷野生黄鼠草可提炼 1t 植物石油，经过杂交育种的黄鼠草产油量可提高 6 倍。

9.3.3.2　草本植物

一年生草本植物种植成本高，耗能大，不适合大规模利用。理想的能源植物是多年生、成熟快、干物质产量高、光合效率高、碳和氮的固定率高、抗病虫害、生态安全的植物。

多年研究表明，原产我国及东南亚国家的芒属（Miscanthus）就是这种能源植物。欧美日进行了大量开发研究，目前广泛用于造纸、建筑材料、发酵，而用于能源植物的研究刚刚起步。芒属类具有很强的光合作用能力，一季能长 3m 高，种植成本低，为油菜的 1/3，变成石油所产生的能量相当于菜籽提炼生物油的 2 倍。

9.3.3.3 薪炭林

薪炭林是一种战略林种，以生产燃料为主要目的，是缓解薪柴供应矛盾和农村能源短缺的重要措施。我国传统的薪炭林主要类型有：栎类薪炭林、松类薪炭林、杨柳类薪炭林、豆科乔木薪炭林和灌木薪炭林等。从树种选型到培育方法乃至经营管理，都已经形成了一套先进的薪炭林营造技术。

（1）短轮期平茬采薪型　造林3～5年就可以采薪利用，有计划采伐。通常3～5年为一个伐轮周期。

（2）材薪型　一块土地上种植材树和薪柴林两个树种，其中用材树占1/5，薪柴占4/5，对薪柴树实行短轮伐，平茬采薪；对用材树仅作抚育性修枝采薪，促其成才。

（3）薪草型　北方干旱和半干旱地区由于水、热条件有限，树木早期生长缓慢，当地又有畜牧业习惯，因此实行灌（木）草引带种植增加饲草早期产量，有利于畜牧业发展来弥补树木早期生长缓慢的不足。

（4）薪柴经济型　以生产燃料为主要目的，经营期内兼收果、核、种子、叶等食料或加工原料。树种有沙棘、山杏、桉树等，经7～8年树木老化，砍伐收薪林，萌生更新，再度生长、结实，周而复始。

（5）头木育新型　在路、河、沟、塘边种植萌生力强的乔木，长高后，距地面2.5m处砍去树冠，萌发新枝，4～5年砍一次，可获较多薪柴。树干长成用材。代表树种有柳树、桉树、刺槐、铁刀木等。

9.3.4 生物质转化的能源形式

随着科学技术的进步，生物质转化为高品位能源利用已发展到相当可观的规模，以美国、瑞典和奥地利三国为例，分别占该国一次能源消耗量的4%、16%和10%。生物质可以直接作为燃料，也可以利用现代物理、生物、化学等技术，把生物质资源转化为固体或气体形式的燃料和原料。

9.3.4.1 生物质直接燃料

与煤炭相比，生物质直接燃烧有如下特点。

① 含碳量少：生物质含碳最高的为50%左右，燃烧时间短，需要经常加燃料。

② 含氢量稍多：挥发分明显高于煤炭，容易着火。

③ 含氧量高：含氧量高达30%～40%，使得热值较低。

④ 密度小：质地比较疏松，易于燃尽。

由于上述特点，生物质燃烧时有如下特点：

① 约250℃时发生热分解，约325℃已经十分活跃，约350℃挥发分已经析出80%，燃烧时须有足够的燃烧空间和足够的燃烧时间。

② 挥发分析出燃尽后，剩余物为疏松的焦炭，气流将带动一部分炭粒进入烟道形成黑絮，若通风过强会降低燃烧效率。

③ 挥发分烧完后，固定碳燃烧受到灰分包裹，空气渗透困难，容易形成残炭。

忽略生物质中钾、磷等元素的影响，理论空气量为：

$$V_0(\mathrm{m^3/kg}) = 0.0889C_{\mathrm{ar}} + 0.256H_{\mathrm{ar}} + 0.0333(S_{\mathrm{ar}} + O_{\mathrm{ar}})$$

与煤炭燃烧不同，生物质燃烧需要较大的过量空气系数，一般情况下为1.7～3之间，最大达到4。排烟处过量空气系数为：

$$\alpha_{\mathrm{py}} = \frac{21}{21 - 79 \times \dfrac{[\mathrm{O_2}] - 0.5[\mathrm{CO}]}{100 - ([\mathrm{CO_2}] + [\mathrm{O_2}] + [\mathrm{CO}])}}$$

式中，$[O_2]$、$[CO_2]$ 和 $[CO]$ 分别为干烟气中氧、二氧化碳和一氧化碳的体积百分数。

单位生物质燃烧的实际烟气量为：

$$V_{py}=[0.1866(C_{ar}+0.375S_{ar})+0.111H_{ar}+0.0124M_{ar}+0.008N_{ar}+(1.016\alpha_{py}-0.21)V_0]$$

理论燃烧温度定义为燃烧放出的全部热量均用来加热燃烧产物所能达到的温度，生物质燃烧的理论燃烧温度可由热平衡获得。

$$t_{th}=\frac{Q_{net}+Q_a+Q_f-Q_{t,d}}{V_{py}C_{py}}$$

式中，Q_{net}为燃料热值，kJ/kg；Q_a 为空气带入物理热，kJ/kg；Q_f 为燃料带入物理热，kJ/kg；$Q_{t,d}$为燃料热分解吸热，kJ/kg；V_{py}为标准状态下的实际烟气量，m^3/kg；C_{py}为烟气的比热，kJ/(m^3·℃)。

9.3.4.2　生物质制沼气

(1) 沼气的定义　沼气的产生是一种微生物学过程，其发酵过程由多个生理类群的微生物在无氧条件下共同参与完成，微生物为适应缺氧环境构成的完整的生化反应系列经过逐步降解所形成的甲烷、氢气和二氧化碳的混合气体就是沼气。

(2) 沼气的理化性质　沼气成分主要是甲烷（约占50%～70%）和二氧化碳（约占25%～45%），此外还有少量的氮气、氢气、氧气、氨气、一氧化碳和硫化氢，其中甲烷、氢气和一氧化碳是可燃气体，主要成分的理化性质如下。

① 甲烷。属饱和烃类，由4个氢原子和一个碳原子组成，常温下为气体，无色无味，化学性质稳定，相对分子质量为16.043，容重为0.717kg/m^3（标准状态），相对密度0.555（与空气相比）。甲烷燃烧呈蓝色火焰，每单位体积的甲烷需2个单位体积的氧，燃烧时需要充足的空气。

$$CH_4+2O_2=\!=\!=CO_2+2H_2O+890kJ$$

纯甲烷火焰的最高温度为2000℃，纯甲烷的热值35822kJ/m^3，接近1kg石油的热量。由于沼气中甲烷为50%～70%，沼气的热值为17928～25100kJ/m^3。纯甲烷的爆炸下限为5%，上限为15%，含60%甲烷的沼气，爆炸下限为8.33%，上限为25%。

② 二氧化碳。20℃时，100体积的水可溶解87.8体积的二氧化碳，40℃时溶解53体积二氧化碳。可利用石灰石来吸收沼气中的二氧化碳，形成碳酸钙沉淀，提高沼气中甲烷含量和热值。

③ 硫化氢。有毒气体，微量时有恶臭。沼气中的恶臭主要来自硫化氢，燃烧后变成二氧化硫，失去臭味。

(3) 沼气燃烧　单位时间通过沼气燃烧器（炊具）的沼气流量等于单位时间通过的沼气体积量除以沼气在燃烧器内的流过时间。当已知燃烧器的沼气流量和沼气热值时，燃烧器热负荷为：

$$I=VQ_H$$

式中，V 为沼气炊具的流量（标准状态），m^3/h；Q_H 为沼气热值（标准状态）。

沼气燃烧器的热效率指被加热物吸收的热量与沼气在燃烧器的放热量的热量比，与沼气的燃烧过程和传热过程有关，是一个受多种因素影响的综合性参数。通常用铝壶按规定烧水来确定，计算式为：

$$\eta=\frac{GC_p(T_2-T_1)}{VQ_H}$$

式中，G 为被加热水量，kg；C_p 为水的比热容，4.1868kJ/(kg·℃)；T_1 为水的初始温度，℃；T_2 为被加热水的终止温度，℃；V 为沼气燃烧量，m^3；Q_H 为沼气标准状态的热值。

沼气的燃烧性能见表 9-9。

表 9-9　沼气的燃烧性能（标准状态）

参数名称		单位	甲烷含量①		
			50%	60%	70%
沼气的低位热值		MJ/m^3	17.94→21.52→25.11		
沼气的理论空气量		m^3/m^3	4.78→5.691→6.691		
过量空气系数等于 1 时的理论燃烧产物	CO_2	m^3/m^3	0.999		
	水蒸气	m^3/m^3	0.9673→1.3538		
	氧气	m^3/m^3	3.7762→5.2851		
	合计	m^3/m^3	5.7422→7.6375		
沼气的理论燃烧温度		℃	1807.2→1943.5		

① 本栏中 3 个数据分别对应甲烷含量分别为 50%、60%和 70%；2 个数据代表甲烷含量从 50%变到 70%时相应数据的变化；1 个数据表示甲烷含量变化对该参数没有影响。

沼气燃烧器（燃具）应符合《小型燃气灶标准》（GB 3606—83）中对沼气灶提出的技术要求。

(4) 大中型沼气技术　习惯上将大型和中型沼气工程放在一起讨论。沼气工程规模按表 9-10 分类。

表 9-10　沼气池分类　　单位：m^3

规模	单体容积	单体容积之和	日产气量
小型	<50	<50	<50
中型	50～500	50～1000	50～1000
大型	>500	>1000	>1000

我国大中型沼气工程数量已居世界首位，其中正常运行的装置在原料利用、负荷率、有机物去除率和产气率等方面多数达到国际先进水平，特别是在废物资源化综合化利用、环境、生态、能源和经济效益结合的沼气综合技术系统方面，逐步开创出符合中国国情的途径。

9.3.4.3　生物质压缩成型燃料技术

生物质压缩成型燃料可广泛用于家庭取暖、小型热水炉、热风炉，也可用于小型发电设施，是充分利用秸秆等生物质资源代替煤炭的重要途径。生物质压缩成型燃料就是将分布散、形体轻、储运困难、使用不便的纤维素生物质经过压缩成型和碳化工艺加工成燃料。压缩工艺提高了生物质容重和热值，改善了燃料性能，使之成为商品燃料。

(1) 固体生物质的结构特点　生物质压缩成型的原料主要有锯末、木屑、稻壳、秸秆等。这些纤维素生物质细胞中含有纤维素、半纤维素和木质素，占植物体成分的 2/3 以上。纯纤维素呈白色，密度为 1.5～1.56g/cm^3，比热容为 0.32～0.33kJ/(kg·K)。半纤维素穿插于纤维素和木质素之间，结构比较复杂。在酸性水溶液中加热时，能发生水解反应，而且比纤维素水解容易，水解速度也快得多，水解产物主要是单糖，其水解特性对生物质转化成液体燃料有一定价值。

木质素是一类以苯基丙烷单体为骨架，具有网状结构的无定形高分子化合物，木质素为白色或接近白色。不同植物的木质素含量、组成和结构不尽相同。常温下木质素主要部分不溶于任何有机溶剂，它是非晶体，没有熔点，但有软化点。当温度达到 70～110℃左右时，木质素发生软化，黏合力增加；在 200～300℃时，软化程度加剧，进而液化，此刻施加一定压力可使其与纤维素紧密黏结。在热压缩过程中，无需黏结剂即可得到与挤压模具相同形状的成型棒状或颗粒燃料。大部分纤维素生物质都具有被压缩成型的基本条件，但在压缩成型之前，一般需要进行压缩预处理，如粉碎、干燥（或浸泡）等，而锯末、稻壳无需再粉碎，但要清除尺寸较大的杂物。

(2) 生物质压缩成型工艺　生物质压缩成型工艺有多种形式，根据工艺特征差别可分为湿压成型、热压成型和炭化成型三类。图 9-23 是生物质压缩成型及炭化分类工艺类型，图 9-24 是生物质压缩成型的工艺流程。

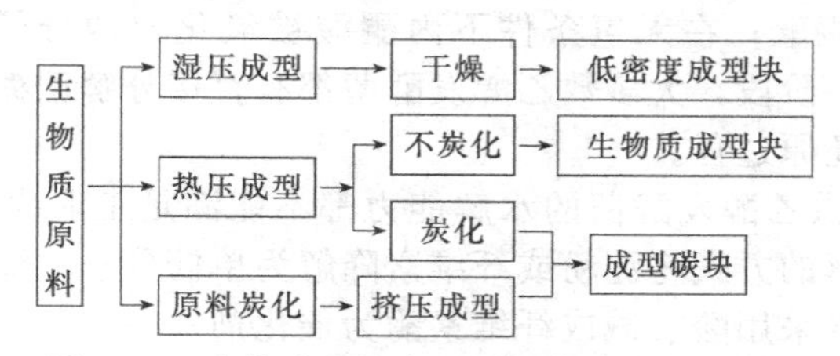

图 9-23　生物质压缩成型及炭化分类工艺类型

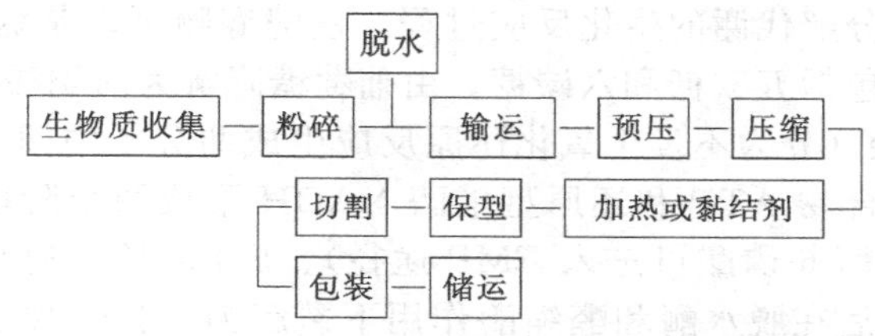

图 9-24　生物质压缩成型工艺流程

9.3.4.4　生物质制乙醇

(1) 乙醇的理化性质　作为动力燃料使用时，乙醇叫做燃料乙醇，其分子式为 C_2H_5OH 或 CH_3CH_2OH，是一种无色透明可以流动的液体，闻之有独特的醇香，刺激性强，容易挥发和燃烧，是无污染燃料。乙醇蒸气与空气混合能形成爆炸性的混合气体，爆炸极限为 3.5%～18%（体积分数）。乙醇的相对密度为 0.79，沸点 78.3℃，凝固点 −130℃，燃点 424℃，高位热值 26780kJ/kg。根据浓度高低将乙醇分为 4 种类型。

① 高纯度乙醇：乙醇浓度≥96.2%，严格中性，不含杂质。专供国防工业、电子工业和化学试剂用。国家标准中的一级乙醇，相当于精馏乙醇及高纯度乙醇。

② 精馏乙醇：乙醇浓度≥95.5%，纯度合格，杂质含量很少。供国防工业和化学工业用。国家标准中的二级乙醇，介于精馏乙醇和医药乙醇之间。

③ 医药乙醇：乙醇浓度≥95%，含杂质较少，主要用于医药和配制饮料酒。国家标准中的三级乙醇。

④ 工业乙醇：只要求乙醇浓度达到 95%，无其他要求。主要用来稀释油漆、合成橡胶原料和做燃料使用，国家标准中的四级乙醇。

根据国家变性燃料乙醇标准，乙醇含量达到 92.1%就可以作为燃料使用。

(2) 乙醇生产的主要方法　乙醇生产方法主要有发酵法和化学合成法。发酵法又分为淀粉原料生产和糖质原料生产法、纤维素原料生产法和工厂废液生产法。化学合成法用石油裂解产生的乙烯气体来合成乙醇，有直接水合法、硫酸吸附法和乙炔法等工艺。

(3) 乙醇生产的主要原料

① 淀粉质原料：主要有甘薯（又名地瓜、红薯、山芋）、木薯、玉米、马铃薯（土豆）、大麦、大米和高粱等。

② 糖质原料：主要有甘蔗、甜菜和糖蜜（制糖工业的副产品）。

③ 纤维素原料：主要有农作物秸秆、森林采伐和木材加工剩余物、柴草、造纸厂和制糖厂含有纤维素的下脚料、部分城市生活垃圾等。

④ 其他原料：造纸厂的亚硫酸盐纸浆废液、淀粉厂的甘薯淀粉渣和马铃薯淀粉渣、奶酪工业副产品（乳清、一些野生植物等）。

乙醇生产还需要多种辅助原料，不同工艺过程中介入不同辅助原料。

(4) 乙醇发酵的生化反应过程　淀粉类、纤维素类原料生产乙醇的生化反应可概括为三个阶段。大分子物质（淀粉、纤维素和半纤维素）水解为葡萄糖、木糖等单分子；单糖分子经糖酵解形成两分子丙酮酸；在无氧条件下丙酮酸被氧化成两分子乙醇，并释放出 CO_2。由于糖类原料不经过第一阶段，大多数乙醇发酵菌都有直接分解蔗糖等双糖为单糖的能力而直接进入糖酵解和乙醇还原过程。

① 水解反应：大多数乙醇发酵菌的水解能力都不能满足工业生产需求。工业生产中常采用微生物体外人工水解的方式将淀粉或纤维素降解为单糖分子，淀粉一般采用霉菌生产的淀粉酶为催化剂，纤维素采用酸、碱或纤维素酶为催化剂。

② 糖酵解：乙醇过程实质上是酵母等乙醇发酵微生物在无氧条件下利用其特定酶系统所催化的一系列有机质分解代谢的生化反应过程。发酵底物可以是糖类、有机酸或氨基酸，其中最重要的是糖类，包括五碳糖和六碳糖。由葡萄糖降解为丙酮酸的过程称为糖酵解，包括 4 种途径：EMP 途径（分为不发生氧化还原反应生成两分子中间代谢产物的预备阶段和氧化还原伴随着含能化合物 ATP 和还原型辅酶 NADH 形成两个阶段）、HMP 途径（中间产物甘油醛-3-磷酸、果糖-6-磷酸可进入 EMP 途径）、ED 途径（葡萄糖-6-磷酸首先脱氢产生葡萄糖酸-6-磷酸，然后在脱水酶和醛缩酶作用下裂解为一分子甘油醛-3-磷酸和一分子丙酮酸）和磷酸解酮酶途径（经历木酮糖-5-磷酸的酮解阶段，形成二碳酸和三碳酸）。其中 EMP 途径最重要，糖酵解过程中产生的丙酮酸可进一步代谢，在无氧条件下，不同的微生物分解丙酮酸后会积累不同的代谢产物。许多微生物可以发酵葡萄糖产生乙醇，工业上应用的酵母菌为乙醇发酵菌。丙酮酸形成乙醇的过程中包括脱羧反应和还原反应。反应过程为，丙酮酸脱羧生成乙醛，乙醛再作为 NADH 的氢受体使 NAD^+ 再生反复用于氧化葡萄糖为丙酮酸，终产物为乙醇。

(5) 乙醇发酵的微生物学基础　发酵，就是利用微生物（主要是酵母菌）在无氧条件下，将糖类、淀粉类或纤维素类物质转化为乙醇的过程。微生物是这一过程的主导者，即微生物的乙醇转化能力是乙醇生产工艺菌种选择的主要标准，同时工艺提供的各种环境条件对微生物乙醇发酵的能力具有决定性的制约作用。

① 菌种的概念。能够在控制条件下，按工艺设计的速率和产量转化或生产设计产品的某种微生物。与沼气发酵不同，乙醇生产工艺过程中，所采用的微生物菌种是纯培养菌种，几乎都是单一菌种，即使有混合发酵工艺也只是两个纯培养的菌种，一般不会涉及第三种微生物。乙醇常用的微生物主要有两种，一种是霉菌；另一种是乙醇发酵菌，一般是酵母菌或细菌。

② 水解酶生产菌。一般说来，乙醇发酵工业上使用的酵母菌或细菌都不能直接利用淀粉或纤维素生产乙醇，而需要水解成单糖和二糖。淀粉和纤维素均可通过化学或生物化学方法水解，化学法主要是酸法，生物化学法则采用酶法（淀粉酶和纤维素酶）。在以淀粉酶为原料的情况下，化学法对生产设备耐酸性要求高、制造成本高加之糖得率较酶法低 10%，在乙醇生产中较少使用。酶法在以纤维素为原料条件下，由于纤维素原料结构组成的复杂性和特殊性，采用酶水解困难，水解时间长，糖得率低，工业上难以实现。目前国际上达到示范规模的系统大都采用酸法，但纤维素原料的酶水解技术仍是热门课题。

③ 乙醇发酵菌。乙醇发酵菌种类很多，包括酵母菌、霉菌和细菌。其中最常用的是酵

母菌，酵母菌是一类单细胞微生物，繁殖方式以出芽繁殖为主，细胞形态以圆形、卵圆形或椭圆形居多。自然界中有些酵母菌能把糖分发酵成乙醇，有些则不能。有些酵母菌生成乙醇能力高，有些能力低，有些在不良条件下仍能旺盛发酵，有些则不行。因此，乙醇发酵工艺的一个重要问题就是选育具有优良性能的酵母。酵母菌生长的适宜温度为 28～34℃，35℃以上酵母活力减退（高温酵母适宜温度可达 40℃），50～60℃经 5min 即死亡，5～10℃酵母可缓慢生长。酵母适宜于微酸性环境，最适宜的 pH 值为 5～5.5，pH＜3.5 生长受到限制。酵母菌是兼性厌氧微生物，体内有两种呼吸酶系统，一种是好氧性的，一种是厌氧性的。空气通畅时，酵母菌进行好氧性呼吸，繁殖旺盛，但产生的乙醇少，隔绝空气条件下，进行厌氧性呼吸，繁殖较弱，但产生的乙醇较多。因此，乙醇发酵初期应适当通气，使酵母细胞大量繁殖，积累大量活跃细胞，然后停止通气，令大量的活跃细胞进行旺盛的发酵作用，从而大量生成乙醇。

④ 微生物生长的测定。微生物生长的情况可以通过测定单位时间微生物数量或生物量的变化来评价。评价培养条件、营养物质等对微生物生长的影响，或评价不同的抗菌物质对微生物产生抑制作用效果的。测定方法主要有计数法、重量法和生理指标法等。

⑤ 环境对生长的影响。微生物培养过程中，环境的变化会对微生物生长产生较大影响。生长是微生物与环境相互作用的结果，影响微生物生长的主要因素有营养物质、水的活性、温度、pH 值和氧含量等。

a. 营养物质。微生物生长需要能量、碳、氮源、无机盐等成分。营养不足时，有机体一方面降低或停止细胞物质合成，避免能量消耗，或通过诱导合成特定的运输系统，充分吸收环境中微量的营养物质以维持机体生存。另一方面，肌体对细胞内某些必要成分或失效的成分进行降解以重新利用，这些非必需成分是指细胞内储存的物质、无意义的蛋白质与酶、mRNA 等。

b. 水的活性。水是机体中最重要的组成部分，是一种起到溶剂和运输介质作用的物质。参与机体内水解、缩合、氧化和还原等反应在内的整个化学反应，在维持蛋白质等大分子的稳定的天然状态上起着重要作用。水的活性一般用水活度表示：$a_w = p_w / p_w^0$，式中分子代表溶液蒸气压力，分母代表纯水蒸气压力。微生物生长过程中对培养基的水活度有一定要求，一般在 0.6～0.9 之间，每种微生物都有最适宜的水活度，微生物不同，生长所需要的最适水活度不同，霉菌所需的最适水活度为 0.8，酵母菌最适的水活度为 0.88。

c. 温度。根据微生物生长的最适温度不同，将微生物分为嗜冷、兼性嗜冷、嗜温、嗜热、超嗜热 5 种。它们都有各自的最低、最适和最高温度，温度变化会影响微生物的代谢过程，通过改变其生长速率来适应温度变化求得生存。如曲霉菌的最适温度 30～35℃，酿酒酵母的最适温度 28～30℃。

d. 酸度。微生物生长过程中机体内发生的绝大多数反应是酶促反应，酶促反应有一个最适 pH 值，在此范围内，只要条件适宜酶促反应速率最高。微生物不同，最适、最低和最高 pH 值不同，酶菌和酵母菌最适 pH 值介于 4.5～5.5 之间。

e. 氧。根据氧与微生物生长的关系可将微生物分为好氧、微好氧、氧的忍耐型、兼性厌氧、专性厌氧 5 种。培养不同微生物时，一定要采取相应措施以保证微生物生长。例如培养好氧微生物可以通过振荡或通气等方式使之有充分的氧供应生长。

9.3.4.5　生物质制甲醇

甲醇是由植物纤维素转化而来的重要产品，是一种环境污染很小的液体燃料。甲醇的突出优点是燃烧中的碳氢化合物、氧化氮和一氧化碳的排放量很低，而且效率较高。美国环保局试验表明：汽车使用 85％甲醇和 15％无铅汽油制成的混合燃料，可使碳氢化合物的排放量减少 20％～50％。

有文献研究表明，木材可以生产甲醇甚至更复杂的碳氢化合物，该文献介绍一次提纯投资和每公顷毛能量产出和甘蔗生产乙醇相当。木材破坏性蒸馏生产甲醇的产量不高（25kg/t

木材），但多数甲醇是$CO+2H_2 \rightarrow CH_3OH$反应合成的（操作条件是200atm，350℃，外加催化剂）。如果用木材为原料，则甲醇产量可达300kg/t木材。这样，碳氢化合物中的化学能将是木材供应量的一半，接近理论值的上限。

9.3.5 生物质能的转化技术

目前研究开发的生物质能的转化技术主要分为物理干馏、热解法和生物、化学发酵法几种，具体包括干馏制取木炭技术、固体生物质燃料制取技术、生物质可燃气体气化技术、生物质液化和生物质能生物转化。下面重点介绍固体生物质气化技术和生物质液化技术。

9.3.5.1 生物质气化

生物质通过热化学过程裂解产生气体燃料，是一种常用的生物质能量转换途径。生物质气化能量转换效率高，设备简单，投资少，易操作，不受地区、燃料种类和气候的限制，产生的燃气可广泛用于炊事、采暖和作物烘干，还可以作为内燃机、热气机等动力装置燃料。

（1）生物质气化原理　生物质气化是一种生物质热化学转换过程。其基本原理是在不完全燃烧条件下将生物质原料加热，使较高分子量的有机碳氢化合物链裂解变成较低分子量的CO、H_2、CH_4等可燃性气体。转化过程要加入气化剂（如空气、氧气或水蒸气），其产品主要指可燃性气体与N_2等的混合气体。这种气体还没有准确的命名，通常称为燃气、可燃气或气化气。此处称为“生物质燃气”或“燃气”。

生物质气化技术还有干馏和快速热裂解，它们在转换过程中不加含氧气化剂或不加气化剂，得到的产物除燃气之外还有液体和固体物质。

（2）生物质气化的基本热化学反应　生物质气化通过气化炉完成，反应过程很复杂。气化过程随气化炉炉型、工艺流程、反应条件和气化剂的种类、原料性质和粉碎程度等条件而变化，但不同条件下生物质气化基本上包括以下过程。

$$C+O_2 = CO_2$$
$$CO_2+C = 2CO$$
$$2C+O_2 = 2CO$$
$$2CO+O_2 = 2CO_2$$
$$H_2O+C = CO+H_2$$
$$2H_2O+C = CO_2+2H_2$$
$$H_2O+CO = CO_2+H_2$$
$$C+2H_2 = CH_4$$

现以自下而上气体流动的气化炉为例说明生物质气化原理（图9-25）。原料（破碎的生物质）自炉顶落下，大体分为4个区，即氧化层、还原层、热分解层和干燥层。空气由炉底给入，燃气由炉上方排出。气化过程可概括为：

① 氧化层。即燃烧层，氧气在此处消耗，生成大量二氧化碳，放出热量，温度最高可达到1200～1300℃，反应式为：

$$C+O_2 = CO_2+408860J$$

同时由于氧气供应不足，产生一氧化碳，放出部分热量，反应式为：

$$C+O_2 = 2CO+246447J$$

燃烧层中主要是产生二氧化碳，一氧化碳生成量不多，此层内已经基本上没有水分。

② 还原层。已没有氧气存在，二氧化碳和水在这里还原成一氧化碳和氢气，进行吸热反应，温度开始降低，一般介于700～900℃。主要反应有：

$$C+CO_2 = 2CO-162297J$$

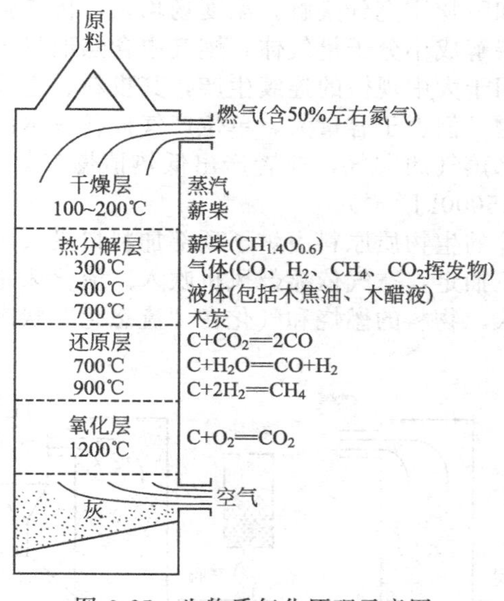

图 9-25　生物质气化原理示意图

$$H_2O+C = CO+H_2-118742J$$
$$2H_2O+C = CO_2+2H_2-75186J$$
$$H_2O+CO = CO_2+H_2-43555J$$
$$C+2H_2 = CH_4$$

③ 热分解层。即干馏层，燃料中挥发物在此蒸馏，温度保持在450℃左右，蒸馏出的挥发物混入燃气中。

④ 干燥层。燃料中的水分蒸发，吸收热量，全燃气温度降到100～300℃。

氧化层和还原层总称为气化层，干馏层和干燥层称为燃料准备层。通常认为燃气中一氧化碳和氢气含量越多越好，而它们主要产生在还原层内。因此，还原层是影响燃气品质和产量的最有效区域。实验表明，温度越高，二氧化碳还原成一氧化碳的过程进行得越顺利，还原区的温度应保持在700～900℃。另外，使二氧化碳与炽热的碳接触时间越长，还原作用越完全，得到的一氧化碳越多。

(3) 生物质气化炉的炉型　生物质气化的核心设备，大体上分为2类：固定床气化炉和流化床气化炉。

(4) 固定床气化炉特点

① 下流式固定床特点。结构简单、运行可靠、造价低廉，适用于农村的技术和经济水平，产气量一般小于600m^3/h，最大可达1000m^3/h；燃气热值常在5000kJ/m^3，农村气化站产气量与用气量匹配可采用这种气化炉。设计、制造、安装技术成熟，易于推广，全国几百个生物质气化站的气化炉采用这种炉型。

② 上流式固定床气化炉。优点是燃气经过热分解层-干燥层时，灰尘得到过滤，致使出炉的燃气含灰量较少，热量充分利用，提高了转换效率。缺点是燃气中焦油比较多，投料不方便，适用于燃气无需冷却、过滤，便于运送到直接燃烧的场合。恒流式固定床气化炉：侧供气化剂，燃气从气化炉另一侧流出，原料多为木炭，炉内反应温度高、气化强度大，燃气几乎不含焦油并且温度高。开心式固定床气化炉：采用中间隆起的炉箅，工作中由减速器带动绕垂直轴非常缓慢转动，避免草木灰堵塞炉箅子，结构和工作过程与下流式固定床气化炉相似。

(5) 流化床气化炉特点　床料粉碎后在炉膛内“沸腾”状燃烧，通常选用精选过的惰性物料砂子作床料，气化剂和生物质充分接触，温度场均匀，传热强烈，气化强度大，产气率高。焦油在反应过程中能裂解成小分子量气体，燃气中含焦油量少，出炉温度高，含灰量较大。由于流化床气化炉多用于大中规模的连续生产，其投料、送风、控制系统复杂，加之炉型较大，致使制造成本大增。但由于容量大，单位产气设备成本低。流化床气化炉所用的气化剂有空气或掺入氧气或水蒸气的空气，前者产出低热值燃气（一般为 $5000kJ/m^3$），后两者产出中热值燃气（可达 $15000kJ/m^3$）。

固定床气化炉是将切碎的生物质原料由炉子顶部加料口投入，物料在炉内按层次进行气化反应。反应产物靠引风机抽走，空气依靠鼓风机吹入。流化床是将切碎的生物质物料投入炉中，气化剂由鼓风机吹入，物料的燃烧和气化在“流态化”状态下运动，反应速度快。图 9-26 是流化床气化炉。

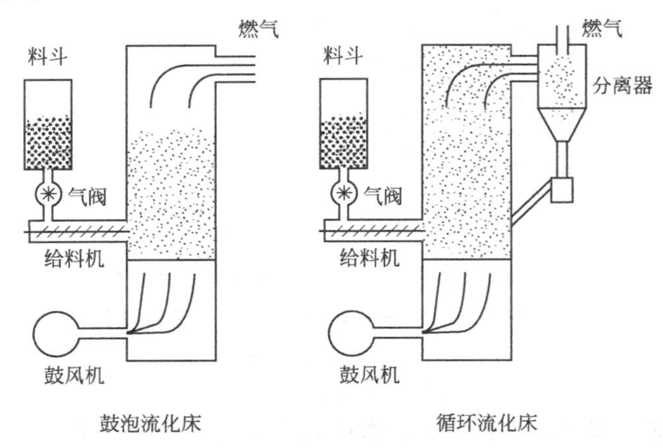

图 9-26 流化床气化装置

（6）气化炉性能和主要参数 表征气化炉性能的主要参数有气化强度、燃气质量、气化效率、气化剂用量、产气量和输出功率等。生物质气化发展历史较短，还没有形成全面、细致的检测分析判定，设备结构、技术指标上不够规范。

① 气化强度。单位时间、单位气化炉横截面积的气化原料量称作气化强度，单位为 $kg/(m^2 \cdot h)$，表示气化炉生产能力。固定床的气化强度为 $100 \sim 250kg/(m^2 \cdot h)$，流化床气化强度为 $2000kg/(m^2 \cdot h)$，比固定床提高了 10 倍左右。

② 燃气质量。主要指燃气热值大小、燃气中焦油和灰尘多少等。燃气的热值与成分有直接关系，可燃成分越多，热值越大。表 9-11 是生物质固定床气化炉生产厂家对产品产出的生物质燃气检测数据汇总表。

表 9-11 生物质燃气主要成分及低位热值

原 料	燃气成分/%						热值/(kJ/m^3)
	CO	H_2	CH_4	CO_2	O_2	N_2	
玉米秸	21.4	12.2	1.87	13.0	1.65	49.88	5328
玉米芯	22.5	12.3	2.32	12.5	1.4	48.98	5033
麦秸	17.6	8.5	1.36	14.0	1.7	56.84	3663
棉秸	22.7	11.5	1.92	11.6	1.5	50.87	5585
稻壳	19.1	5.5	4.3	7.5	3.0	60.5	4594
薪柴	20.0	12.0	2.0	11.0	0.2	54.5	4728
树叶	15.1	15.1	0.8	13.1	0.6	54.6	3694
锯末	20.2	6.1	4.9	9.9	2.0	56.3	4544

燃气中的焦油量大体为上流式固定床气化炉>下流式固定床气化炉>流化床气化炉；含尘量大体为流化床气化炉>下流式固定床气化炉>上流式固定床气化炉。

燃气热值还与气化剂种类有关。空气为气化剂产生低热值燃气（4200～7560kJ/m^3），氧气或水蒸气为气化剂产生中热值燃气（10920～18900kJ/m^3），若在气化剂中掺入氢气可得到高热值燃气（22260～26040kJ/m^3）。

③ 气化效率。产出燃气的热值与使用原料的热值之比称为气化效率。

$$\eta = V_m H_m / H \times 100\%$$

式中，V_m 为每千克原料产生的燃气量，一般为 2.0～2.2m^3/kg；H_m 为燃气的低位热值，kJ/kg；H 为原料的低位热值，kJ/kg。

国家行业标准规定，气化效率不低于 70%。目前国内固定床气化炉气化效率通常为 70%～75%，流化床气化炉的气化效率可达到 78%。

④ 空气量。生物质气化所需空气量可按元素成分计算出理论空气量，然后按气化试验比计算出实际需要量。表 9-12 是几种生物质气化试验比。理论空气量计算公式为：

$$V(m^3/kg) = (1.866C_{ar} + 5.55H_{ar} + 0.7S_{ar} + 0.7O_{ar})/0.21$$

算出理论空气量后，气化过程实际需要的空气量由 $V' = \phi V$ 获得。其中 ϕ 是气化试验比，见表 9-12。

表 9-12 几种生物质的气化试验比

原 料	含水量/%	含灰量/%	试验比	气化炉型
木片	12～48	0.4	0.19～0.39	上流式
玉米外壳	8	1.6	0.2～0.5	下流式
玉米壳	<10	1.6	0.33	下流式
玉米壳	9	1.6	0.18～0.24	上流式
玉米壳	26	1.6	0.21～0.29	上流式
棉籽壳	12	15.4	0.33	流化床
棉籽壳	11	14.5	0.26～0.28	流化床
畜粪	19	56.3	0.50	流化床

⑤ 气化炉输出功率。气化炉输出功率有两种表示法。一种方法是按每小时产出的气体热值表示。如产气量为 200m^3/h，燃气热值一般按 5000kJ/m^3，则输出功率为 200×5000=1000MJ/h；另一方法是按每秒表示，上述数据可表示成 0.28MW。国内常用的气化炉功率见表 9-13。图 9-27 是各种气化炉选型的参考功率范围。

表 9-13 国内常用气化炉输出功率

产气量(标准状况)/(m^3/h)	输出功率/(MJ/h)	输出功率/kW	产气量(标准状况)/(m^3/h)	输出功率/(MJ/h)	输出功率/kW
120	600	167	500	2500	694
200	1000	278	600	3000	833
400	2000	555	1000	5000	1389

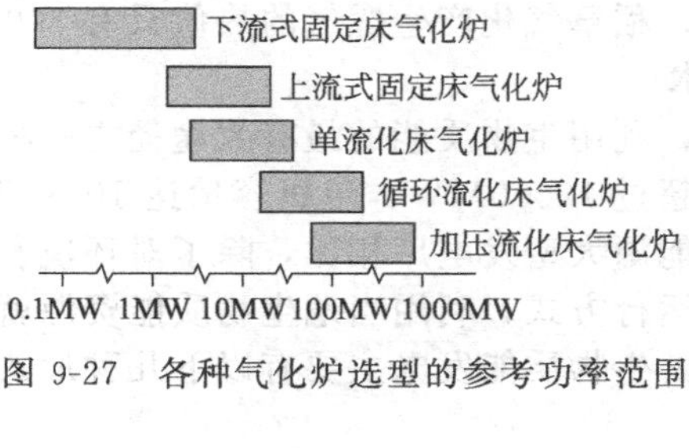

下流式固定床气化炉
上流式固定床气化炉
单流化床气化炉
循环流化床气化炉
加压流化床气化炉
0.1MW 1MW 10MW 100MW 1000MW

图 9-27 各种气化炉选型的参考功率范围

(7) 影响固定床气化炉气化效果的因素

① 反应温度。反应温度是最重要的影响因素。图 9-28～图 9-30 给出了反应温度对燃气成分、产气量和反应时间试验结果。从这些图可知，二氧化碳随温度升高而急剧减少，其他成分随温度升高而增加（图 9-28）。温度升高使产气量升高，反应时间下降，但温度不能无限提高，否则原料量将大量增加，导致二氧化碳增加，气化炉散热和燃气带走热量都上升。

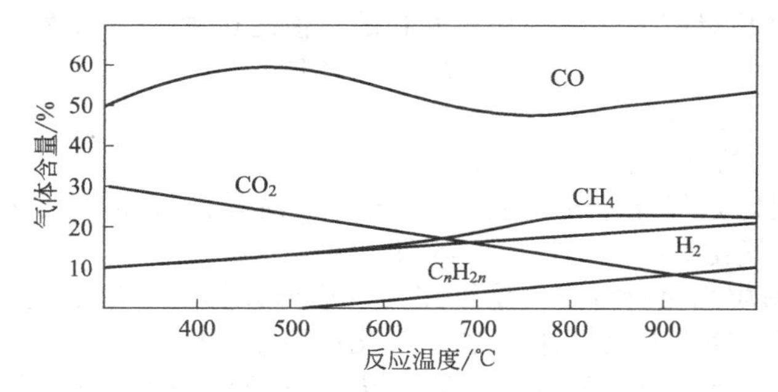

图 9-28 温度对燃气成分的影响

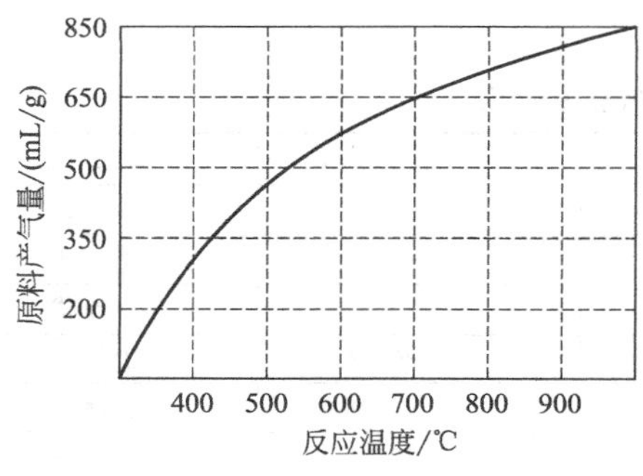

图 9-29 温度对产气量的影响

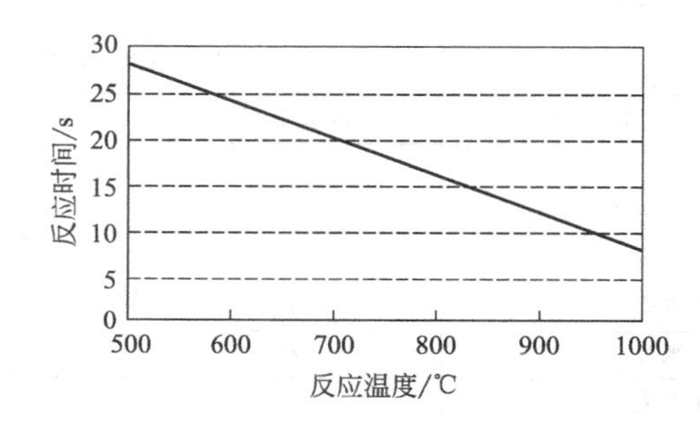

图 9-30 温度对反应完成时间的影响

② 进风情况。适当提高供风速度会提高反应温度，提高气化强度。但风速过大将减少反应时间，导致二氧化碳的还原条件恶化，不利于下流式气化炉焦油在高温区裂解。试验表明，气化炉横截面风速以 0.1～0.2m/s 为宜。

③ 炉料高度。为保证足够的接触时间，满足气化工艺要求，各反应层都要有足够的厚度。干燥层厚度取决于原料含水率和原料尺寸大小，通常干燥层厚度 0.1～3.0m。热分解层高度与原料中挥发分分解的含量及原料尺寸大小有关，一般取 0.3～2.0m。氧化与还原层厚度除与原料尺寸大小有关外，还与反应区温度和反应能力有关，一般取 0.18～0.3m。总的来看，增加炉中料层高度能提高燃气质量，并可降低燃气出炉时间。

④ 原料性质。原料含水量大，需要的干燥时间就长。不仅需要的热量多，还降低气化效率，其冷却后还析出水分。国家行业规定，入炉原料含水率不超过 20%，原料尺寸不超过 3cm，并要求尽量均匀。生产过程中，不同生物质原料气化得到的燃气热值不同，其中以薪柴、玉米秸、棉秸、大豆秸、玉米芯等为原料，产出燃气的热值高者可达到 5000kJ/m^3 以上，而树叶、麦秸要小些，稻草气化产生燃气的热值只有 3000kJ/m^3。

9.3.5.2 生物质能发电技术

与其他可再生能源一样，利用生物质能的最有效途径之一将其转化为电能。在美国，生物质能发电的总装机容量已超过 10000MW，单机容量达 10～25MW。基于生物资源的自然特性，生物质能发电与常规能源大型发电厂相比，除了对环境友好，生物质能发电设备的装机容量一般较小，多为独立运行方式，利用当地生物质能资源就地发电、就地利用，不需外运燃料和远距离输电。目前，生物质能发电主要有以下几种形式。

(1) 甲醇发电　甲醇作为发电站燃料，是当前研究开发利用生物能源的重要课题。日本专家采用生物质液化后制取甲醇，利用甲醇气化-水蒸气反应产生氢气的工艺流程，开发了以氢气作为燃料驱动燃气轮机带动发电机组发电的技术。日本建成 1 座 1000kW 级甲醇发电实验站并于 1990 年 6 月正式发电，甲醇发电的优点除了低污染外，其成本低于石油和天然气发电也很有吸引力。

(2) 城市垃圾发电　城市垃圾发电技术是处理垃圾的一个新方向。一般而言，城市垃圾通过发酵产生沼气再用来发电。利用气化炉焚烧城市垃圾，既是垃圾的无害化处理，又可回收部分能源用来发电。城市垃圾通过垃圾焚烧产生蒸汽，蒸汽再直接用于发电。

1991 年德国建成欧洲最大的处理 10 万吨城市垃圾的凯尔彭市垃圾处理场。该处理场采用筛网和电磁铁等高技术机械设备，把废纸、木料和有机物运到沼气发酵场生产沼气，再用于发电。法国约有 90 多座垃圾焚烧炉。位于巴黎的最大垃圾焚烧发电站，全部自动化生产，且垃圾燃烧过程中不加助燃剂，靠自身焚烧，所发电量可满足巴黎城市用电量的 20%。

美国利用垃圾处理所获电量已达 5000 万千瓦时。日本东京已建成 14 座垃圾焚烧电站，总装机容量达 9.83kW。日本政府制定了大型垃圾发电计划，到 2010 年垃圾发电量将达到 500 万～900 万千瓦。

中国发展垃圾发电十分迫切，已在深圳、上海、广州、杭州、南京、宁波等地建成多座垃圾焚烧电站。据统计，中国 1998 年 688 座城市实际产生垃圾 1.4 亿吨，城市垃圾存量为 60 多亿吨，且每年以 8%～10%的速度增长。

(3) 生物质燃气发电　生物质燃气发电技术是指生物质气化制取燃气再发电的技术。它主要由气化炉、冷却过滤装置、煤气发动机、发电机 4 大主机构成，其工作流程为：首先将气化后的生物燃气冷却过滤送入煤气发动机，将燃气的热能转化为机械能，再带动发电机发电。生物质燃气发电技术的核心是气化炉及热裂解技术。

(4) 沼气发电技术　沼气发电技术分为纯沼气电站和沼气-柴油混烧发电站，按规模分为 50kW 以下的小型沼气电站、50～500kW 的中型沼气电站和 500kW 以上的大型沼气电站。

中国生物质气化以农业废弃物（尤其是稻壳）为主，主要原因如下。第一，粮食加工企业大型化，谷壳比较集中，便于收集，降低了发电成本；第二，乡镇企业发展和生活水平提高，迫切需要电源；第三，环境问题，丢弃或焚烧谷壳将造成环境污染，气化发电可以有效利用废弃的谷壳；第四，生物质气化技术在许多省份陆续推广，农作物秸秆、木材生产加工的废弃物、薪炭林的营造等为生物质气化提供了充足的原料；第五，气化发电技术的进步和人们的认识与知识水平提高。所有这些条件都有利于生物质气化发电技术发展。

气化发电成本主要与机组容量、燃料价格、运行时间多少等有关。图 9-31～图 9-33 是 200kW 以下谷壳气化发电机组发电成本的统计分析。200kW 以下以稻壳为原料的气化发电机组统计分析显示：

① 成本随机组容量增加而下降。

② 成本随原料价格提高而增大。

③ 成本随机组年运行时间增大而下降。

存在的问题如下。

① 降低发电成本。应从气化原料来源、发电机组质量、发电规模大小、经营管理机制、生产人员素质等方面寻求降低途径。

② 扩大发电规模。中国粮食加工厂稻谷加工能力为 50～300t/d 不等，相应的稻谷气化发电功率应为 160～2000kW 不等。大功率气化发电机组既可满足粮食加工厂自身用电，还可以用流化床代替固定床，而且上网机组功率必须大于 500kW 才能满足电力部门上网门槛。

③ 去除燃气焦油技术。燃气中的焦油可造成燃气轮机磨损，还需要周期性地清除焦油沉积，降低了设备利用效率，增加了发电成本，应尽快探索新技术提高焦油去除能力。

④ 废水与灰分的分离。清除焦油和灰分过程中使用大量的水，应在排出前进行处理。以稻草和稻壳为原料的固定床气化炉不仅灰分量大，且含有较多的碳，可以通过提高炉子的气化效率并对灰分进行煅烧处理来解决。若能将灰分加工成保温材料或提取高纯度 SiO_2，既可以收到经济效益，又有利于满足环境要求。发电成本随发电容量、燃料价格和运行时间的变化见图 9-31～图 9-33。

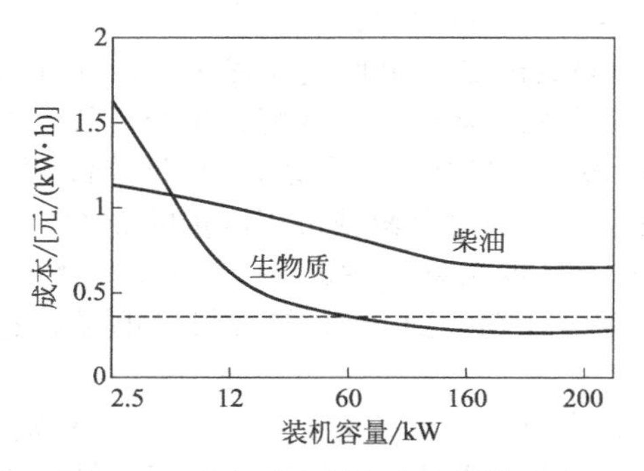

图 9-31　发电成本随发电容量的变化

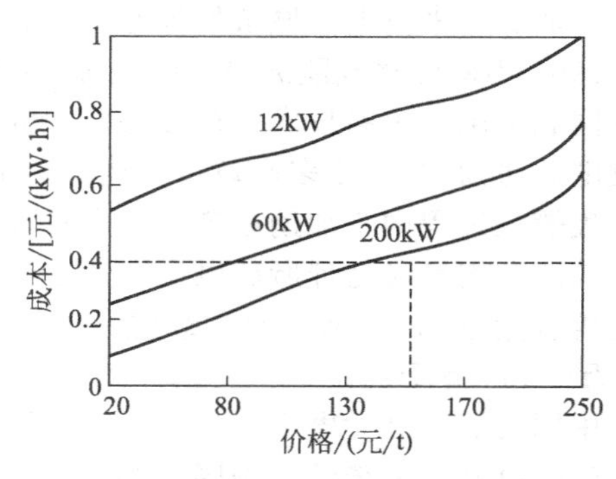

图 9-32　发电成本随燃料价格的变化

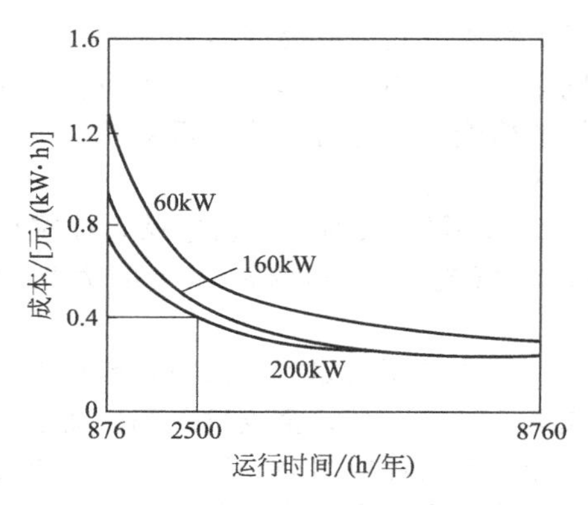

图 9-33　发电成本随运行时间的变化

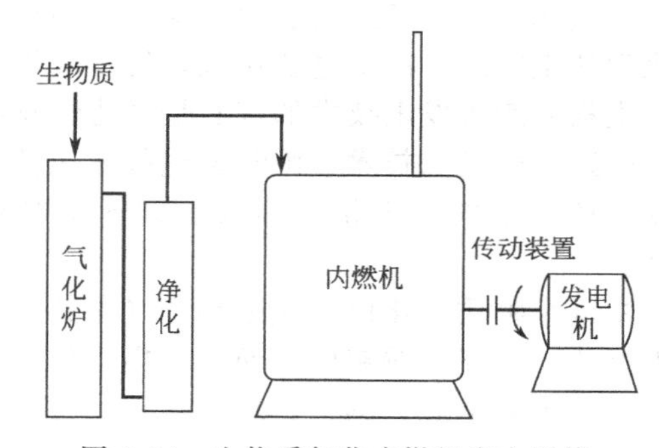

图 9-34　生物质气化内燃机发电系统

图 9-34～图 9-36 是三种发电机工作原理示意图。图 9-34 使用内燃机的动力输出带动发电机发电。图 9-35 是用燃气轮机带动发电机工作的开式循环系统。图 9-36 是用燃气轮机带动发电机工作的闭式循环系统。

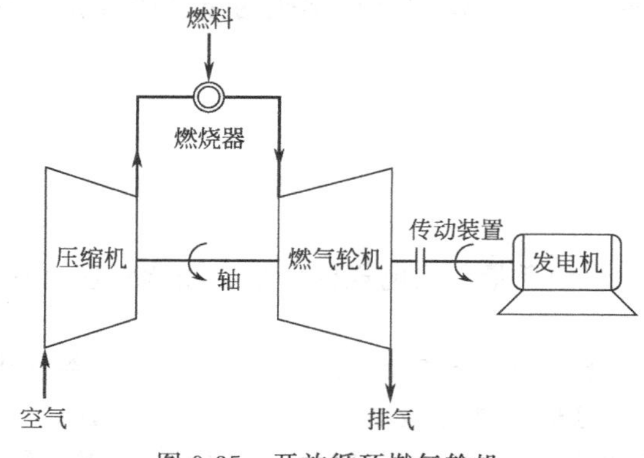

图 9-35　开放循环燃气轮机

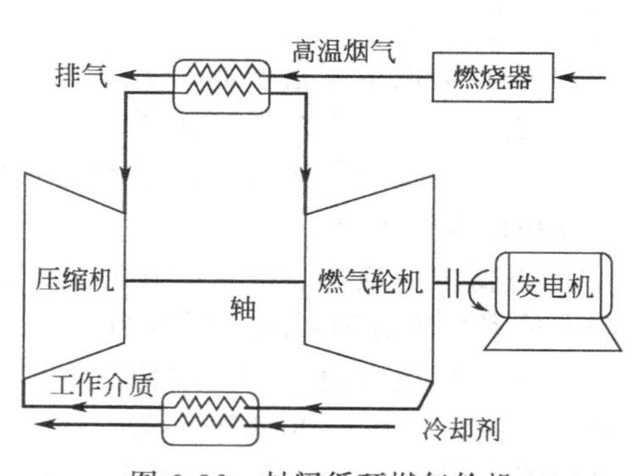

图 9-36　封闭循环燃气轮机

一般认为对于生物质发电，规模小于 500kW 为小型电站，大于 5000kW 为大型电站。

芬兰采用上流式气化炉生产生物质燃气用于区域供热已经达到商业化程度。图 9-37 是生物质区域供热工艺流程，原料仓中生物质由进料装置送到气化炉，产出的燃气送到锅炉燃烧器，加热锅炉内的水。生物质原料采用木片或木材加工厂废弃物。热解层温度 200～600℃，还原层温度达 800℃。气化剂为空气和水蒸气的混合物，调节水蒸气含量控制氧化层反应温度。

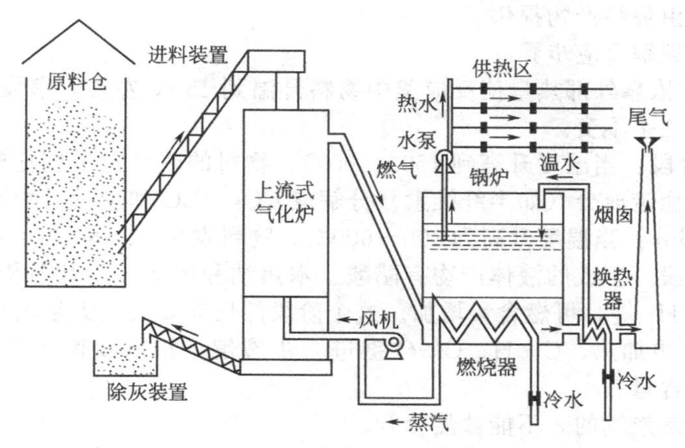

图 9-37 区域供热工艺流程

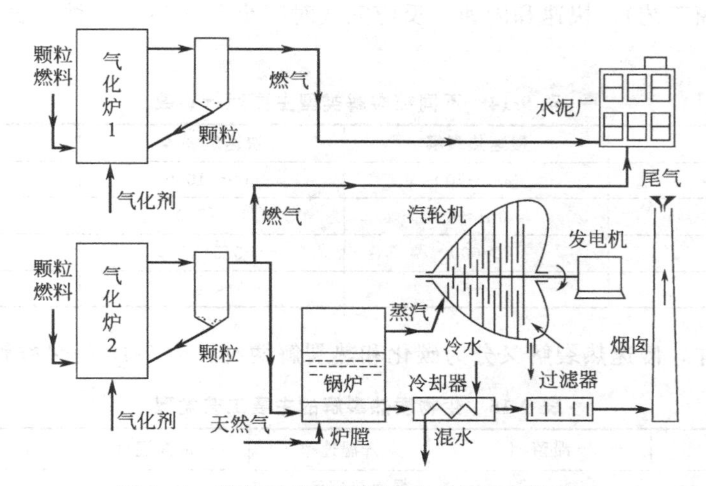

图 9-38 燃气用于供热与发电工艺流程示意图

图 9-38 是意大利佛罗伦萨的生物质气化站，所用燃料是两种有机质颗粒的混合物。一种颗粒是城市垃圾中轻质可燃物，另一种颗粒是农业生产废弃物。气化炉是循环流化床气化炉，最大用料量为 4200kg/h，生产 9000m^3（标准状态)/h 生物质燃气，热值达到 7900kJ/m^3（标准状态)。

9.3.5.3 生物质液化

生物质液化主要有热化学分解法（高温热裂解）、生物化学法（水解、发酵）、机械法（压榨、提取）、化学合成法（甲醇合成、酯化）。液化所得的产品一般可为油类、醇类燃料。在此着重说明生物质高温热裂解技术。

(1) 生物质热裂解反应的基本条件 生物质热裂解是指生物制在基本无氧气条件下，通过热化学转换生成碳、液体和气体产物的过程。虽然也可以得到气体产物，但与气化过程是有区别的。

① 气化过程要加气化剂，热解过程不加气化剂，尤其不能加氧。

② 气化过程要生产气体燃料，以空气为气化剂时产生的可燃性气体中 N_2 较多（约占50%），气体热值较低（热值一般在 $4.6\sim5.2MJ/m^3$），而热裂解的目标产物是气、液、固三种产品，气体热值较高，一般在 $10\sim15MJ/m^3$。

③ 气化过程不考虑外加热源，其转换用热依靠自身氧化过程供给，热裂解要外供热源，尽管这部分热可以由最终产物提供。

（2）生物质热裂解反应步骤

① 干燥阶段：依靠外部热量使反应釜中物料升温到150℃左右，蒸发出物料中的水分，物料中的化学成分几乎不变。

② 预热裂解阶段：当温度升高到150～300℃，物料的热分解反应比较明显，化学组成开始发生变化，不稳定成分（如半纤维素）分解成 CO_2、CO 和少量醋酸等物质。

③ 固体分解部分：当温度升高到300～600℃，物料发生了各种复杂的物理、化学反应，是热裂解的主要阶段。生成的液体产物有醋酸、木焦油和甲醇（冷却时析出）；气体产物有 CO_2、CO、CH_4、H_2 等，可燃含量增加。这个阶段的反应要放出大量的热。

④ 燃烧阶段：再加热，C—H、C—O 键进一步裂解，排出残留在木炭中的挥发物质，提高木炭中固定碳含量。

以上4个阶段是连续的，不能截然分开。

（3）生物质热裂解工艺类型　从生物质加热速率和完成时间看，生物质热裂解工艺可分成慢速（或称干馏工艺）、快速和闪速（反应完成时间小于0.5s）三种。表9-14给出三种热裂解特征。

表 9-14　不同热裂解类型主要运行参数

参　　数	慢速热裂解	快速热裂解	闪速热裂解
反应温度/℃	300～700	600～1000	800～1000
升温速率/(℃/s)	0.1～1	10～200	>1000
停留时间/s	>600	0.5～5	<0.5
物料尺寸/mm	5～50	<1	粉状

根据操作条件，慢速热裂解又分为碳化和热裂解两种，表9-15是热裂解主要工艺过程。

表 9-15　生物质热裂解的主要工艺类型

工艺类型	滞留期	升温速率	最高温度/℃	主要产物
慢速热裂解				
炭化	数小时至数天	非常低	400	炭
常规	5～30min	低	600	气、油、碳
快速热裂解				
快速	0.5～5s	极高	650	油
闪速(液体)	<1s	高	<650	油
闪速(气体)	<1s	高	>650	气
极快速	<0.5	非常高	1000	气
真空	2～30s	中	400	油
反应性热裂解				
加氢热裂解	<10s	高	500	油
甲烷热裂解	0.5～10s	高	1000	化学品

与慢速热裂解相比，快速热裂解的传热反应过程发生在极短的时间内，强烈的热效应直接产生热裂解产物，再迅速淬冷。通常在 0.5s 内冷却到 350℃以下最大限度地增加了液态产物（称作生物油，亦称作生物质油或热裂解油）。

生物质热裂解发生在中温（500～600℃）、高加热速率（10^4～10^5℃/s）和极短气体停留时间（2s）的条件下，将生物质直接热解，产物经过快速冷却，可使中间液态产物分子在进一步断裂产生气体产物之前冷凝，得到高产量的生物质液体油，液体产率可达 70%～80%（质量分数）。气体产率随温度和加热速率的增加、停留时间延长而增加，较低的温度和加热速率会导致物料炭化，使固体产物产率增加。流化床反应器生物质闪速热裂解的技术产物分布见图 9-39。

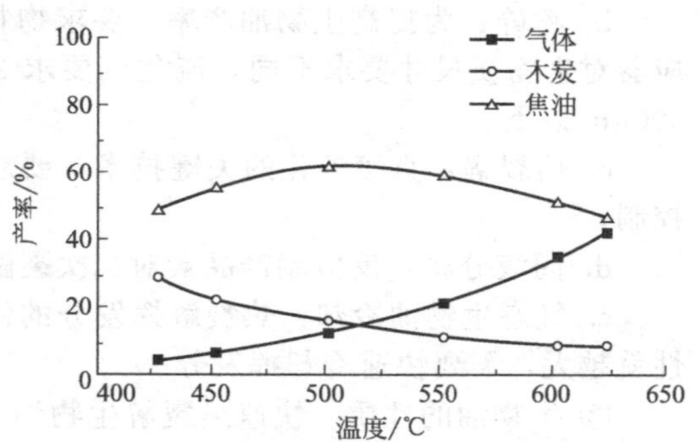

图 9-39　流化床反应器生物质闪速热裂解的技术产物分布

（4）影响生物质热裂解的因素　通常认为，影响生物质热裂解的因素有温度、固体相挥发物滞留期、颗粒尺寸、生物质组成及加热条件。提高温度和固相滞留期有助于挥发分和气态产物的形成。随着颗粒直径的增大，在一定温度下达到一定转化率所需时间也增加。由于挥发分与炽热的炭可发生二次反应，挥发分滞留时间也可影响热裂解过程。加热条件变化可改变热裂解的实际过程和反应速率，从而影响热裂解产物的生成量。

① 温度的影响。温度对生物质热裂解产物组成及不凝结气体组成由显著影响。一般说来，低温、长期滞留的慢速热裂解反应主要用于有限度地增加炭产量；温度小于 600℃的常规热裂解，采用中等反应速率，其生物油、不可冷凝气体和炭的产率基本相等。闪速热解温度在500～650℃范围主要用来提高生物油产量。闪速热裂解，若温度高于 700℃，在非常高的反应速率和极短的气相滞留期下，主要用于提高气体产物产量。当升温速率极快时，半纤维素和纤维素几乎不生成炭。

② 生物质材料的影响。生物质的结构组成对热裂解的影响相当复杂，与热裂解温度、压力、升温速度等外部条件共同起作用。由于木质素比半纤维素和纤维素难分解，因而通常木质素多的产炭量高。生物质构成中，以木质素热裂解所得到的液态产物热值最高，其他产物中以木聚糖热裂解得到的气体产物热值最高。从提高生物油角度看，生物质颗粒以小为宜，但实际上只要小于 1mm 就可以了。

③ 催化剂的影响。碱金属碳酸盐能提高气体、炭的产量，从而降低生物质油的产量，同时能促进原料中的氢释放，使产物中的 H_2/CO 增大。K^+ 能促进 CO、CO_2 的生成，但几乎不影响 H_2O 的生成。NaCl 能促进纤维素反应中 H_2O、CO、CO_2 的生成，加氢裂化能加强生物质油的产量，并使油的分子量减小。

④ 气相滞留期。生物质受热时，固体颗粒因化学键断裂而分解，初始阶段主要生成产物是挥发分。挥发分能在固体内部与固体和炭进一步反应，形成高分子产物。挥发分离开颗粒后，焦油和其他气体产物将发生二次裂解。为获得最大生物质油产量，应缩短挥发分的滞留期，使其迅速离开反应器，减少二次裂解时间。

⑤ 压力。压力增高，延长了挥发分滞留时间，二次热裂解加重。

⑥ 升温速率。升温速率低有利于炭生成，而不利于焦油产生，以生产生物质油为目的的闪速热裂解都采用较高的升温速率。

（5）生物质裂解油燃料　生物质热裂解产生的液体产物经进一步分离可作为锅炉燃油，

经过再处理可作为内燃机燃料或提炼化学用品。

① 生物质热裂解液化工艺。热裂解液化的一般工艺流程包括物料的干燥、粉碎、热裂解、产物炭和灰的分离、气态产物油的冷却和生物油的收集。

a. 干燥：为减少生物油中水分，将生物质水分加热到10%以下。

b. 粉碎：为提高生物油产率，要求物料有足够的细度以适应很高的加热速率。不同反应器对生物质尺寸要求不同，流化床要求2mm以下，循环床要求6mm以下，旋转锥要求200μm以下。

c. 热裂解：直接液化的关键技术，要求非常高的加热速率和传热速率，严格进行温度控制。

d. 固液分离：反应副产品炭对二次裂解有催化作用，应将其迅速从生物油中分离出来。

e. 气态生物油冷却：热裂解挥发分的停留时间越长，二次裂解生成不可凝结气体可能性就越大，需要快速冷却挥发分。

② 生物油的性质。快速热裂解生物油（一次油）和慢速热裂解生物油（二次油）的性质有较大差别。生物油是有色液体，其颜色与原料种类、化学成分及含有的细颗粒多少有关，从暗绿色、暗红褐色到黑色。气味独特，是含有酸的烟气味。化学组成主要是解聚的木质素、醛、酮、羧酸、糖类和水，成分复杂。影响生物质油成分的因素有原料组成、反应温度、升温速率、蒸汽在反应器内的停留时间、冷凝温度和降温速率等。

生物油不溶于甲苯、苯等烃类溶剂，但溶于丙酮、甲醇、乙醇等溶剂，有较高的含氧量与含水量，以木屑为原料制取的生物油含氧量高达35%以上，含水量20%以上。生物油黏度范围很宽，动力黏度5～35mPa·s，与温度和含水量有关。生物油具有酸性（pH＝2～3.5）和腐蚀性，密度为1130～1230kg/m^3；高位热值17～25MJ/kg。与石油相比，生物质油的硫、氮含量低，灰分少，对环境污染少。

③ 生物质油的改性。生物油具有含氧量高（热值低）、有腐蚀性、黏度大、化学成分复杂、相对不稳定等弱点，距离代替石油还有一段距离。生物油改性是以水或二氧化碳的形式除去生物油中的氧，以获得更高的碳氢化合物含量，改性处理后的生物油可接近石油成为高品质燃料。目前生物油改性方法主要有加氢处理和沸石分子筛处理。

a. 加氢处理。高压下（10～20MPa）加入氢（或CO），采用CoMo、NiMo及其氧化物作催化剂去除生物油中的氧（生成水或二氧化碳）和降低重馏分的分子量。为避免油的焦化造成的强烈热聚合反应，通常需要在适当的温度（200℃左右）下供氢溶剂作预处理，以提高其热稳定性。

由于生物油含氧量很高，所以脱氧需要较长的反应时间，所取得的产物处于汽油和柴油的蒸馏范围。完全加氢处理用于获得高等级的碳氢化合物产品，部分加氢处理则是用来增加生物油的稳定性。

b. 沸石分子筛处理。沸石分子筛进行生物油改性尚在探索中。采用ZSM-5型沸石为催化剂进行低压催化剂处理是基于沸石分子筛的择形特点。ZSM-5型催化剂是强酸性、中等孔径、具有形状选择性的高活性催化剂，能将大多数小分子含氧化合物转化成甲烷基苯类化合物。用其处理生物油，脱氧（脱羧）、脱水，变成轻烃（C_1～C_{10}），而氧则变成CO、CO_2、H_2O并产生大量的芳香烃，质量与汽油接近。但在脱氧过程中也消耗氢，因而减少了烃产量。沸石本身在使用过程中有焦化（表面焦炭沉积）的问题，虽可再生使用，但催化效果会降低。沸石处理生物油，由于压力低、不需加氢，成本较低，逐渐引起人们的兴趣。

④ 影响生物油产率的因素有热解温度、固相和气相在反应器内的停留时间、传热速率、热解产生蒸汽的快速分离和冷却等。这些因素中生物质的快速加热起着重要作用。

⑤ 国外常见的热裂解反应器

a. 气流床裂解器。由美国佐治亚技术研究院开发，反应器直径15cm，高4.4m，停留时间1～2s。系统中生物质颗粒度300～420μm，给料速率15kg/h，进口温度控制在745℃，同时采用较大的载气流量（与生物质的重量比8：1）。所有进出口气体都由多孔板控制，反应器温度400～550℃。裂解气、水蒸气、未凝结蒸汽、气溶胶及可能含有的细尘进入除雾器，除去大部分气溶胶和细尘，剩余的混合物进入燃烧炉燃烧。实验中所得有机冷凝液体的收率为58%，焦炭产率为12%，产物油热值可达24.57MJ/kg，总液体产物中一半是水，现有装置的最大处理量为50kg/h。

b. 快速流化床裂解器。以加拿大Waterloo大学的工艺为代表。原料是空气干燥的木屑，粒度在30～170目之间，水分7%左右，由螺旋进料机给入。细砂为床料，流化床配备电加热维持恒温。裂解所需的热量由预热的流化气提供，流化气和载流气都是裂解中的气相产物，固体生物质给料速率1.5～3kg/h。热解生成的细小炭粉被流化气带出床层，在旋风分离器中分离后进入焦炭收集室。气体产物经二级冷凝，第一级冷凝收集沥青类产品（100℃），第二级冷凝收集轻质液化油（室温），未冷凝的气体经系列过滤除去杂质，一部分经压缩回到反应器作流化气和载流气，其余部分排出系统。反应气停留时间0.5s左右。以木屑为原料时，液体产率高达65%～70%，稻草为原料时则为45%～50%。液体中含有15%～30%的水分，主要取决于原料类型和水分含量。英国Aston大学开发的鼓泡流化床反应器的加工能力为250kg/h，对1～2mm软木颗粒液化生物油得率达到75%。

c. 真空裂解器。由加拿大Laval大学开发，也叫做多炉床热解器。实验设备高6m，直径0.7m。原料（木片）从反应器顶部的密封进料斗进入，进料速率3.1～3.4kg/h，水分含量5.9%。热解器的特点是低压环境，蒸汽在反应器里停留时间比传统裂解时间短，可提高液体产率。反应器要预加热，从顶部到底部温度连续升高，典型的温度分布从200～450℃，系统压力低于4000Pa（30mmHg柱）。有资料报道，加拿大现有进料率50kg/h的装置运行，其液体产率65%，焦炭产率20%。

d. 旋涡烧蚀裂解器。美国太阳能研究所开发。该反应器的圆筒形壁面被加热到700℃左右，生物质颗粒高速度进入后在圆形壁面上沿螺旋线滑行，颗粒与壁面之间的滑动产生了极大的传热速率，部分裂解的颗粒沿切线方向离开反应器，通过循环管道和新加入的生物质颗粒混合后在载流气的进口喷嘴处开始新一轮循环。所用的载流气是氮气和水蒸气，与进料生物质的质量比为1：1.5。2mm大小的颗粒在裂解器中可以停留1～2s时间，这段时间中完成30次循环。这种循环使颗粒的停留时间与蒸汽的停留时间无关，从而使反应器的操作受进料粒子大小的影响很小。液体产物收率67%，焦炭和裂解气收率分别为13%和14%。研究表明，木屑裂解冷凝物中易获得含酚类的萃取物，经济上很有吸引力，目前美国已有1360kg/h装置运行。

e. 旋转锥裂解反应器。荷兰Twente大学反应工程系与BTG研究所联合研制。经预处理的固体生物质混同预热的热载体（砂）进入旋转锥底部，外部旋转锥壳以1r/s转速旋转，由离心力和摩擦力带动固体颗粒（热砂和生物质颗粒）在内部固定锥壳和外部旋转锥壳之间的缝隙中旋转上升。在此过程中，生物质被迅速裂解成蒸汽，经由导出管进入旋风分离器，脱炭后冷凝气凝结成油。通过调解燃料量和配风比可以控制床温，通过调解旋转锥的转速可以调节传热速率，通过调解锥壳之间的间隙可改变床容积，从而控制裂解蒸汽的停留时间。固体停留时间0.5s，蒸汽停留时间0.3s，床温控制在500℃，传热速率5000K/s，产物产率50%，气体20%，焦炭10%，进料量10kg/h。此反应器不需要载气，因此大大减小了装置容积，同时减小冷凝收集的气体量及装置成本，但设备运行和维修较复杂。

f. 喷动床裂解器。西班牙Pais Vasco大学开发。其主要特点是裂解蒸气可立即离开反应器，而固体原料却可在反应器内循环，直到裂解完全颗粒变小后才被气流带出，从而可解决原料颗粒与产物蒸汽对停留时间要求的矛盾。该装置的另一优点是有可能把生物质裂解与裂解油的精制结合在一起完成。考虑到在喷动反应器内常可以加一定量的密度较大的惰性颗粒来促进传热和传质，如把有催化裂解作用的沸石催化剂作为惰性颗粒，则可提高裂解油的质量。实验结果证明了这一点，不过目前还只有小型装置的实验结果。

(6) 国内的实验研究　我国研究这项技术的单位主要有浙江大学、沈阳农业大学、山东理工大学和中科院过程工程研究所等。

① 浙江大学的研究。浙江大学热能工程研究所自行设计制造了流化床快速热裂解装置(图 9-40)。反应器内径 89mm，高度有 700mm 和 1200mm 两种，石英砂为床料。用来流化的预热氮气穿过不锈钢网进入反应器，另一股氮气用来吹送螺旋给料机送来的生物制细料。热裂解所需的热量主要来自电炉丝的电功率。进入反应器的生物质被迅速裂解，产生的炭及气体在反应器内停留时间长短取决于流化氮气量和反应器高度。热解生成的炭粉及挥发分被向上的气流输送到旋风分离器，炭粒落入集炭箱。热解气体中的可凝结部分由冷凝器急速降温成液体（生物油）流入集油瓶，不可凝部分（可燃气）经棉绒过滤器排出。

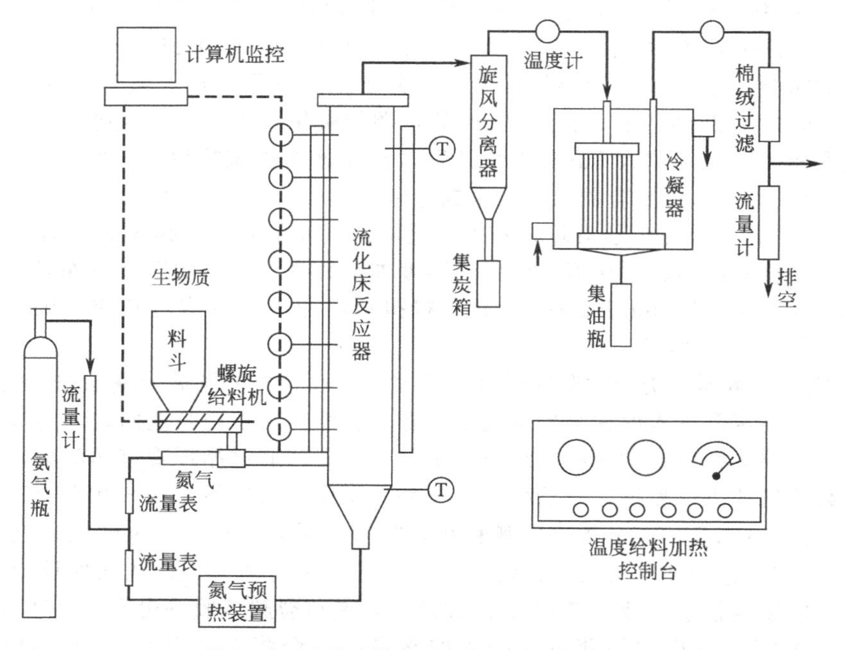

图 9-40　流化床快速热裂解装置工艺流程

实验结果为最高得油率 60%左右，并得出如下结论。

a. 快速热裂解制取生物油的温度以 500℃为宜。

b. 生物质热裂解产生的气体，越快速进入冷凝器越好，否则大分子挥发性气体在较高温度下，有的会裂解（二次热裂解）成不凝结的小分子气体，从而减少生物油产量。

c. 不同生物质燃料得油率不同，试验用了 4 种原料，得油率依次为花梨木＞杉木和水曲柳＞稻秆，灰分不利于生物油的生成。

d. 生物质颗粒大小，1mm 左右即可，小于 0.5mm 的生物质颗粒对热裂解产物的影响不明显，通常锯木木屑大部分处于 1mm 左右的颗粒尺寸范围。

e. 从流化床底部吹进的氮气即使不预热，由于反应器生物质进料口距底部 10mm 左右，在此空间段，冷的氮气已被加热到床温，基本上不影响热裂解反应效率。

② 沈阳农业大学的研究。实验设备为从荷兰引进旋转锥反应器，包括三个部分。

a. 给料部分。包括氮气给入、木屑给入、沙子给入；预先破碎的木屑经给料器送入反应器，并在给料器和反应器之间通入 N_2 以加速木屑流动，防止堵塞，同时预热的沙子也被送到反应器中。

b. 反应器部分。进入旋转锥底部的木屑与预热的沙子一起沿着旋转的高温锥壁螺旋上升，整个过程中，炽热的沙子将热量传给木屑，使木屑在高温下发生热裂解生成热裂解蒸汽和木屑，这些蒸汽迅速离开反应器以抑制二次热裂解。

c. 收集部分。由旋风机、冷凝器、换热器和沙子及木炭接收箱组成。离开反应器的热裂解蒸汽进入旋风机并在其中将炭和沙子分离出来，而蒸汽则进入冷凝器凝结成生物油，不凝结可燃气体排空燃烧掉。

实验物料为松木屑，粒径小于 0.2mm，含水 5.8%，热值 18000kJ/kg。反应器温度控制在 600℃，旋风机温度 500℃，旋转锥转速 600r/min，氮气流量 72kg/h，沙子流量 500kg/h 和 427kg/h。进行的两次试验结果见表 9-16。

表 9-16　原料及产物平衡

试验	木屑		生物油		不凝结气体		木炭	
	耗量/kg	给入量/(kg/h)	产量/kg	得率/%	产量/kg	得率/%	产量/kg	得率/%
1	9.4	18.80	3.83	40.47	2.797	29.76	2.773	29.5
2	13.21	26.42	7.05	53.37	2.833	21.45	3.327	25.16

试验获得的生物油的低位热值 16595kJ/kg，高位热值 18180kJ/kg。可直接用于锅炉燃烧，也可以加工成柴油机燃料。两次试验获得的不凝结气体组分变化不大，极容易燃烧。

③ 山东理工大学的研究。用 2～3mm 陶瓷球为载热体，在之字形反应器中下降实现生物质反应器中快速热裂解。利用分离装置终止热解反应并做到陶瓷球循环利用回收热能。气相停留时间小于 3s，加热速率达到 2000K/s 以上。热解需要的热量由一个循环流化床生物质燃烧器提供，其燃料包括热解残炭和部分新加生物质以及热解产生的不凝结气体。该设备已达到年产粗生物油 400t，液化玉米秸生物油的得率在 45% 以上。固体载热体循环燃烧热裂解装置见图 9-41。

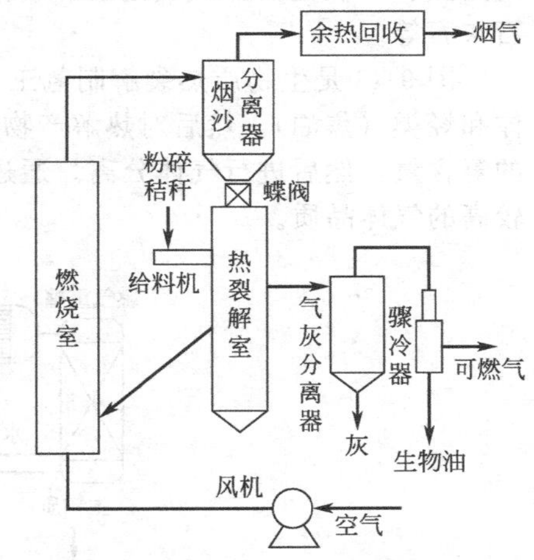

图 9-41　固体载热体循环燃烧热裂解装置

④ 中科院过程工程研究所的研究。用石英砂作热载体，生物质热裂解得到的炭燃烧供热。风机将空气从燃烧室底部送入，热解室的沙子与生物质热解得到的炭流入燃烧室的下端，在燃烧室中燃烧加热沙子。灼热的沙子随烟气进入烟沙分离器，沙子经蝶阀落入热裂解室，与用氮气送入的细碎玉米秸秆（或木屑）迅速发生热解反应。

9.3.5.4　生物质制氢与间接液化

当人们认识到化石燃料燃烧造成的全球性污染的显著影响后，人类的目光再次聚焦到生物质制氢领域。生物质制氢工艺简单，成本较低，将成为未来氢能的主要生产手段之一。

(1) 生物质制氢的特点

① 生物质能是二氧化碳零排放的洁净能源。

② 生物质既是氢的载体，又是能量载体。

③ 生物质能具有稳定的可获得性。

④ 与常规能源类似。

(2) 生物质制氢原理 生物质制氢主要途径包括热裂解气化制氢和微生物制氢技术。

① 生物质气化制氢：将生物质原料送到气化炉中进行气化制得含氢燃料，基本化学反应过程与生物质气化相同。

② 利用微生物常温常压下进行酶催化反应制氢。包括化能营养微生物产氢和光合微生物产氢两种。前者是一类以各种碳氢化合物、蛋白质等有机质为能源和碳源的微生物，主要是厌氧和兼性厌氧细菌。分解有机质时放出氢气和二氧化碳并伴随着水解放氢。后者是光合微生物，产氢过程与光合作用相关联，其机理尚不清楚，但可认为光合微生物产氢与厌氧微生物产氢机理相同。

(3) 生物质制氢的工艺类型 包括生物质气化制氢、生物质热裂解制氢、生物质超临界转换制氢、生物质热解油重整制氢、微生物法制氢、光合生物制氢、热化学-微生物联合制氢和其他生物质制氢等。

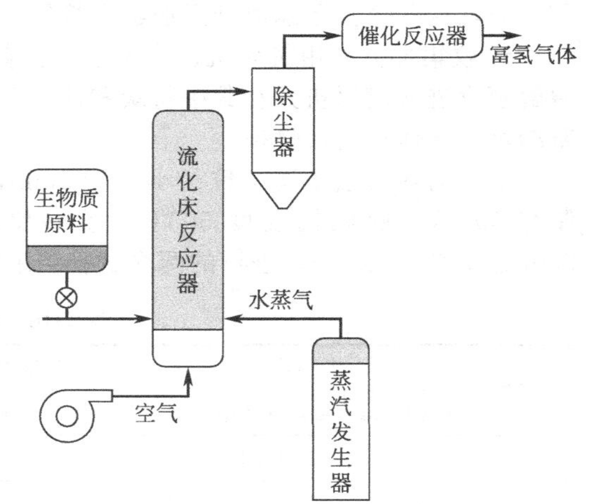

图 9-42 生物质气化制氢的工艺流程

图 9-42 是生物质气化制氢的工艺流程。气化剂可采用空气或富氧空气与水蒸气，主要产品气是氢、一氧化碳和二氧化碳。气化反应器可采用流化床，催化剂为镍基催化剂或白云石和石灰石等。

图 9-43 是生物质热裂解制氢工艺示意图。对生物质进行间接加热，使其分解为可燃气体和烃类（焦油），然后对热解产物进行第二次催化热解使烃类物质继续裂解以增加气体中的氢含量，然后进行气体分离。通过控制裂解温度、物料的停留时间以及热解气氛，以达到较高的气体品质。

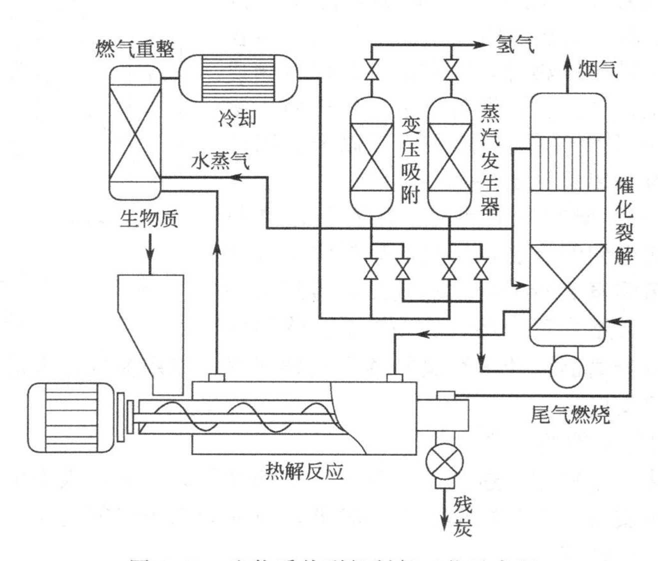

图 9-43 生物质热裂解制氢工艺示意图

生物质超临界转换制氢是将生物质原料按一定比例与水混合，在超临界条件下（22～35MPa，450～650℃）完成反应后产生氢含量较高的气体，再进行气体分离。由于超临界条件下水具有介电常数低、黏度小、扩散系数高等特点，具有很好的扩散传递性能。可降低传递阻力和溶解大部分有机成分和气体，使反应成为均相，加速反应进程。

图 9-44 给出生物质热解油重整制氢过程。生物质快速热解制取燃料油已经发展出多种技术，氢气的收率已达到 70%以上，目前集中研究的是工艺条件和催化剂选择。

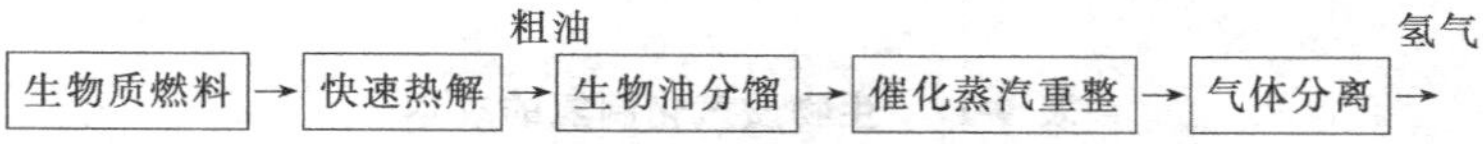

生物质燃料 → 快速热解 → 生物油分馏（粗油） → 催化蒸汽重整 → 气体分离 → 氢气

图 9-44　生物质热解油重整制氢过程

微生物法制氢是指通过微生物的作用将有机废水分解制取富含氢的气体，然后通过气体分离得到纯氢。微生物制氢清洁，不需消耗矿物资源，优势明显。开展的主要研究集中在厌氧微生物发酵制氢、光合微生物制氢和厌氧-光合制氢，处于实验室阶段。图 9-45 是带搅拌的固定化微生物厌氧制氢系统。搅拌破坏能固化细胞颗粒的完整性，试验中随着搅拌机转速提高产氢速率由 7mL/min 提高到 10mL/min。微生物细菌固定化后，能连续产氢。如用聚丙烯酰胺凝胶包埋丁酸羧状芽孢杆菌 IF03847 菌株，可以利用葡萄糖生产氢气，并且稳定性好，无须隔氧。

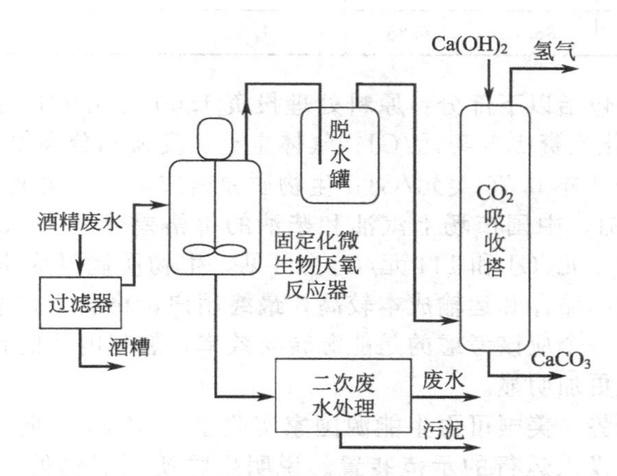

图 9-45　带搅拌的固定化微生物厌氧制氢系统

厌氧发酵细菌生物制氢产率较低，能量转化率一般只有 33%左右，但若考虑到将底物转化成 CH_4，能量转化率就能达到 85%。为提高氢气产率，除选育优良的耐氧且受底物成分影响小的菌种外，还需要开发先进的培养技术。

光合生物制氢是在一定光照条件下，通过光合微生物分解底物产生氢气。主要的研究集中在光合细菌和藻类。微藻太阳光水解制氢是通过微藻光合作用系统及其特有的产氢酶系把水分解成氢气和氧气。这种方法以太阳光为能源，以水为原料，能量消耗小，生产过程清洁，所以备受关注。虽然目前离实用还有一定距离，但如果光能转化率能达到 10%，就具有同其他能源竞争的竞争力。

热化学-微生物联合制氢是将煤转化成合成气——一氧化碳和氢，再利用生物转换将一氧化碳和水转化成氢和二氧化碳。目前已经发现有两种无硫紫色细菌可以进行下述反应：

$$CO + H_2O \longrightarrow H_2 + CO_2$$

这两种细菌具有生长快、可在短时间内达到较高的细菌浓度、CO 转化率快、对生长条件要求不严格、允许氧气与硫化物存在等优点。

其他生物质制氢包括太阳能气化、海绵铁/水蒸气反应制氢、甲醇和乙醇的水蒸气重整制氢等技术。

(4) 生物质制氢的经济性 目前，氢还被认为是昂贵的能源，这是因为燃料电池还处于研发阶段。作为一种燃料，生物质转化的氢气在价格上可以与其他液体燃料竞争。对生物质气化制氢技术进行分析评价后认为，在电解水、生物质气化和光电子转化等制氢技术中，生物质气化制氢是最经济的手段。美国煤气技术研究所的报告给出了生物质气化制氢的成本分析（表9-17）。

表 9-17 生物质气化制氢的成本

原料品种	原料量/(t/d)	氢产量		原料成本/(美元/GJ)	投资(×10^6 美元)	氢气成本(15%折旧)/(美元/GJ)
		t/d	Mm^3/d			
蔗渣	400	31.2	3.47	1.50	37.0	9.13
	800	62.5	6.95	1.50	61.1	7.64
	1600	125	13.90	1.50	100.9	6.57
开关草	440	37.0	4.12	1.50	36.5	7.95
	880	74.0	8.24	1.50	60.6	6.73
	1760	148	16.48	1.50	100.9	5.86
坚果壳	438	38.7	4.88	1.50	36.3	7.72

该报告中氢气成本包括以下部分：原料处理投资1.00美元/GJ；原料干燥投资1.00美元/GJ；气化和气体净化投资1.5美元/GJ；气体重整、变换和分离投资1.5美元/GJ；运行费1.00美元/GJ；维护成本0.75美元/GJ；生物质原料成本2.4美元/GJ；不同规模制氢厂的成本6.5～10美元/GJ。中国市场上汽油和柴油的价格差分别为3870元/t和3200元/t，折算成能量，分别为174元/GJ和144元/GJ。可见，生物质制氢成本只相当于汽油和柴油的一半以下。由于氢气的储存和运输成本较高，最终用户价格会明显增加，但氢能在经济上的竞争力是肯定的。另一个应该考虑的是能源转换效率，燃料电池的转换效率比内燃机高一倍，氢能的经济优势就更加明显。

(5) 国内外发展趋势 美国可再生能源国家实验室（NREL）向国际能源署（IEA）提交的报告称目前还没有投入运行的示范装置。说明生物质制氢仍处于实验室和理论研究阶段，但预计10年内有可能达到应用程度。生物质制氢已经提出15年以上，大部分文献出现在最近10年，形成了热门的研究领域。各国投入了大量资金研究氢燃料提取、燃料电池及燃料电池汽车，研究的技术路线主要是热化学转换制氢和生物法制氢。意大利L'Aqulia大学利用2级反应器进行杏核壳的镍基催化剂催化试验，制取的氢气含量高达60%。美国夏威夷大学和天然气能源研究所合建流化床制氢装置，产品含氢78%。西班牙Saragossa大学和马德里Complutense大学证明了催化剂对提升产品气质量和减少焦油有显著影响。Turn等在富氧条件下研究生物质水蒸气汽化制氢，每千克生物质产氢60g。Rapagna用流化床和固定床研究生物质的催化气化，重点研究了固定床催化裂解器的操作条件对制氢的影响。

9.3.5.5 生物质合成燃料

以煤、石油和天然气为原料的有机化工中常用的C1化学反应（只有1个C原子的化合物参加的反应）是生物质合成液体燃料的理论基础，也是生物质裂解气新的应用途径。合成燃料纯度高，几乎不含有S、N等杂质。系统能源转换率可达40%～50%，原料丰富，草和树的各个部分均可利用。

(1) 生物质合成燃料生产的基本原理 通过热化学和化学有机合成相结合的方法完成生物质燃料合成。由先进的生物质气化工艺生产高质量的生物质合成气，调整合成气的CO/H_2比，经费托合成过程将CO和H_2合成、精制为液体燃料。通过控制工艺条件（温度、压力、CO/H_2比等），在选择性催化剂作用下，可以生产出不同产物，可以作为燃料的是甲醇、二甲醚和烷烃（柴油）。

虽然各种生物质都可以合成燃料，但目前主要研究的是木质原料，其一般工艺原理见图9-46。

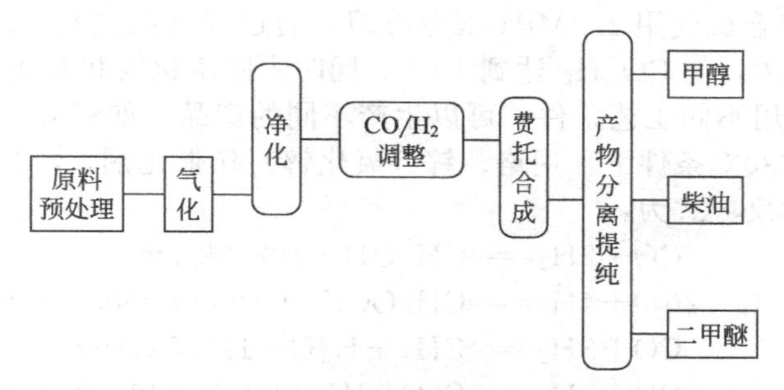

图 9-46 生物质合成燃料的一般性工艺

合成气制备是生产合成燃料的关键性一步，表 9-18～表 9-20 是相关的技术要求和实验结果。

表 9-18 费托合成气杂质水平

杂 质	去除水平	杂 质	去除水平
$H_2S+COS+CS_2$	$<1\times10^{-6}$(体积分数)	固体(烟气、尘土、灰分)	基本完全
NH_3+NCH	$<1\times10^{-6}$(体积分数)	有机物(焦油)	低于露点
HCl+HBr+HF	$<1\times10^{-9}$(体积分数)	其中第二类焦油(杂环化合物)	$<1\times10^{-6}$(体积分数)
碱金属	$<1\times10^{-9}$(体积分数)		

表 9-19 德国科隆公司合成气成分（850℃，15%湿度，空气，循环流化床）

主 要 成 分	干基体积/%	低位热值/%	备 注
CO	18	27.8	有用组分
H_2	16	21.6	有用组分
CO_2	16	—	
N_2	42	—	有稀释作用
CH_4	5.5	24.1	合成能量损失
C_2H_4	1.7	12.4	
C_2H_6	0.1	0.8	
BTX	0.53	10.5	
焦油	0.12	2.8	
总计	100	100	

表 9-20 德国科隆公司合成气成分（850℃，15%湿度，空气，循环流化床）

杂 质	含量/(mg/m³)	备 注
MH_3	2200	引起催化剂中毒
HCl	130	
H_2S	150	
COS,CS_2,NCH,HBr	<25	
烟尘,余灰	2000	

可采用如下措施改善合成气质量。

① 原料预处理：水分含量干燥至15%，原料粉碎到气化炉要求的粒度。

② 合成气生产：热裂解工艺，主要成分是CO和H_2。

③ 气体净化：去除焦油、灰尘。

④ 变换制氢：将合成气用2.8MPa压力压缩，通过适量的蒸汽，高温下水与一氧化碳反应生成氢和二氧化碳，使CO/H_2达到1∶2，同时去除硫化物和CO_2。

费托合成反应采用不同工艺条件，可以生产不同的产品。如将CO和H_2混合进入反应器，在17.5MPa和330℃条件下，用铬、锌（氧化锌）作催化剂，CO与H_2合成甲醇的转化率可达95%。化学反应式为：

$$CO+2H_2 \rightleftharpoons CH_3OH+102.5kJ/mol$$
$$2CO+4H_2 \rightleftharpoons CH_3OCH_3+H_2O+200.2kJ/mol$$
$$CO+3H_2 \rightleftharpoons CH_4+H_2O+115.6kJ/mol$$
$$4CO+8H_2 \rightleftharpoons C_4H_9OH+3H_2O+49.62kJ/mol$$
$$CO_2+H_2 \rightleftharpoons CO+H_2O-42.9kJ/mol$$
$$nCO+2nH_2 \rightleftharpoons (CH_2)_n+nH_2O+Q$$

联醇生产中，最后一个反应式比用锌铬催化剂的高压法更具备生成条件。

CO和H_2的反应是放热反应，25℃时的反应热为90.8kJ/mol。反应热与温度的关系为（式中T为热力学温度）：

$$Q=-74893.3-64.77T+47.78\times10^{-3}T^2-112.926\times10^{-3}T^3$$

CO和H_2的反应是可逆反应，用气体分压力表示的平衡常数为：

$$k_p=p_f/p_{CO}p_{H_2}^2$$

式中分子为主产物的分压力p_{CO}、p_{H_2}分别为一氧化碳和氢的分压力，用热力学温度表达的平衡常数为：

$$\lg K_a=3921/T-7.971\lg T+0.002499T-2.953\times10^{-7}T^2+10.20$$

（2）合成甲醇液体燃料　甲醇又称木醇或木精，是无色透明易流动、有刺激性气味的液体，有毒性。密度为0.8g/cm³，沸点64.7℃，燃点470℃，辛烷值106，高位热值19920kJ/kg。甲醇是重要的化工原料，可生产有机玻璃、甲醛、塑料、农药、燃料等，同时也是有前途的替代燃料。

① 生物质气化甲醇合成系统。干燥后的生物质研磨成1mm左右颗粒送到气化反应器中，氧和蒸汽作为气化剂。开始时，部分生物质燃烧，温度升到800～1000℃提供气化必需的热量，剩余的生物质用蒸汽和合成气（主要是氢气和一氧化碳）气化。合成气冷却时，回收热量产生蒸汽，不必采用外热源。清除飞灰和蒸汽后，合成器被压缩到3～8MPa，并在180～300℃下用铜锌催化剂合成甲醇。实验中使用了意大利黑麦草和其他生物质，获得的甲醇纯度为87%（质量分数）。图9-47是意大利黑麦草的炭转化率。

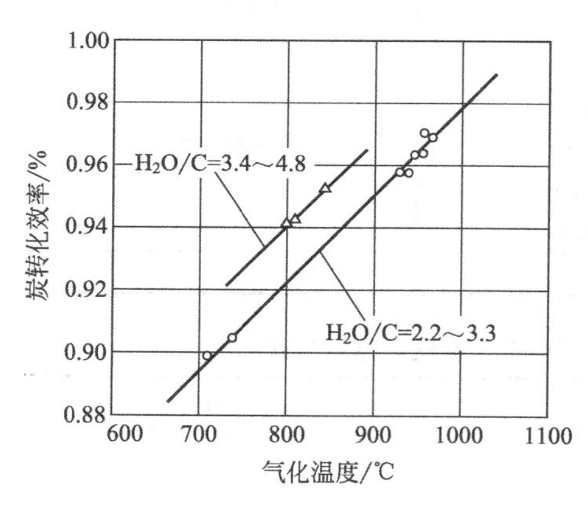

图9-47　意大利黑麦草的炭转化率

② 甲醇燃料的研究与运行。甲醇燃烧的突出优点是清洁，几乎不产生有害气体，发动机效率高于汽油。有些国家提出用煤气和天然气合成甲醇作为火电厂燃料，但成功和应用较多的是在汽车燃料方面，精心设计出了甲醇汽车，动力性能、经济性能和排放都优于汽油发动机。欧美国家对甲醇燃料比较积极，欧共体国家建立了多座木屑甲醇厂，西门子公司与美国加利福尼亚大学合

作，研制甲醇在气缸外燃烧的发动机，试验发动机效率提高 13%。美国能源部要求一些大城市逐步推广甲醇-汽油汽车，支持公交汽车开发乙醇燃料电池的同时，还支持佐治亚城公交汽车搞甲醇为燃料的磷酸燃料电池。但是甲醇的气化潜热为 1100J/g，用于汽车发动机燃料时也会出现冷启动困难。有些国家将甲醇或乙醇与异丁烯反应，生成甲基叔丁基醚（MTBE）和乙基叔丁醚（ETBE），与汽油配成混合燃料，辛烷值高，燃烧性能与醇类相似，无毒，与汽油混合性好。甲醇脱水制成二甲醚作柴油的替代燃料，NO_x 排放量仅为柴油的 1/4。

中国从七五期间开始研究甲醇燃料，低比例甲醇汽油已经商品化，M3、M5 燃料在重庆市已经使用多年。山西省引进了福特汽车公司 B63. OL FFV 发动机，改装出口型灵活燃料客车 DTQ 6600，原化工部还展示过桑塔纳 M100 甲醇汽车。

有关专家将柴油-甲醇-水混合成复合乳化燃料，用机械和超声波搅拌，得到下述实验结果。

配合比例：柴油：甲醇：水＝85：7.5：7.5 为宜。

燃烧经济性：复合乳化燃料消耗率略高于或接近纯柴油，排烟温度略高，经济性差；额定负荷下工作，燃料消耗率、排烟温度都低于纯燃料；节油明显，改善了环保性能，并可使用含水较多的粗甲醇。

(3) 合成柴油燃料技术　德国科隆公司开发了生物质提取柴油装置，并与戴姆勒克莱斯勒、大众汽车合作。该设备采用三级提油，从生物质中提取“阳光柴油（生物柴油）”，年产约 15 万吨，主要原料为干燥的木柴、秸秆和生活垃圾。每 10t 原料可提取 2～3t 阳光柴油，提取 1t 柴油约需 45min，视原料种类而定，成本为 7.5 欧分/L。欧盟计划用 7 年时间将生物柴油比例提高到 5.75%，再用 10 年达到 20%。

(4) 二甲醚燃料制备技术　合成气一步法合成二甲醚最初是作为合成气制汽油改良 MTG 法的中间过程而研制的。现在，各国已形成各具特色的反应工艺。美国 Air Product And Chemical 公司采用铜基甲醇合成催化剂＋氧化铝＋氧化硅固体酸作为催化剂，于三相浆态床反应器中 CO 转化率 65%，DME 的选择性为 76%（DME/DME＋MeOH），并建立了 4t/d 的 LPDME 工业试验装置。日本 NKK 公司将 Cu/Zn/Al 甲醇合成催化剂和 Cu/Al_2O_3 催化剂充分磨细，以 2：1 混合后悬浮于正十六烷中，采用气泡塔为三相反应器，在 $H_2/CO=1$ 及压力为 3～7MPa、温度为 250～280℃条件下，得到 CO 转化率为 53.9%、DME 选择性为 72.4%的结果。这些研究多数都是基于煤基或天然气基合成气，对生物质合成这种富 CO_2 体系的 FT 合成反应机理还有待进一步研究。未来 30 年中，生物质转化二甲醚具有非常广阔的前景。

9.3.5.6　生物质能发展障碍与未来前景

(1) 生物质能发展障碍　与其他形式的可再生能源相比，生物资源存在分散不易收集、能源密度低和生物质资源含水量大、收集干燥费用较高等缺点，因而现代生物资源的开发利用受到必要投资额的制约。制约生物质能发展的经济因素主要有：原料上的竞争；外部环境不如常规能源优越；缺乏有效的鼓励政策。此外，土地的原始投资也比较大。例如每公顷土地可生产 53t 甘蔗，净产能量 16.3×10^6 kcal。不同地方农田价格差别较大（如石家庄地区 2001 年工程占地价格为 26 万元/亩），可以根据具体地方计算出单位热量的土地投资。此外，还需要考虑农业机械和运输车辆等。虽然按照通常的理念，单位投资的产出可以通过扩大生产规模来提高，但实际上是难以实现的。因为甘蔗生产地到能源生产地的距离比较远，同时，生产出来的蒸汽或电力也要远距离输送，如果发电设备小（如 7MWe），运行费和热能利用效率都难以和大电厂相比。

一言蔽之，在当前的世界经济条件下特别是与常规能源价格相比，生物质能源的价格是关键。尤其是在发达国家，生物质能被视为一种昂贵的能源，相反，在发展中国家，丰富的自然资源和廉价的劳动力会大大降低生物质能的价格。

（2）生物质能未来前景 从近十年世界生物质能发展趋势来看，生物质资源的开发利用如雨后春笋，得到了迅速发展，尤其在21世纪，要求能源与环境相容协调可持续发展，世界各国都在研究和开发生物质能利用的新技术。如美国近十年利用生物质发电能力从250MW扩大到90000MW，提高了36倍，美国开发出利用纤维素废料生产酒精的技术，建立了1兆瓦的稻壳发电示范工程，年产酒精2500t。巴西是乙醇燃料开发应用最有特色的国家，实施了世界上规模最大的乙醇开发计划，目前乙醇燃料已占该国汽车燃料消费量的50%以上。巴西利用生物质制取乙醇燃料规模在十二年间扩大了20倍。这些都足以证明生物质能源在社会效益和经济上都有较大的优越性。

中国是一个农业大国，农业废弃物资源分布十分广泛，其中农业秸秆年产量超过6亿吨，可作为能源资源的秸秆约3.5亿吨，可折合1.5亿吨标准煤。工业废水和禽畜养殖场废弃物理论上可生产沼气近800亿立方米，相当于5700万吨标准煤。目前，全国农村已有户用沼气池1300多万口，年产沼气约33亿立方米；大中型沼气工程2200多处，年产沼气12亿立方米；薪柴林和林业及木材加工废弃物的资源量相当于2亿吨标准煤。中国城市生活垃圾年产量约1.2亿吨，预计2020年将达到2.1亿吨。如果通过卫生填埋制气和焚烧发电等手段用于能源使用，每年可替代1500万吨标准煤。此外一些油料作物还可用于制取液体燃料，主要品种有油菜籽、蓖麻、漆树、黄连木和甜高粱等。初步估算，每年可利用生物质能源总量约为5亿吨标准煤。

当前，生物质发电机组装机容量200多万千瓦，主要是蔗渣、稻壳等农业废弃物、林业废弃物、沼气和垃圾发电等。以生物质制取固体燃料和液体燃料都在研究中，生物质固体燃料配以先进的燃烧技术对于解决农村地区的生活用能问题、充分利用生物质资源、增加农民收入、改善农村生活条件都具有很好的前景。进入21世纪，我国在秸秆气化集中供气技术和垃圾填埋发电技术等方面的进展将会更加引人注目。

9.4 地热能

人类很早就开始利用地热能，例如烘干谷物、建造温室、利用温泉等。中国利用温泉已有几千年的历史，据史籍记载，东周时代（公元前770～公元前256年）我们的祖先就开始用地下热水洗浴治病和灌溉农田，还能从热泉水中提取硫黄。南北朝时期的著名地理学家郦道元（466～527年）在《水经注》书中写道："大融山石出温汤，疗治百病"。时至今日，地热的利用已不限于天然温泉，还通过大量人工开采，深钻热水井，从50～100℃的地热采暖、空调到200～400℃的地热能发电，地热能已成为可再生能源中的一支主力军。

地球是一个巨大的高温、高压的热库，所谓地热能就是地球内部蕴藏的热能。地球通过火山爆发、间歇喷泉和温泉等途径，源源不断地把它内部的热能通过热传导、对流和辐射的方式传到地面上来。据估计，全世界地热资源的总量大约为1.45×10^{26}J，相当于4.948×10^{15}t标准煤燃烧时所放出的热量。如果把地球上贮存的全部煤炭燃烧时所放出的热量作为标准来计算，那么，石油的贮存量约为煤炭的3%，目前可利用的核燃料的贮存量约为煤炭的15%，而地热能的总贮存量则为煤炭的1.7亿倍。

地球内热与地球的起源紧密相关。科学家们一致认为，地球物质中放射性元素衰变产生的热量是地热的主要来源。放射元素有铀238、钍235和钾40等，这些放射性元素的衰变过程能自发地放出电子、氦核等高速粒子并形成射线。在地球内部，这些粒子和射线的动能和辐射能在同地球物质的碰撞过程中转变为热能。

地热能资源非常多，但不可能都开发利用，在技术上也无法达到。因此，目前国际学术界把地热资源的范围规定在地壳表层以下 5000m 深度以内，温度在 15℃以上的岩石和热流体所含的热量。

全球主要地热资源的分布区包括太平洋地热带、地中海喜马拉雅地热带、大西洋中脊地热带、红海亚丁湾地热带、东非裂谷地热带，另外还在欧洲大陆的中心也有一些分散的地热源。

中国地跨太平洋和地中海喜马拉雅两大地热带，地热资源比较丰富，拥有低温水热型、低压地热型和火山岩高温地热型等各种地热储存形式的资源。已天然出露和钻探发现的地热点有 3000 多处，仅据已勘探的 40 多个地热田估计，查明地热储量相当于 31.6 亿吨标准煤，远景储量相当于 1353.5 亿吨标准煤。西藏羊八井地热田已获最高地热温度 329.8℃，世界罕见。

9.4.1　地热资源分类

地热流体温度是影响地热资源开发利用价值的最重要因素。如何划分温度等级，目前并不统一。国际上的一般划分方法为：150℃以上为高温，90～150℃为中温，90℃以下为低温。中国地热勘察国家标准（GB 11615—1989）规定，地热资源按温度分为高温、中温和低温 3 级，按地热田规模分为大、中、小 3 类，见表 9-21 和表 9-22。

表 9-21　地热资源温度分级

温度分级		温度界限/℃	主要用途
高温		$t\geqslant 150$	发电、烘干
中温		$90\leqslant t<150$	工业利用、烘干、发电、制冷
低温	热水	$60\leqslant t<90$	采暖、工艺
	温热水	$60\leqslant t<90$	医疗、洗浴、温室
	温水	$25\leqslant t<40$	灌溉、养殖、土壤加温

表 9-22　地热资源规模分类

规模	高温地热田		中低温地热田	
	电能/MW	利用年限	电能/MW	利用年限
大型	>50	30	>50	100
中型	10～50	30	10～50	100
小型	<10	30	<10	100

由于地热源提取热量与地层岩石结构有很大关系，通常把地热资源按照其在地下热储存中存在的不同形式，又分为蒸汽型、热水型、地压型、干热岩型和岩浆型五类。

（1）蒸汽型　蒸汽型地热资源是指地下热储存中以蒸汽为主的地热源，它以产生温度较高的过热蒸汽为主，掺杂有少量其他气体，很少或不携带水分。多孔岩石上覆盖着一层低扩散率层，上面是一层含水层，水以一定速率渗入到多孔岩中产生蒸汽。Geysers，Larderello EI Salvador 地热源都属于这种类型。

（2）热水型　热水型地热资源是指地下热储存中以水为主的对流水热系统，包括喷出地面时呈现的热水以及水汽混合的湿蒸汽，它以产生温度较高的过热蒸汽为主。新西兰拥有该种类型的地热资源。倘若地下热含水层中有多余的水存在，那么井口中产生的蒸汽只有 20％的质量份额，其余是过热热水。这种优秀的岩石结构很少见，这也是它能迅速商业化的原因。

（3）地压型　一般地下水压力接近于补给区的静水压力，而地压地热系统的水压大于静水压力，与上覆盖地层岩石的静压力差不多，所以称作“地压地热资源”。地压型资源具有高压流体机械能（压力）、地热水的热能（温度）和天然气的化学能。此类资源目前尚未被充分认识，但可能是一种十分重要的地热资源。例如，沿着 Texas-Louisiana 海湾的地压热岩层比 Imperial Valley 高温热盐水的温度低，但含有大量不溶解的甲烷。实际上，探索能源潜力所钻探的第一口浓盐地热井并没有封闭甲烷，从该井获得的甲烷是盐水饱和甲烷浓度的2倍，说明这里有甲烷气囊，有些小气泡就能从岩层中带出甲烷。研究表明，盐水地热能和甲烷的单独价值都不足以支持商业开发，而两者的共同价值就提高了经济效益。但岩石可压缩性极小，只有4%～5%的液体是可以回收的。该类地热源是空隙岩石的高温盐水，含盐量可以高达30%，由于盐和热量同时移出，腐蚀性很大且难以去除（如美国加州 Imperial Valley 地热）。也有的含盐量不高，如美国加州的 Baja 地热。

（4）干热岩型　干热岩型资源是比上述各种资源规模更为巨大的地热资源，它是指地下普遍存在的没有水或蒸汽的热岩石。目前对这一领域研究的主要方法是钻热井，而干燥岩具有很高的温度梯度，在2000atm压力下泵水时，不出现水脆性，这样就产生了沿钻孔外延的垂直断裂。这些裂缝的延伸分解表明：给水井通过岩石裂缝的热水渗流可以产生较大的蒸汽量，蒸汽可以在井口收集。由于岩石温度低，热应力会导致岩石进一步断裂，产汽量进一步提高。另一方面，流过某些裂缝的热水可能形成较大的水表面，导致出现沟渠，缩小了有效换热表面。目前是否能开发这种热源还有待于进一步研究。

（5）岩浆型　岩浆型资源是指蕴藏在活火山之下的熔融状和半熔融状岩浆中的巨大能量，它的温度高达600～1500℃左右。在一些多火山地区，这类资源可以在地表以下较浅的地层中找到，但大多数埋在钻探还比较困难的地层中，目前还没有开发利用这种能源的技术。

在上述五类地热资源中，地热蒸汽和地热水资源已被广泛利用，其所包括内能储量极为可观。按目前可供开采的地下3km范围内的地热资源来计算，相当于2.9×10^{12}t煤炭燃烧所发出的热量。干热岩和地压两大类资源尚处于试验阶段，开发利用很少。

9.4.2 中国地热资源

根据中国地形特点和地热背景，中国地热资源可分为高温对流型、中温对流型和低温传导型。中国地热资源分布见图9-48。

高温对流型地热资源主要分布在滇藏和我国台湾地区。西藏南部地表共有600多处高温地热显示，包括间歇泉、沸腾泉、喷气泉、冒汽地面、水热爆炸等种类。其中345处20世纪70年代已考察过。热水分析表明，大部分热水属Cl^{-}-HCO_3^{-}-Na^{+}型，含有丰富的Li、Rb、Cs、B等元素，总矿化度介于1～3g/L之间。西藏地区地表天然放热量622.8×10^{6}J/s。云南腾冲为现代火山区已经确认的水热区58处，其中“热海”热田最具开发前景。地球化学温标显示，腾冲地区热储温度可达230～240℃。滇藏地热带（或称喜马拉雅地热带）实际上是地中海地热带的东延部分，发电潜力5817.6MW，其中西藏为3040MW，占52%。我国台湾地热属“环太平洋地热带”，主要分布在大屯现代火山区和中央山脉变质岩带，前者温度高达293℃，后者热水温度在197～229℃之间。大屯火山区发电潜力$(8\sim20)\times10^{4}$kW，中央山脉地热发电潜力$(5\sim10)\times10^{4}$kW。

中温对流型地热资源主要分布在东南沿海地区，包括广东、海南、广西以及江西、湖南和浙江。这类地热源的成因是在正常或略偏高的地热背景下，大气降水经断层破碎带或断裂发育带渗入地下，并从围岩中汲取热量成为温度不等的地下热水。图9-49是中温对流型地热资源形成的概念模式，这类地下热水在适当条件下（如遇断层）可露出地表成为温泉。

低温传导型地热资源是一类能源潜力巨大的地热资源。主要埋藏在大中型沉积盆地（华北、松辽、苏北、四川、鄂尔多斯等）。据估算，我国10个大中型沉积盆地的可采资源量达到18.54亿吨标准煤。

实际上，自然界很难看到单纯的传导或对流型地热资源，通常地热资源往往是两种类型的叠加。

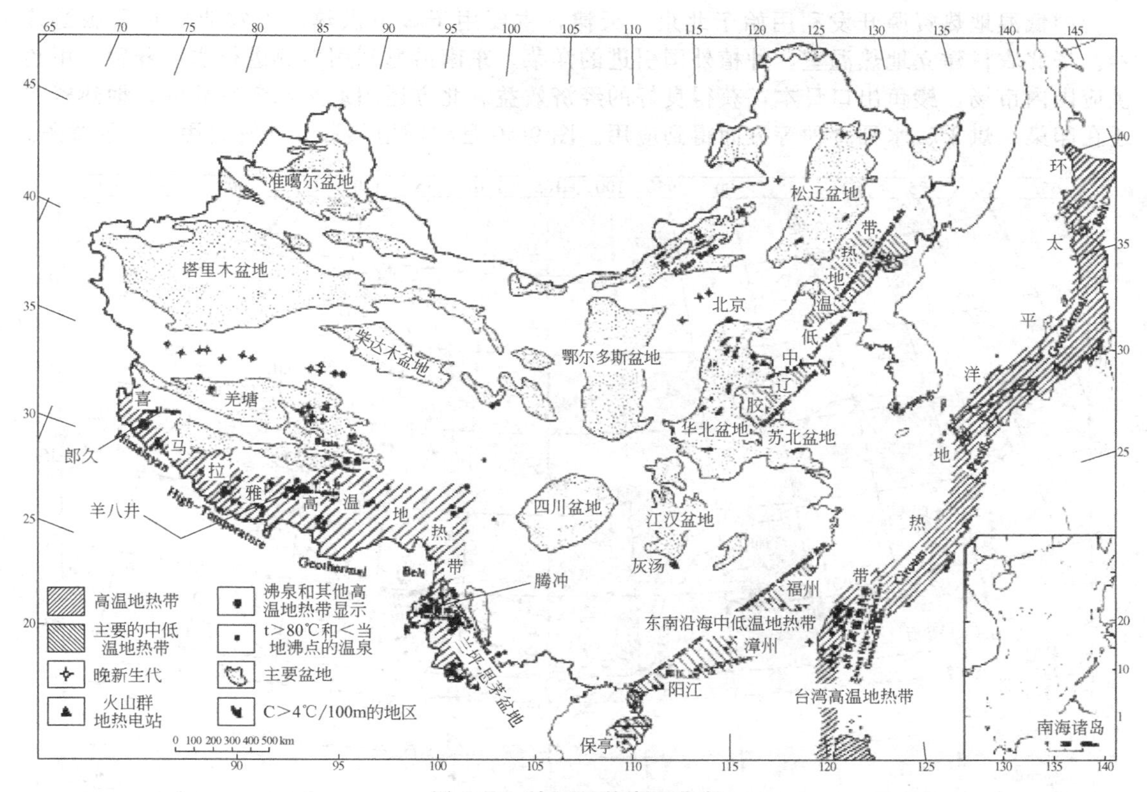

图 9-48　中国地热资源分布

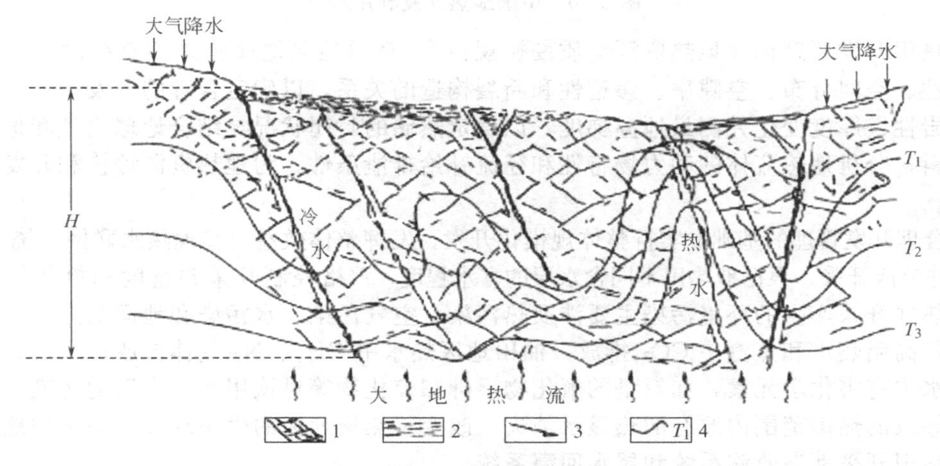

图 9-49　中温对流型地热资源形成的概念模式

1—基岩裂隙介质；2—盖层松散沉积；3—地下水流向；4—等温线

9.4.3　中国地热资源的开发

中国地热资源大规模开发始于 20 世纪 70 年代。1970 年李四光在天津主持召开了动员开发利用地热资源大会，由此掀起地热资源普查、勘探和开发利用高潮。当时上马的项目由于效率低，目前只有广东顺德和湖南灰汤两处地热电站在运行。距离拉萨 90km 的羊八井 1＃机组于 1977 年 10 月运行（1MW），几经扩建，目前总装机容量达 25.18MW。

中低温地热资源开发利用始于北京、天津，主要用于城市供热、工农业用热和旅游疗养。华北农村建立地热温室，种植外国引进的洋菜。东南沿海利用地热进行水产养殖，甲鱼供应国内市场，鳗鱼出口日本，获得良好的经济效益。北方还用地热水冬季养虾，地热资源还在印染、烘干、水稻育种等方面得到应用。图 9-50 是中国地热资源开发利用情况示意图。

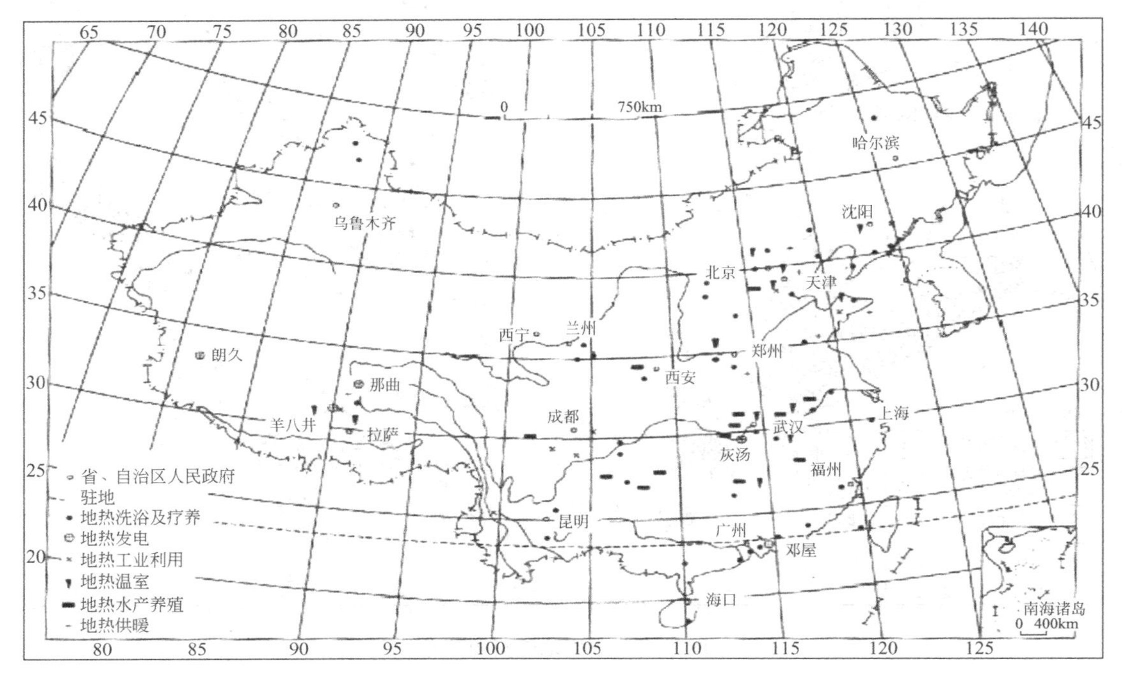

图 9-50 中国地热开发利用示意

地热田开发要遵循《地热资源地质勘探规范》，查明地热地质背景和资源潜力，包括热储的岩性、空间分布、空隙率、渗透性和断裂构造的关系，以确定合理的开发深度。查明热储盖层岩性、厚度变化并测量地温梯度，以确定热储的封闭状况，结合地球物理和地球化学勘探资料，分析地热流体的动力场特性和径流补给排泄条件，为地热资源评价和开发利用提供依据。

在合理开发管理的基础上实行整体规模化开发，发挥整体效益，实现热水联网，统一管理，减少单井分散开采。根据地热田不同含水层的富水程度，严格控制开采井密度和单井年产量。

地热井开采产生的环境污染主要涉及热污染、空气污染、水污染和地面沉降等。空气污染指的是高温热水和蒸汽中 CO_2 排放，油田地区热水中 CH_4、N_2 气体排放；水污染指的是高温热水中有害化学元素，如超量的氟化物、砷和硫化物等对饮用水和农田的污染，以及过量开采导致的热田范围内原有的热显示消失，改变了热田地区的生态环境。为保护地热源需要建立热田开采动态监测系统和尾水回灌系统。

此外，人们感兴趣的地热都采用地表下灼热泥浆取样方法确定，这类地质学取样方法已经应用到许多领域。岩石导热能力很低，热泥浆是以千米来计量的，冷却时间需要 100 万年。一个理想的地热源需要广泛测量温度与深度的关系，并确定有无油气存在。有温度数据可以计算出垂直温度梯度，有可能发电的地热区域，其温度梯度超过 20℃/km。

9.4.4 地热发电技术

地热发电已经有近百年历史，1913 年，意大利拉德瑞得地热电站是世界上第一座地热电站，这座装机只有 150kW 的电站到 1950 年已经扩建到 293MW。20 世纪 70 年代发生能源危机后，地热电站获得了较快的增长。世界地热装机容量 1980 年为 2110MW，1990 年为 5832MW，2000 年为 7974MW，2002 年为 8000MW。其中美国占第一位，菲律宾占第二位，墨西哥第三，其后依次是意大利、印度尼西亚、日本、新西兰、冰岛、萨尔瓦多、哥斯达黎加、尼加拉瓜、肯尼亚、危地马拉和中国。

9.4.4.1　**地热电站简介**

(1) 意大利拉德瑞罗 (Larderello) 地热电站　意大利地热电站装机容量居世界第四位，其中拉德瑞罗电站为蒸汽型地热田。热储层顶部（一般小于 1000m）温度超过 250℃，地热田最高温度 437℃（3225m 深），蒸汽过热温度 500℃。热田内的 Valle Secolo 地热电站（图 9-51）有 2 台 60MW 发电机组。该电站的关键技术是通过临时减少蒸汽流量和增加回灌量来逐渐增加热储压力，提高由热能向电能转换的整体效率，其中包括新开发的、效率更高的汽轮机。该技术实施以后，发电机组容量将增加 50%。

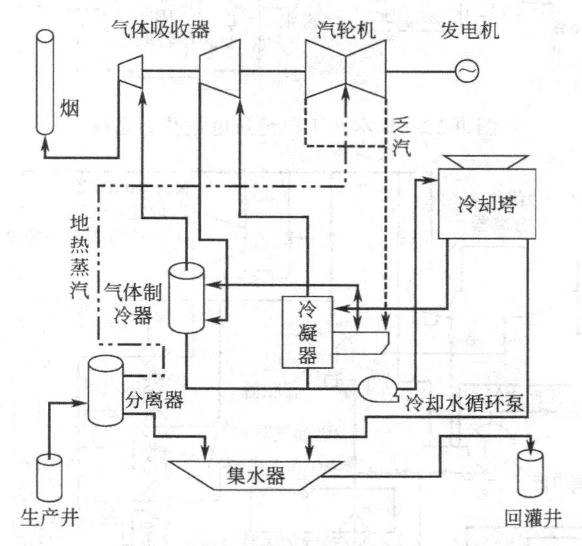

图 9-51　意大利 Valle Secolo 电站工艺流程

(2) 日本八丁原地热电站　二次闪蒸式地热电站。汽轮机用单缸分流冷凝，一次和二次蒸汽分别进入汽缸。抽气器采用一台电动机驱动 4 段弧形增压器，第 2 段和第 3 段之间设置中间冷却器，冷却水采用机械通风式冷却塔，图 9-52 是八丁原地热电站热力系统图。

(3) 俄罗斯穆特洛夫斯克地热电站　有三口地热井抽取地热流体，通过管道输送到“采汽包”，经二级汽水分离系统对地热水进行离析，纯净的地热蒸汽进入 3 台 4MW 发电机组。汽轮机进口压力 0.8MPa，湿度不超过 0.05%，保证了汽轮机内的低含盐量。为提高地热载体热量利用率，利用“热分离”式汽水分离器，蒸发器（膨胀器）在压力约为 0.4MPa 下运行，蒸发器内蒸发的蒸汽约 10t/h，用抽气器排出冷凝器内部凝结气体和硫化氢，使进入汽轮机的蒸汽凝结水中杂质很少。图 9-53 是俄罗斯穆特洛夫斯克地热电站热力系统。

(4) 西藏羊八井地热电站　羊八井热储埋深较小，低热生产井深度一般不超过 100m，汽水混合流体最大流量 160t/h，其中蒸汽 7.8t/h，不凝结气占 1%。1＃机组为实验机组，已经停运。除 5＃机组外，其他均为 3MW 机组。采用 2 级扩容，汽水混合流体通过井口分离器分离后分别由汽、水两根母管送到各机组扩容器，使热效率从 3.5% 提高到 6.0%。图 9-54 是羊八井地热电站热力系统。

9.4.4.2　**中国内陆的地热发电**

20 世纪 70 年代初，在国家科委支持下先后在广东顺德、山东招远、辽宁熊岳、江西温

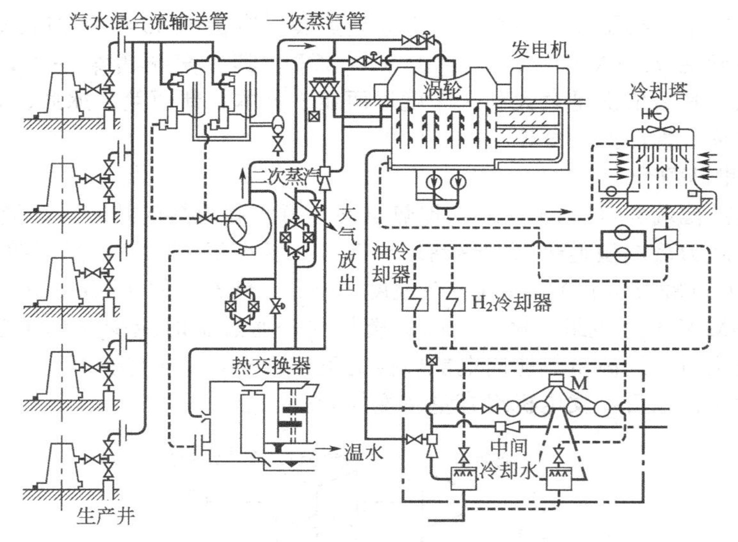

图 9-52 日本八丁原地热电站热力系统

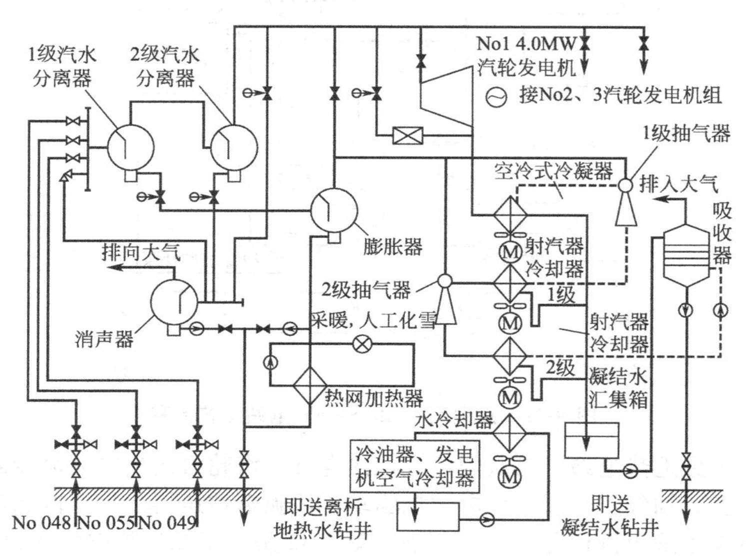

图 9-53 俄罗斯穆特洛夫斯克地热电站热力系统

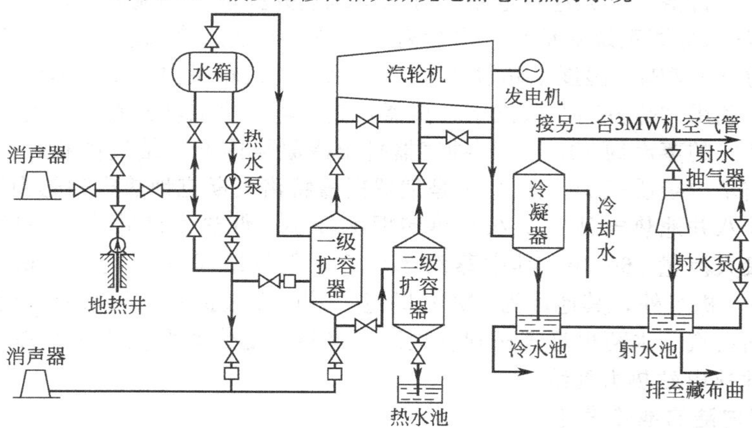

图 9-54 羊八井地热电站热力系统

汤、湖南灰汤、广西象州、河北怀来等地建立一批试验性地热电站，容量都在50～100kW。中国内陆地热电站基本情况见表9-23。

表 9-23　中国内陆地热电站简况

电站	机组号	单机容量/MW	运行时间	运行情况	备　注
西藏羊八井	1	1	1977.10	停运	除1#机组进口外，其余机组均为国产D3-1.7/0.5型机组
	2	3	1981.11	运行	
	3	3	1982.11	运行	
	4	3	1985.9	运行	
	5	3.18	1986.3	运行	
	6	3	1988.12	运行	
	7	3	1989.2	运行	
	8	3	1991.12	运行	
	9	3	1991.2	运行	
西藏那曲	1	1	1993.11	间断运行	ORMAT双循环
西藏郎久	1	1	1987.10	间断运行	改装机组
	2	1	1987.10	间断运行	
广东丰顺	3	0.3	1984.4	运行	减压扩容
湖南灰汤	1	0.3	1975.10	停运	减压扩容
合计		28.78			

1992～2001的10年间，中国地热装机发展不到1MW，其中西藏那曲地热电站属于联合国无偿援助。许多发展中国家地热电站发展很快，装机都超过中国。中国内陆地热电站发展停滞的原因主要如下。

① 高温地热源不多：各国商业性运行的地热电站都与浅层年轻酸性侵入体有关，大多数地热系统都具有高孔隙率和高渗透性的地质环境，中国内陆探明高温地热系统均不属于这种类型。

② 高温地热资源地域分布的局限性：地热资源只能就近使用，限制了发展。中国内陆高温地热资源主要分布在藏南、滇西和川西，属于人烟稀少的高原、经济落后的山区，地热尚未显示出自身优势时，水电建设已经满足了当地的基本用电需求。

③ 高温地热资源勘探的风险：中国内陆高温热储大多为基岩裂隙型，除西藏羊八井浅层热储具有层状分布外，西藏羊八井北区、羊易、狮泉河以及云南腾冲、洱源等地的钻探资料显示均为垂直的带状热储，这类热储勘探难度大，风险高，成井率低。

④ 政策问题：国家未出台以市场机制为基础的激励机制，缺少资金保障和合理开发利用法规以及相关部门之间的协调机制。

发展中国大陆的地热事业，需要重点做好以下几个方面的工作。一是在缺乏传统能源而具有高温地热资源的地区积极发展地热发电。二是研究和完善地热发电设备。三是解决好设备腐蚀问题。四是解决好设备结垢问题。五要解决好地热田的回灌问题。六是各种发电方式协调发展。

地热能的利用分为直接利用和地热发电两大类。地热能的直接利用一般是指将中低温的地热能直接用于工业加工、民用采暖和空调洗浴等，并且也收到良好的经济效益。下面重点介绍地热发电技术。地热发电是利用地下热水和蒸汽作为动力源的一种新型发电技术，它是地质学、地球物理、钻探技术、材料技术和发电技术等多种相互交叉的科学技术。地热发电与火力发电的基本原理相似。地热能首先经过汽轮机，将热能转变为机械能，然后，机械能带动发电机，将其转化为电能。所不同的是，地热发电不像火电那样装备庞大的锅炉，也不需要消耗燃料，它所用的能源为地热能。对不同温度的地热资源，有四种地热发电方式，即直接蒸汽发电法、扩容（闪蒸）发电法、中间介质（双循环式）发电法和全流循环式发电法。

直接蒸汽发电法又分为背压式汽轮机循环和凝汽式汽轮机循环（图9-55）。

扩容法（图9-56）增加了地热水扩容汽化系统，经过除湿可得到干度99%以上的饱和蒸汽。扩容法地热电站设计的关键是确定扩容温度和冷凝温度这两个直接影响发电量的参数。最佳扩容温度的理论公式可作为设计参考：

$$T_j = \sqrt{T_d T_f}$$

式中，T_d 是地热水温度；T_f 是乏汽冷凝温度。

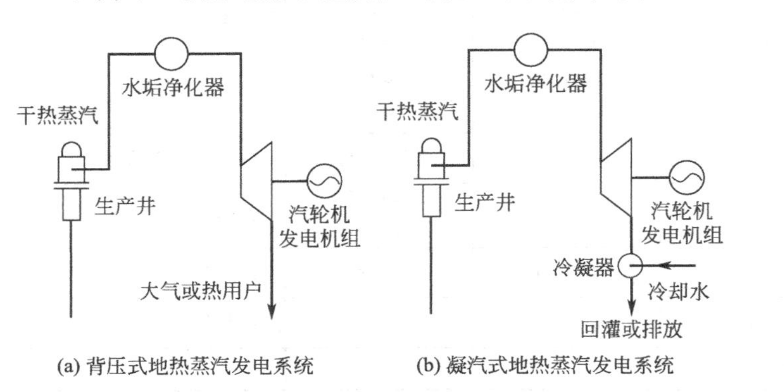

(a) 背压式地热蒸汽发电系统　(b) 凝汽式地热蒸汽发电系统

图 9-55　地热直接发电流程示意

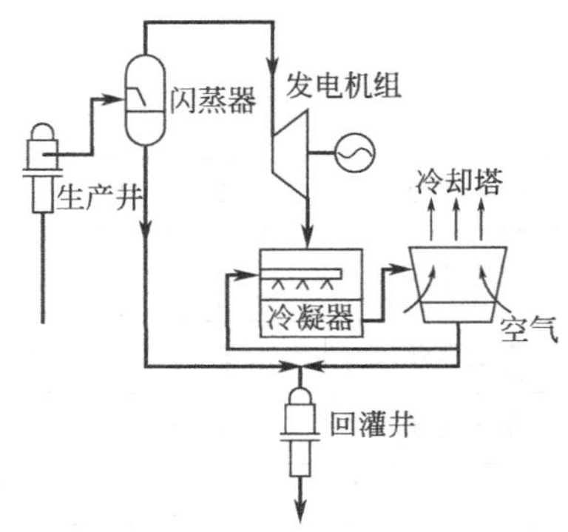

图 9-56　扩容法发电系统原理

中间介质法地热发电（图9-57）首先将抽出的热水流经表面式换热器，加热蒸发器中的介质。工质在定压条件下吸热汽化，产生的饱和蒸汽进入汽轮机做功发电。乏汽通过冷凝器凝结成液态工质，重新开始循环。由于地热水与工作介质互不混淆，特别适合于不凝结气体含量高的地热水，但长期运行换热器表面的结垢应引起足够的重视。

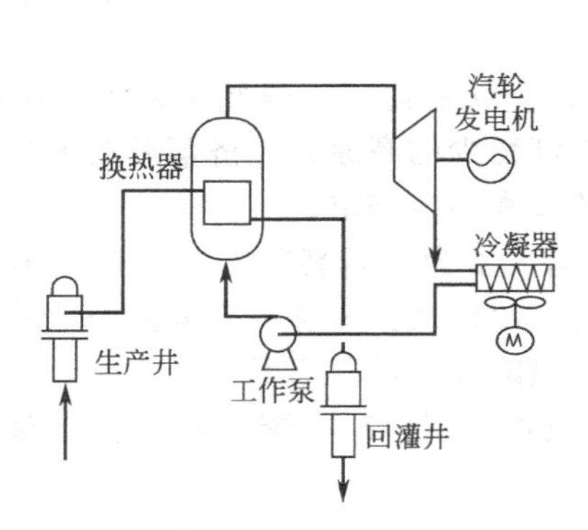

图 9-57　中间介质法地热发电系统

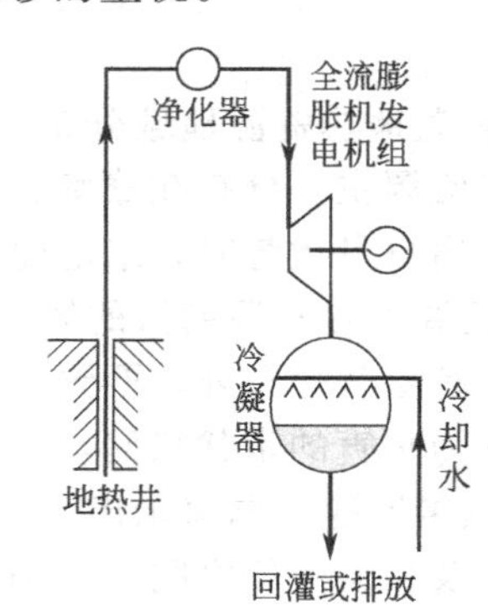

图 9-58　全流循环式地热发电原理

全流循环式发电是针对汽水混合型热水提出的热力循环（图9-58），核心技术是全流膨胀机。地热水进入全流膨胀机绝热膨胀，做功后的汽水混合物进入冷凝器凝结，然后由水泵抽出完成热力循环。

9.4.4.3　地热发电存在的特殊问题

地热电站的特殊问题包括热流体重杂质造成的腐蚀、不凝结气体污染（H_2S，NH_3）和干蒸汽井凝结液中出现的表面水污染（硼和溴）等。很多地热电厂显示了这些问题的严重性，如意大利的Larderello电厂要消费20%的电力回收不凝结气体，美国Geysers电厂，蒸汽投资的 7%要用于处理凝结液（硼和溴含量太高，需回注到地下）。这些问题与具体电厂的底层岩石结构有关。

9.4.5 地热井

9.4.5.1 地热井钻探

地热井是地热发电站系统的关键单元。利用石油和天然气钻探技术钻探地热井已经有 100 多年历史了，形成了成熟的钻探技术。钻头是三个互为 120 度角的电动齿，采用的是坚硬的耐磨材料。在泥浆中采用低转速来对付厚厚的黏土悬浮颗粒，使之自动成为润滑剂和冷却剂以及外排钻探废物的工具。在岩石和电动齿之间，轴向负荷达到 10000kg 的压力，足以压碎岩石。渗透率取决于岩石类型，但通常在油气钻探所遇到的沉积岩中渗透率为 3～7m/h。

Geysers 的钻井经验表明，由于高温导致泥浆结块和井壁空隙堵塞（导致产汽率大为下降）等原因，用泥浆担任常规钻探技术的润滑剂和冷却剂作用难以达到目的，有必要采用压缩空气将钻探碎屑吹出，但当钻探达到产汽层时，由于大量高温蒸气从钻孔中涌出，而压缩空气的冷却作用又相对较弱，高温和润滑不足使钻头寿命急剧下降，在很大程度上增加了钻探费用。

油气田深井钻探正在研究新技术，其中之一就是在 1500～3000atm 压力下采用细孔射水。这些射水进入岩石断裂面使岩石从岩石基体上剥离下来，空隙岩石出现快速断裂。但硬岩、高密度岩，如地热钻探中会遇到的玄武岩，目前还没有这些技术的商业数据。另外一种正在研究的技术是采用钨和钼为基材带有热噪声的洞穿技术，既能耐受高温，又能在岩石上打洞。这些技术的研究结果还没有应用到商业上，但热钻探曾用于盐层钻探。热钻盐层钻探遇到的另一问题是盐孔的自行塌落，原因在于受到了大于名义应力的压缩应力和弯曲应力。

9.4.5.2 地热井的投入产出

图 9-59 是钻井深度与投资的关系。其中硬岩和热蒸汽穿越多孔岩的投资特别高，岩石渗透率不高，要想获得较大的产热量，就需钻探相当的深度才能获得足够的表面积，以产生足够的蒸汽流。图 9-59 的投资是在 15～30cm 钻探直径下获得的。限制取得地热的一个因素是地下蒸汽的压力和热水流量（见图 9-60，Geysers 热井的数据）。最大经济运行条件是高蒸汽流量条件，此时，蒸汽压力是零流率时的 1/3，压力消耗于蒸汽穿越空隙岩石的过程。

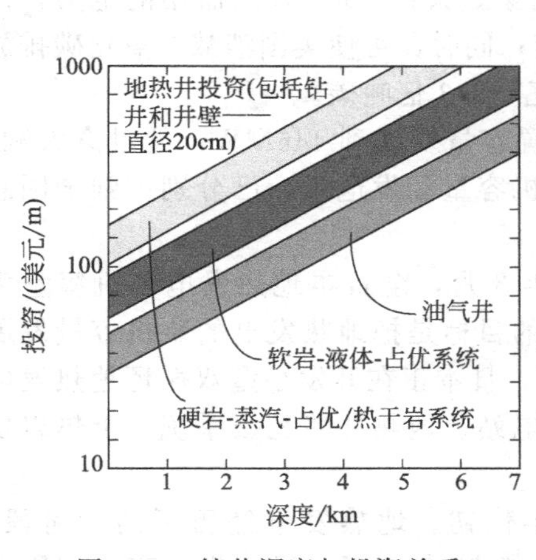

图 9-59 钻井深度与投资关系

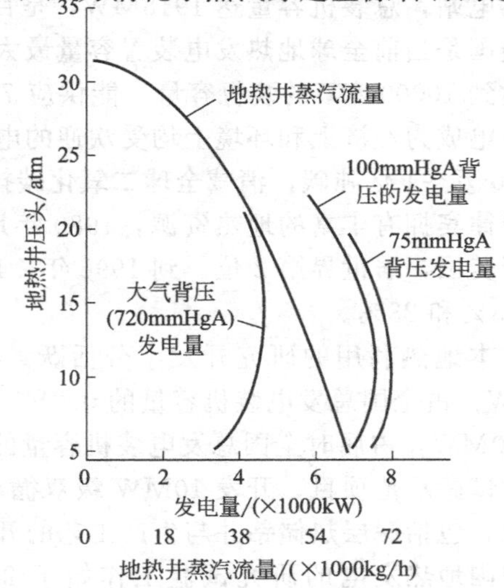

图 9-60 地下蒸汽的压力与热水流量和发电量关系

图 9-61 是三种井壁外壳尺寸下热水、蒸汽压降和流率对热输出的制约。热水和蒸汽热源的电力输出见图 9-62。如果通过热水岩石和管表面的阻力不大，这些图可以用于估算热井的有用输出。

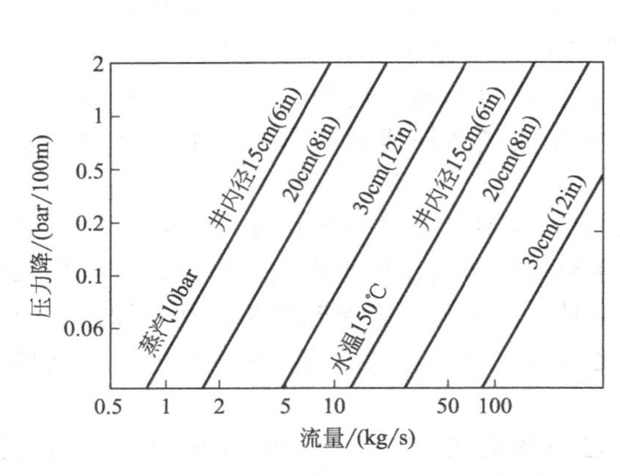

图 9-61 不同外壳尺寸下热水、蒸汽压降和流率对热输出的制约

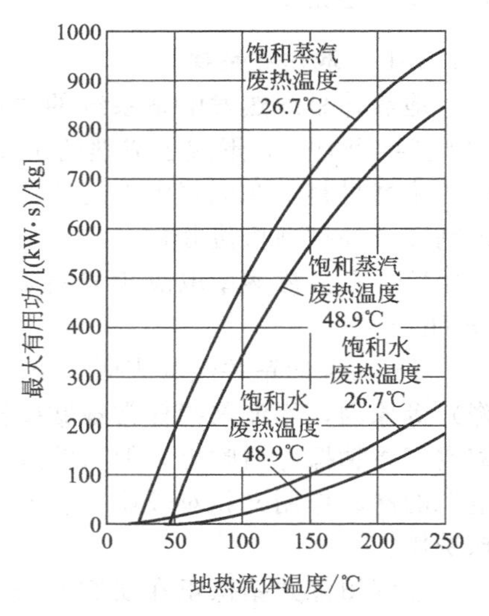

图 9-62 热水和蒸汽热源的最大有用功

一口热井的价值还取决于热井寿命，热井寿命通常取决于热井的岩石条件。以新西兰为例，运行第一年电力输出迅速下降，不到测试时的一半，但以后很快就稳定住了，运行了很长时间。Geysers 的寿命为 8 年。有证据显示，热井的寿命不必高于 10 年。较短的热井寿命和较长的汽轮机寿命要求在一定范围内应有多眼热井。

9.4.6 世界地热发电现状与发展前景

自 1904 年，意大利在拉德瑞罗建立起世界上第 1 座小型地热蒸汽试验电站，迄今为止，全世界至少已有 21 个国家已经开始利用地热发电，约有 250 个地热电站。美国加州的吉赛斯地热电站，总装机容量达 1918MW，是目前世界上最大的地热电站。

美国是当前全球地热发电装置容量最大的国家。美国能源部预计在 2010 年，国内地热发电达到 10000MW 的装机容量，能供应 700 万个美国家庭共约 1800 万人需用的电力，使地热发电成为经济上和环境上均受欢迎的电力发展方案；同时，可使美国消减二氧化碳排放量 8000 万～1 亿吨碳，消减全球二氧化碳排放量 1.9 亿～2.3 亿吨碳。

菲律宾拥有丰富的地热资源，1980 年地热发电装置容量发展到 446MW，超过意大利，仅次于美国，居世界第 2 位。到 1996 年，地热发电装机容量和发电量，已分别占到全国总量的 13%和 23%。

日本地热利用的研究开发十分活跃。截至 1997 年 3 月，全日本地热发电装机容量为 530MW，占全国总发电装机容量的 0.2%。到 2010 年的目标是把地热发电的装机容量发展到 2800MW，占届时全国总发电装机容量的 1%。目前，日本正在开发小型双循环地热发电系统的试验示范项目，开发 10MW 级双循环地热示范电站、地热井兆瓦级系统、干热岩发电系统，包括深层热储钻井与生产工艺的开发等。

中国地热发电的研究试验工作始于 20 世纪 70 年代初。地热发电经历了两大阶段：1970～1985 年期间，以发展中低温地热试验电站为主；1985 年以后，进入发展商业应用高温地热电站的阶段。目前中国高温地热电站主要集中在西藏地区，总装机容量为27.18MW，其中羊八井地热电站装机容量为25.18MW，是中国自行设计建设的第1座用于商业应用的、装机容量最大的高温地热电站，年发电量约达1亿千瓦时，占拉萨电网总电量的40%以上。预计2010年，中国发展高温地热发电装机25～50MW，累计装机达到60～100MW，主要是勘探开发滇藏高温地热200～250℃以上深部热储，力争单井地热发电潜力达到10MW以上，单机发电装机容量达到10MW以上。

9.5 海洋能及其发电技术

海洋占地球表面积的70.8%，蕴藏着丰富能源，它既是吸能器，又是贮能器，包含着巨大的动力资源。海水蕴藏着的这一巨大的动力资源的总体就叫做海洋能，包括：月球引力引起海水涨潮和落潮而产生的潮汐能；地球的旋转构成海流偏斜，使海水流动而产生的海流能；风浪起伏、波涛澎湃的波浪能；由海洋表层和深层的海水之间的温差而引起的海水温差能；万河汇流、咸水淡水交错形成奇妙的盐度差能；还有沉睡海底的大量甲烷冰（被誉为“可燃冰”）。海洋是人类使用不完的能源宝库。

人类在地球上繁衍生息，只是现代才进行海洋石油开发，而真正的海洋能资源基本上还没有利用。1981年联合国教科文组织公布，全世界海洋能的理论可再生总量约为766亿千瓦，迄今技术上可以开发的海洋能资源至少有64亿千瓦。中国内陆海岸线长达18000多公里，海洋面积为470多万平方公里，拥有6500多个岛屿，海洋能资源十分丰富，据估算可开发量约6.3亿千瓦，其中潮汐能1.9亿千瓦，海洋温差能1.5亿千瓦，盐度差能1.1亿千瓦，波浪能及海流能约1.8亿千瓦，均分布在煤、水等能源贫乏的沿海工业基地附近，如果能够加以开发利用，将为我国提供数量相当可观的可再生能源。

9.5.1 潮汐能

9.5.1.1 潮汐和潮汐能定义

中国古天文学历法中，把一天两次的潮水涨落分别称为：白天的海水涨落为潮，晚上海水的升降为汐。这种现象是由于月球和太阳对地球各处引力不同所引起海水有规律的、周期性的涨落现象，习惯上称作“潮汐”。

潮汐能就是潮汐所具有的能量。潮汐含有的能量十分巨大，潮汐涨落的动能和位能可以说是一种取之不尽，用之不竭的动力资源，故有人们誉称它为“蓝色的煤海”。潮汐能的大小直接与潮差有关，潮差越大，能量也就越大。由于深海大洋中潮差一般较小，因此，潮汐能的利用主要集中在潮差较大的浅海、海湾和河口地区。

9.5.1.2 潮汐能发电

潮汐能发电是人类利用海洋能最为广泛且发展最为迅速的一种方式。潮汐发电，就是利用海水涨落及其所造成的水位差来推动水轮机，将潮汐的动能和位能通过水轮机变成机械能，然后再由水轮机带动发电机，将机械能转变为电能。

潮汐发电按其能量形式的不同可分为两种：一种是利用潮汐的动能发电，即利用涨潮落潮时水的流速直接去冲击水轮机发电；一种是利用潮汐的势能发电，就是在海湾或河口修建拦潮大坝，利用坝内外涨、落潮时的水位差来发电。利用潮汐动能发电，一般是在流速大于1m/s地方的水闸中安装水力转子来发电，它可充分利用原有建筑，因而结构简单，但是由于潮流流速周期性的变化，致使发电时间不稳定，发电量较小。因此，目前一般较少采用这种方式。利用潮汐势能发电，虽然造价较高，但发电量大，然而也存在由于潮汐周期性变化而带来的发电间歇性的缺点。图 9-63 是潮汐发电示意图。

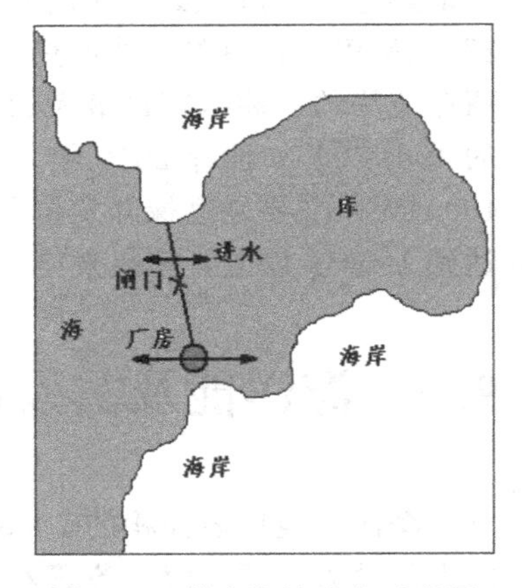

图 9-63 单库潮汐发电示意图

9.5.1.3 潮汐能发电站发电量估算

潮汐能发电站的实际装机容量和发电量，一般用经验公式计算，中国的经验公式如下。

(1) 单向潮汐发电站

装机容量 $N(\mathrm{kW})=200A^2F$

年发电量 $E(\mathrm{kW\cdot h})=0.4\times10^6A^2F$

式中，A 表示平均潮差，m；F 表示水库面积，m^2。

(2) 双向潮汐发电站

装机容量 $N(\mathrm{kW})=200A^2F$

年发电量 $E(\mathrm{kW\cdot h})=0.55\times10^6A^2F$

9.5.1.4 潮汐能发电优点及其存在的关键技术问题

潮汐能发电主要有下述优点。①能量可以再生，取之不尽，用之不竭，不消耗化石燃料；②潮汐的涨落具有规律性，可以做出准确的长期预报，供电稳定可靠，没有枯水期，可长年发电；③清洁能源，没有环境污染；④运行费用低；⑤建设时不存在淹地、移民等问题；⑥除发电外，还可进行围垦农田、水产养殖、蓄水灌溉等项事业，综合收益高。

潮汐能发电作为一项新能源开发利用技术，其存在的关键技术问题有：①单位投资大，造价较高。潮汐能发电站中，水轮发电机组和水工建筑分别占潮汐能发电站总造价的 50% 和 45%，这两方面是影响潮汐能发展的主要制约因素。②海洋环境对电站的影响。其中主要是泥沙冲淤问题，由于潮流和风浪的扰动，造成泥沙淤积，使水库容积缩小，发电量减小，同时，还加速了水轮机叶片磨损，对于潮汐发电极其不利。③存在发电具有间断性的问题。潮汐发电站的发电出力随着潮汐的涨落而变化。

潮汐能发电站虽然一次性投资大，单位造价高，但是建成以后海水可以大量稳定地自动供应，并且电站仅需少量人员管理，因而发电成本可降低。根据国外 20 世纪 90 年代的资料潮汐能为 0.05 法郎/(kW·h)，水电站为 0.05 法郎/(kW·h)，火电站的发电成本为 0.4 法郎/(kW·h)，内燃机发电为 0.6 法郎/(kW·h)。可见，潮汐能发电与水力发电的成本相当或稍高，较火力发电、核能发电的成本低。

对于潮汐发电的经济性而言，总体来说，目前还稍逊于水力发电等常规能源发电，这也是当前所有新能源开发利用普遍存在的问题。但在各类海洋能发电甚至整个新能源发电中，潮汐发电站的发电成本是最低的。目前中国潮汐发电站发电投资成本约为 2000～2500 元/kW。

9.5.2 波浪能

9.5.2.1 概述

风和水的重力作用使海水产生起伏运动，造成海洋风大浪高，波涛汹涌。人们很早就意识到波浪中存在着巨大的能量，挪威、美国、英国和日本都进行了大量的研究。从物理学上而言，水质点相对于静水面位移的势能和水质点运动的动能的总和是波浪能。在深水中，动能不能传播，随波浪传播的只是占全部能量一半的势能。虽然波浪能与风能一样，能量密度较低，但是它的总量很大，据估计全世界的波浪能约 30 亿千瓦，其中可利用的约占三分之一。南半球的波浪比北半球大，如夏威夷以南、澳大利亚、南美和南非海域的波浪能较大，北半球主要分布在太平洋和大西洋北部北纬 30°～50°之间。中国沿海的波浪能分布也是南大于北，据推算，我国波浪能的可开发量约为 7000 万千瓦。

9.5.2.2　**波浪能转化及其波力发电现状**

波能转化装置繁多，但它们都必需三个基本转化环节：第一级为受波体，第二级为中间转换器，第三级为最终转化的应用装置。

第一级受波体是将大海的波浪能转换为装置实体持有的能量。通常为一对实体，即受能体和固定体。受能体直接与海浪接触，将波浪能转换为机械运动；固定体相对固定，它与受能体形成相对运动。

第二级中间转换是将第一级转换与最终转换沟通。因为波浪能经过第一级转换往往达不到最终推动机械运动的要求，不仅是因为其水头低、速度低，而且稳定性也较差，中间转换就是起到传输能量和稳定输出的作用。

第三级最终转化的应用装置是为了适应用户的需要，则将中间转换的机械能变为电能，通过发电机发电。

波力发电是波浪能的主要用途。很多种机械都能将波浪能转化为电能，早在 20 世纪 60 年代日本就试制成功小型波力发电装置，主要用于海上浮标灯。日本人采用质量和浮力可调的柱状浮标，使浮标随着波浪摆动的频率与波浪的频率相同。水中的垂直运动驱动一个推进轮机（Propeller turbine)，当浮子改变方向时叶片角度自动变化，使发电机和推进轮机始终在一个方向上。其中一些装置已用于照明和海岬浮标灯。在海浪相对平静时，采用蓄电池供电。另外一种机械以水为活塞来压缩在一个中心筒中上下浮动的柱状体和喇叭形的浮筒中的压缩空气。以上所有装置的问题是获得一个简单、可靠的装置，既能承受住风暴，又能有效地生产电能。

20 世纪 70 年代，日本着手研究波力发电船。80 年代以后，欧洲和日本先后建立起不同规模的岸式波力发电装置。中国科学院广州能源研究所和交通部广州海水安全监督局研制了船用波力发电装置“中水道一号”航标灯船，并于 1990 年投入运行。

近年来，丹麦、挪威、英国和日本纷纷建立了岸式波力电站，而且装机容量也愈来愈大。日本山形县建造了 40 千瓦波力电站，并长期运行。挪威在卑尔根市附近兴建 500 千瓦波力电站后，英国又在路易岛设计 5000 千瓦波力电站，预计年发电量可达 1640 万千瓦小时。我国也在广东的大万山海岸进行了岸式波力发电试验。

9.5.2.3　**波浪能发电系统存在的问题**

波浪能动力系统主要有五个问题，分别是：①能量散漫，要求庞大的系统；②风暴中才会出现很大的能量，因此要求结构坚实；③对风的依赖性很强，波幅和波频以及方向都在变化；④平均水面高度随着潮汐而变化；⑤可用能变化大，有时甚至为零。

9.5.3　冷热交替海洋温差热能

海水是一个巨大的吸热体，太阳辐射到地球表面的热能，很大一部分被海水吸收，且多半被保存在海水的上层。越往深处海水越冷，在数百米深度以下，海水的温度只有摄氏几度，而海面的水温却在 30℃左右，温度相差可达 20 多度。这种温差可以用来能量转换。

人们关注海水温差这一潜在能源如何应用已经有整整一个世纪了。海洋温差热能转换主要用于温差发电。早在 1881 年法国物理学家雅克·德·阿松瓦尔就揭示了利用海洋温差发电的概念。1920 年古巴海岸进行过一个试验，但不幸失败了。直到 1929 年法国工程师乔治·可劳德在古巴的马坦萨湾建造了世界上第一个海洋热能转换试验装置，才证实了海洋温差发电的可能性。

在 20 世纪 70 年代美国开始重视海洋温差发电的基础研究。首先要将冷海水从 400m 或更深的海里提升出来，而提升海水的水泵电耗要在可以接受的程度。要采用大管径，并可以直接连接到海上的浮动电厂。起码的条件是距离海岸130km，发电量要不小于100MWe。1979年美国能源部开始重视海洋温差热能转换试验，在一艘重268吨的海军驳船上安装试验台，采用液氨为工质，以闭式朗肯循环方式，采用中间介质法发电模式，其设计功率50千瓦。随后由于国际石油价格下跌，该研究进入一个低谷时期。美国在20世纪90年代提出雾滴提升循环法利用海洋温差能发电的新思路。美国瑞基威（S. L. Ridgway）提出，不用低温介质，也不需汽轮机，而是采用多微孔（约0.1微米孔径）组成的雾化器，用海洋温水作热源，一小部分水在雾化器中被蒸发，大部分水成雾状，于是汽液两相流在底部和顶部的压差下，由提升管慢慢被提升到顶部的冷凝器，再由深海的冷水进行喷淋冷却，被冷却的水以其势能推动水轮机旋转，带动发电机发电。这样就以水轮机替代汽轮机，设备简化，效率提高。现在日本也在进行该方面的研究。图9-64是利用雾滴提升原理示意图。

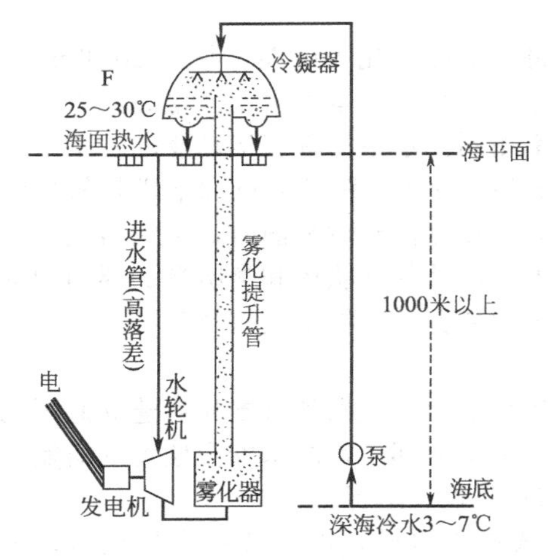

图9-64 雾滴提升循环原理图

图9-65 OTEC海水温差热发电

世界上第一台试验装置OTEC在夏威夷建成，并于1979年发电。汽轮机功率50kW，海水温差22℃，取水深度655m，取水量2700g/m，采用内径为56cm的聚乙烯管道。泵水电耗不高于40kW，即可以输出10kW电力。由于海暴袭击，使冷水管进口破裂，试验只持续了6个星期。图9-65是OTEC设计的100MWe装置的概念图，其内径为107m。

海水温差热发电系统固有的低卡诺循环效率（约4%）意味着要处理大量的海水，为此需要十分庞大的换热器和汽轮机。为了解决这个问题，一个方法是采用闪蒸锅炉直接从热海水中获得蒸汽，但这要设计一个非常庞大的汽轮机（转子直径45m）；另一个方法是采用热力学工质，如氨或氟里昂，但要承受锅炉换热器的附加温度损失。由于前一种方法的汽轮机壳投资太大，使人们一直青睐后一种方法，并希望改进这项技术。

分析换热器投资需要了解常规电厂凝汽器的数据，因为两者很相似，最重要的是换热表面数量和每千瓦发电量的泵水量。表9-24给出TVA Bull Run电厂和OTEC的设计数据。序号10的凝汽器表面比OTEC大200倍，序号8冷却水泵电耗比OTEC大75倍。循环热海水和冷凝器除氧的电耗也大，约为泵冷海水电耗的60%和70%，这样大的附加电耗（相当于电厂输出的一半）是一个严重的问题。如果上述估算可以认可，实际附加电耗占1/2，则电厂净输出只有发电量的一半，相当于电厂投资提高一倍。类似的，凝汽器投资约为电厂投资的25%，如果冷凝器投资提高，全厂投资也就受到影响。汽轮机外壳必须承受巨大的外部压力（内部接近真空运行），可以采用钢筋混凝土建造。

表 9-24 OTEC 电厂与 TVA Bull Run 电厂和冷凝器相关的参数比较

序号	参 数	TVA Bull Run 电厂	西屋公司 OTEC 电厂
1	电厂净输出/MW	850	100
2	电厂毛输出/MW	914	148
3	蒸汽流量/(kg/s)	478.2	1379
4	蒸汽流量/(m^3/s)	1533	1692
5	蒸汽流量,热负荷/(MW・t)	1043	3296
6	冷却水流量/(kg/s)	25070	419936
7	冷却水泵功率/kW	2355	21000
8	冷却水泵功率比/%	0.28	21.0
9	冷凝器表面/m^2	29730	606700
10	单位功率冷凝器表面积/(m^2/kW)	0.03498	6.07
11	冷凝蒸汽温度/℃	30.5	7.78
12	冷却水进口温度/℃	12.8	4.44
13	冷却水出口温度/℃	22.7	6.25
14	LMTD/℃	12.2	2.33
15	热流/(W/m^2)	35098	5441
16	总传热效率/[W/(m^2・℃)]	89.1	72.4
17	冷却水管长度/m		973

9.5.4 海水盐差能

当陆地上的涓涓细水汇进百川大海时，就会形成一边是淡水，一边是咸水的情况。科学家们注意到，就在这种咸淡混合中可以提取到能量，因为它们之间存在着盐度不同的浓度差。起初，科学家们为了证实这种能量，曾做过这样一个实验：将两种不同浓度的溶液放在一起，中间隔一透过层，淡的溶液就会向浓的方向渗透，直至两边的浓度相等才会停止。根据这个原理，人为地在淡水面引一股淡水与深入海面几十米的咸水混合，在此混合处就会产生相当大的渗透压力差，足以带动水轮机旋转。

在世界海洋能蕴藏量中，盐度差能量最大，据估计约有 300 亿千瓦，可供开发量按十分之一计算也有 30 亿千瓦。它分布较广，其中我国约为 1.1 亿千瓦。美国曾有人估算，若利用密西西比河口流量的 1/10 去建立盐差发电站，其装机容量可达 100 万千瓦。或者说，每立方米淡水入海，约可获得 0.65 千瓦小时的电力。而淡水总是要入海，若能利用每日每时不断入海的淡水，即使回收千万分之一的盐差能量，这种可再生能源也是非常可观的。

盐度差能发电的设计方案很多，主要有美国诺曼博士 1974 年提出的浓度差能水轮发电机，美国学者休梅克 1981 年提出的强力式休梅克方案，以色列学者洛布提出的压力延滞渗透能利用方案和美国学者威克和伊萨克斯提出的蒸汽压差法。不过，目前仅有美国能源部支持一家太阳能公司做过 50 千瓦渗透能发电装置，采用微孔渗透膜为隔膜材料，但未获商业性突破。

9.6 风能及风力发电

人类利用风能的历史已有几千年，最早利用风能是从风帆开始。东汉刘熙在《释书》一书中曾写道："帆泛也，随风张幔曰帆"，表明中国在 1800 年前已开始利用风帆驾船。风力提水机也是古老的风能利用，我国至少在一千多年前就有了风力提水装置。公元 1637 年宋应星在《天工开物》一书记载有："扬郁以风帆数扇，俟风转车，风息则止"，这形象说明当时已有风车问世。埃及、荷兰、丹麦等国也是世界上较早利用风能的国家。古埃及利用风力磨碾粮食，18 世纪中叶，荷兰建有 2000 座风车，大量使用风车排水，围海造地，成为举世闻名的人工"沧海变良田"。

根据不同需要，风能可以转化为不同形式的能而被利用，诸如可以转化为机械能、电能、热能等，以实现提水灌溉、发电、供热等功能。在能源可持续发展的要求下，风能利用的主要领域是风力发电。

9.6.1　风的产生与风能定义

地球表面被厚厚的"大气层"包围，由于太阳辐射与地球的自转、公转以及河流、海洋、山丘及沙漠等地表的差异，地面各处受热不均匀，造成了各地区热传播的显著差别，使大气的温差随之发生变化，加之空气中水蒸气的含量不同，地面气压发生变化，于是高压空气就向低压区流动。地球表面和大气层中的空气随时随地向任何方向流动，在气象学上，把空气极不规则的运动称为"紊流"，上下垂直的运动叫"对流"，只有当空气沿地面做水平运动时才被称为风。大气移动最终的结果是要使全球各地的热能分布均匀，于是赤道暖空气向两极移动，两极冷空气向赤道移动，所以大气压差是风产生的根本原因。

由空气运动产生的动能即为风能。既然风的产生来自太阳能的转换，因此，从广义上讲，风能也是太阳能的一部分。太阳辐射到地球的热能中约有 20%被转变成风能。据理论计算，一年中整个地球可从太阳获得 5.4×10^{24}J 的热量，全球大气中总的风能量约为 10^{14}MW，其中蕴藏的可被开发利用的风能约有 3.5×10^{9}MW，这比世界上可利用的水能大十倍。世界能源理事会的相关资料表明，地球表面（107×10^{6}km^2）有 27%的地区年平均风速高于 5m/s（距地面 10m 高），如将这些地方用作风力发电，则每平方公里的风力发电能力最大值可达 8MW，总装机容量为 24×10^{13}W。据分析，其中仅 4%地区有可能安装风力发电机组，则以目前技术水平，可认为每平方公里的风能发电量为 0.33MW，平均每年发电量为 2×10^{6}kW·h。倘若全球风力资源能充分利用，那将是十分可喜的前景。

9.6.2　风能特征及风能估算

风能的基本特征包括风速、风级和风能密度。

（1）风速　风速是风速仪在极短时间内测量的瞬时风速。指定时间内多次测得的风速平均就得到平均风速，如日平均、月平均和年平均风速。风速与测量高度有关，通常的测量高度取 10m。一般选取 10 年中平均风速最大、最小和中间三个年份为代表年，分别计算这三年的风能密度加以平均，其结果作为当地常年平均值。

（2）风级　Francis Beautort（1774～1859）于 1805 年拟定了风力等级，虽然 1946 年进行了修正，但实际上使用的仍是 12 级风速。表 9-25 给出风级的表现。

（3）风能密度　通过单位截面的风所含的能量称风能密度。风能密度与空气密度密切相关，而空气密度与空气温度、湿度和气压有关。风能密度的计算公式是：

$$W=\frac{\rho\sum N_i v_i^3}{2N}$$

式中，W 为平均风能密度，W/m^2；v_i 为等级风速，m/s；N_i 为等级风速 v_i 出现次数；N 为各等级风速出现的总次数；ρ 为空气密度，kg/m^3。

（4）风能计算　通常评价风能资源开发利用的主要指标是有效风能密度和年有效风能时数，风能实际上就是气流流过的动能。

表 9-25　风级表现

风级	名称	相应风速/(m/s)	表现	风级	名称	相应风速/(m/s)	表现
0	无风	0～0.2	炊烟上	7	疾风	13.9～17.1	步难行
1	软风	0.3～1.5	烟稍斜	8	大风	17.2～20.7	树枝折
2	轻风	1.6～3.4	树叶响	9	烈风	20.8～24.4	烟囱毁
3	微风	3.5～5.4	树叶晃	10	狂风	24.5～28.4	树根拔
4	和风	5.5～7.9	烟尘起	11	暴风	28.5～32.6	路罕见
5	轻劲风	8.0～10.7	水起波	12	飓风	>32.6	浪滔天
6	强风	10.8～13.8	大树摇				

风能的简单计算公式可以从气流的动能推出：

$$E=\frac{1}{2}mV^2$$

式中　m 为气体的质量；V 为气流的速度。

设单位时间内气流通过面积为 S 的截面的气体体积为 L，则

$$L=VS$$

若空气的密度为 ρ，则空气质量 m 为：

$$m=\rho L=\rho VS$$

此时气流所具有的动能可写为：

$$E=\frac{1}{2}\rho SV^3$$

上式即为风能的表达式，ρ 的单位是 kg/m^3，S 的单位是 m^2，V 的单位是 m/s，E 的单位为 W。从风能公式可以清楚看出，风能的大小与气流密度和通过的面积成正比，与气流速度的立方成正比。

9.6.3　风力发电

9.6.3.1　风力发电概述

风力发电是在风力提水机的基础上发展起来的。19 世纪末，首批 72 台单机功率 5～25kW 的风力发电机组在丹麦问世。随后，不少国家开始相继研究风力发电技术。尤其在第二次世界大战以后，较大的能源需求量更进一步刺激了世界风力发电的发展。在 20 世纪 70 年代连续出现的石油危机和随之而来的环境问题迫使人们考虑可再生能源利用问题，风能发电很快重新被提上议事日程。自 20 世纪 80 年代以来，单机容量在 100kW 以上的水平轴风力发电机组的研究及生产在丹麦、德国、荷兰、西班牙等国都取得了快速发展。到 20 世纪 90 年代，单机容量为 100～200kW 的机组已在中型和大型风电场中占有主导地位。

丹麦是世界上最大的风力发电机组生产国，产量占世界 60%以上，在其出口产业中位居第二。1999 年丹麦风电总装机达 174 万千瓦，其发电量已占全国的 10%；2030 年将达 550 万千瓦，发电量将占全国 50%。为防止地球变暖，欧洲承诺到 2008 年 CO_2 排放水平比 1995 年要减排 19%，而丹麦承诺减排 21%。

德国是近年来风电发展最快的国家。到 2001 年底，风电总装机容量达到 873 万千瓦，占世界风力发电总装机容量的 35%。美国从 20 世纪 70 年代石油危机后开始发展风力发电，到 2001 年底，美国风电总装机为 425 万千瓦，居世界第二位。

英国具有欧洲最好的风力资源，是丹麦的 28 倍。虽然风电发展较晚，但从 20 世纪 90

年代初风电装机容量不到1万千瓦迅速发展到1999年的36万千瓦，2001年达到53万千瓦。政府计划到2010年风力发电等可再生能源的发电量将提高到占总量10%的水平。

中国濒临太平洋，季风强盛，海岸线长达18000多公里，内陆还有许多山系，改变气压分布，形成非常广的风能资源。据初步分析，全国20%的国土面积具有比较丰富的风能资源，主要分布在东南沿海及其岛屿，西北、华北和东北的三北地区，特别是新疆达坂城和内蒙古大草原，风能资源极为丰富。根据全国气象台风能资料估计，全国陆地可开发装机容量7.5亿千瓦，经粗略估计，海上风能资源更大，可开发装机容量10亿千瓦。

中国风力发电的发展历史较短，目前中国风力发电研制重点分为两个方面：一是1kW以下独立运行的小型风力发电机组，二是100kW以上运行的大型风力发电机组。到2002年底，全国微型和小型风力机组约有24.8万台，居世界首位。中国大型风力发电机组的研制从20世纪80年代开始。1986年中国与德国合作并研制出单机容量为20kW的立轴达里厄型风力发电机，安装于北京郊区，1991～1995年期间，与丹麦合作生产出单机容量为120kW的风力发电机组，此外，还有自己研制的600kW的风力发电机组。

总之，风电是21世纪最具开发利用前景的一种可再生能源，根据联合国对新能源和可再生能源的估计，认为今后20年，随着风电发电成本下降，世界风力发电的发展将会有较大突破。

9.6.3.2　风力发电系统简介

（1）风力发电机组分类　风力发电机的种类很多，分类方法也不尽相同。按照发电容量划分，有大型、中型、小型风力风轮发电机，但是各国对大中小型的概念也不一样，只是相对而言，我国大致上把10kW以下的风力发电机称为小型风力发电机，10～100kW级叫做中型，100kW以上为大型。按照它收集风能的结构形式及在空间的布置，可分为水平轴风力发电机和垂直轴风力发电机，当然还有一些特殊的异型风力发电机，如扩压型和旋风型等风力发电机。

（2）风力发电机组成　风力发电机一般由风轮、发电机（包括传动装置）、调向器（尾翼）、塔架、限速安全机构和储能装置等构件组成，大中型风力发电系统还有自控系统。图9-66是小型风力发电机结构示意图。其工作原理是：风轮在风力作用下旋转，将风的动能转化为机械能，发电机在风轮轴的带动下旋转发电。

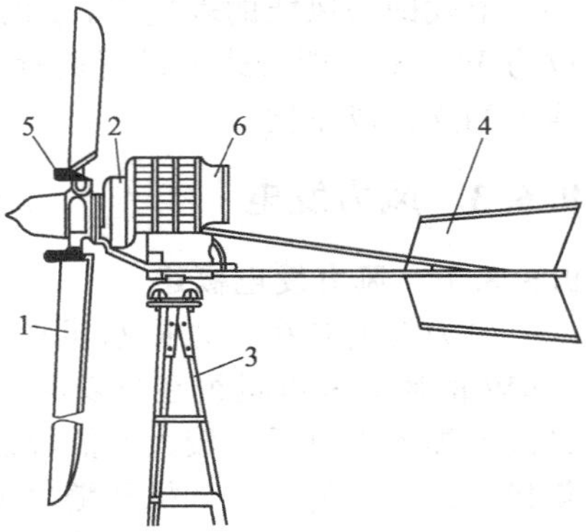

① 风轮。集风装置，将流动空气具有的动能转变为风轮旋转机械能。一般采用2～3个叶片，叶片在风力作用下产生升力和阻力。

图9-66　小型风力发电机基本构成
1—风轮（集风装置）；2—传动装置；3—塔架；4—调向器（尾翼）；5—限速调速装置；6—做功装置（发电机）

② 发电机。有三种风力发电机，即直流发电机、同步交流发电机和异步交流发电机。小功率风力发电机多采用同步或异步交流发电机，发出的交流电经过整流装置转换成直流电。

③ 调向器。尽量使风力发电机的风轮随时都迎着风向，最大限度地获得风能，一般采用尾翼控制风轮的迎风朝向。

④ 限速安全装置。保证风力发电机安全运行。风轮转速过高或发电机超负荷都会危及风力发电机安全运行。限速安全装置能保证风轮的转速在一定的风速范围内运行。除了限速装置外，风力发电机还设有专门的制动装置，在风速过高时可以使风轮停转，保证特大风速下风力发电机的安全。

⑤ 塔架。风力发电机的支撑机构。考虑到便于搬迁和成本因素，百瓦级风力发电机通

常采用管式塔架，管式塔架以钢管为主体，在 4 个方向上安置张紧索加固。稍大的风力发电机塔架采用桁架结构。

（3）风力发电机性能　由于自然界的风速极不稳定，风力发电机的输出功率也极不稳定，所发出的电力不能直接用在电器上。蓄电池是风力发电机采用最普遍的储能装置，可以将风力发电机发出的电能先储存在其中，然后向直流电器供电，或通过逆变器将蓄电池的直流电变成交流电再向交流电器供电。

风力发电机的性能曲线是输出功率与场地风速之间的关系曲线，计算公式为：

$$P=\frac{1}{8}\pi\rho D^2 v^3 C_p \eta_t \eta_g$$

式中，P 为风力发电机功率，kW；ρ 为空气密度，kg/m^3；D 为风力发电机风轮直径，m；C_p 为风轮的功率系数，一般在 0.2～0.5 之间，最大为 0.593；η_t 为风力发电机传动装置的机械效率；η_g 为发电机的机械效率。图 9-67 是风力发电机功率输出曲线；图 9-68 是单机容量 600kW 风力发电机结构图。

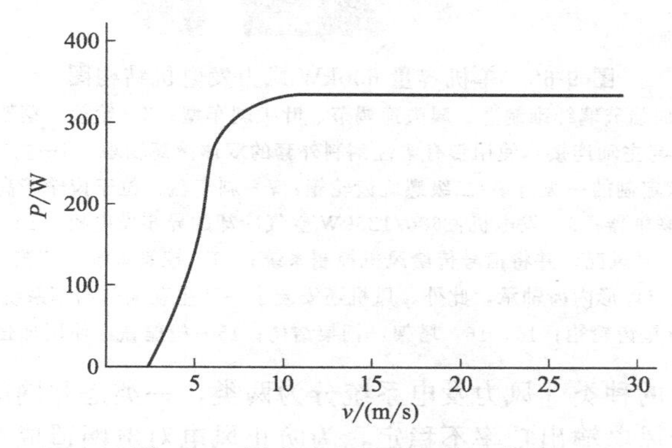

图 9-67　风力发电机功率输出曲线

根据场地的风场的风能资料和发电机的功率曲线，可以估算风力发电机的年发电量，其方法是：

① 根据场地的风速资料，计算从风力发电机的启动风速到停机风速的全年各级风速的累积小时数；

② 根据风力发电机的功率输出曲线，计算出不同风速下的发电功率；

③ 估算年发电量 Q

$$Q=\sum_{v_0}^{v_1} P_v T_v$$

式中，Q 为风力发电机的年发电量，kW·h；P_v 为风速 v 下，风力发电机的输出功率，kW；T_v 为场地风速 v 的年累计小时数；v_0 为风力发电机的启动风速，m/s；v_1 为风力发电机的停机风速，m/s。

风力发电机发电量除受自身条件影响外，还受到场地条件的影响，风场的选择上需要注意以下问题。

① 风能资源要丰富。风能资源是否丰富，主要取决于年平均风速、年平均有效风能密度和年有效风速时数三个指标。根据我国气候部门的有关规定，年有效风速时数在 2000～4000h，年 6～20m/s 风速时数在 500～1500h 时，就具有安装风力发电机的资源条件。

② 具有稳定的盛行风向。

③ 风力发电机尽可能安装在盛行风向比较稳定、季节变化比较小的地方。

④ 湍流小。湍流能造成风力发电机的机械振动。

⑤ 自然灾害小。风力发电机场址应尽量避开强风、冰雪、烟雾等严重的地区。

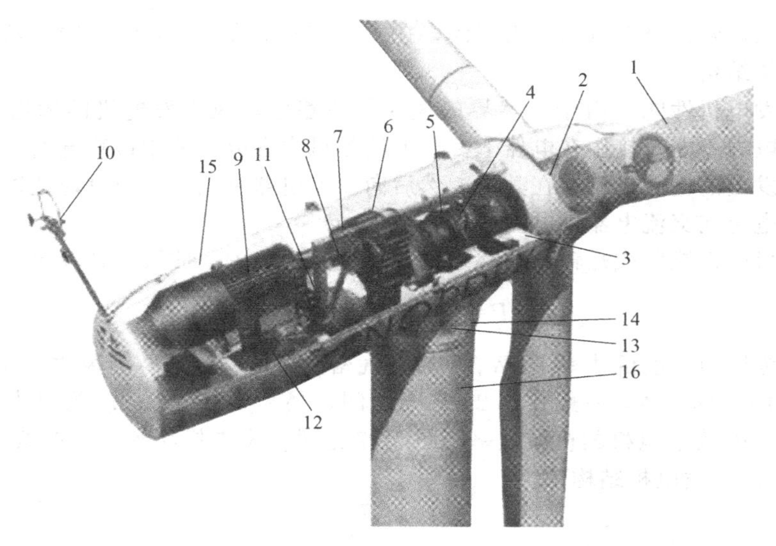

图 9-68 单机容量 600kW 风力发电机结构图

1—叶轮；叶片使用可塑加强玻璃纤维制造，属失速调节、叶尖刹车型；2—轮毂：钢架结构；3—机轮内框架：金属焊接构架；4—叶轮箱与主轴连接：使用带有柔性钢制外套的双球滚筒轴承；5—主轴：用高强度抗拉型钢制；6—齿轮箱：根据客户要求定制的一级行星/二级螺旋齿轮箱；7—刹车盘：位于齿轮箱高速轴侧的卡钳式圆盘闸；8—发电机的连接：柔性联轴器；9—发电机：600/125kW 空气冷却的异步发电机；10—风测量系统：包括风速仪和风向标，监测即时风况，并将信号传给风机控制系统；11—控制系统：监测和控制风机的运行；12—偏航轴承：四点球形内齿轴承，此外，风机还安装了一套主动偏航刹车系统；13—偏航驱动：由电机驱动的两个行星齿轮箱；14，16—塔架：钢架结构；15—机舱盖：使用加强可塑玻璃纤维制造

（4）风力发电系统的种类 风力发电系统分为两类，一类是并网的风电系统，另一类是独立的风电系统。由于风电输出功率不稳定，为防止风电对电网造成冲击，风电场装机容量占接入电网的比例不宜超过 5%～10%。这是限制风电发展的重要制约因素。

9.6.3.3 风力发电的经济性

（1）离网微小型风力发电技术 主要用于解决电网覆盖不到的农牧区照明灯生活用电。微小型风力发电机功率多在 100～150W 之间，整个系统包括风力发电机、蓄电池、灯具、逆变器、导线和开关等。表 9-26 给出了牧民使用的 100W 风力发电机的运行费用，显示 100W 风力发电实际成本为 2.31 元/(kW·h)。

表 9-26 牧民使用 100W 风力发电机成本

项 目	风力发电机	蓄电池	灯具	合计
数量	1	2	3 盏灯，电线等	1198
初投资/元	788	360	50	
使用年限/年	10	3	10	
平均投资/(元/年)	78.8	120	5	203.8
年维修费用/(元/年)	50			
年发电总费用/(元/年)	253.8			
系统年发电量/(度/年)	260			
系统发电成本/(元/度)	0.98			
年实际用电量/度	110			
实际承担的发电成本/(元/度)	2.31			

如果使用电网延伸方法，边远无电地区居民供用电还本利息成本高于 8 元/度。这些地区考虑油料的运输成本，柴油/汽油发电成本也高于 6 元/度。因此，微小型风力发电是最经济的供电方案。

（2）并网大中型风力发电机技术　上海市风力发电二期项目引进先进的风力发电技术，在南汇和崇明建设两个风电场，总装机容量 20MW（14+6），单机容量 800～1500kW，总投资 1.83 亿元，主要技术经济指标见表 9-27。

表 9-27　风电项目主要技术经济参数

项　　目	参　数
年上网电量/万度	4000
初始投资	
风电机及相关设备售价(含塔架)/万元	12720
风电机、塔架安装成本/万元	3003
配套输变电工程成本/万元	408
道路工程成本/万元	156
配套建筑成本/万元	1710
单位规模其他成本/万元	140
形成无形递延资产的成本(含土地)/万元	120
运行维修费用	
工资及福利/(万元/年)	108.72
维修费/(万元/年)	362.74
其他费用/(万元/年)	50

项目发电成本的计算公式为：

$$C=\sum_t (I_t+Q_t+F_t+S_t)\times(1+r)^{-1}/\left[\sum_t G_t\times(1+r)^{-1}\right]$$

式中，t 表示第 t 年；I 表示建设投资；Q 表示运行维护费；F 表示燃料费；S 表示工资与福利；G 表示净发电量；r 表示贴现率。不同贴现率下的发电成本见表 9-28。

表 9-28　不同贴现率下的发电成本

贴现率/%	0	6	8	10
风力发电成本/(元/度)	0.374	0.522	0.590	0.663

可知，贴现率 8%时的发电成本为 0.59 元/度，高于当地煤电发电成本，所以风电还不具备与煤电竞争的能力。

9.6.4　中国的风能资源

9.6.4.1　影响中国风能的主要因素

（1）大气环流的影响　东南沿海及东海、南海诸岛，因受台风影响，最大年平均风速在 5m/s 以上。东南沿海有效风能密度不低于 200W/m^2，有效风能出现时间百分数可达80%～90%，全年风速大于等于 3m/s 的累计小时数为 7000～8000h，风速大于等于 6m/s 的累计小时数有 4000h。岛屿上的有效风能密度为 200～500W/m^2，风能可以集中利用。福建台山、东山和台湾的澎湖等有效风能密度都在 500W/m^2 左右，风速大于等于 3m/s 的全年累计小时数可达8000h。但大岛的风能分布特点有所不同。台湾风能南北两端大，中间小，海南西部大于东部。中国风能资源分布见图9-69，中国全年风速大于等于3m/s的小时数见图9-70。

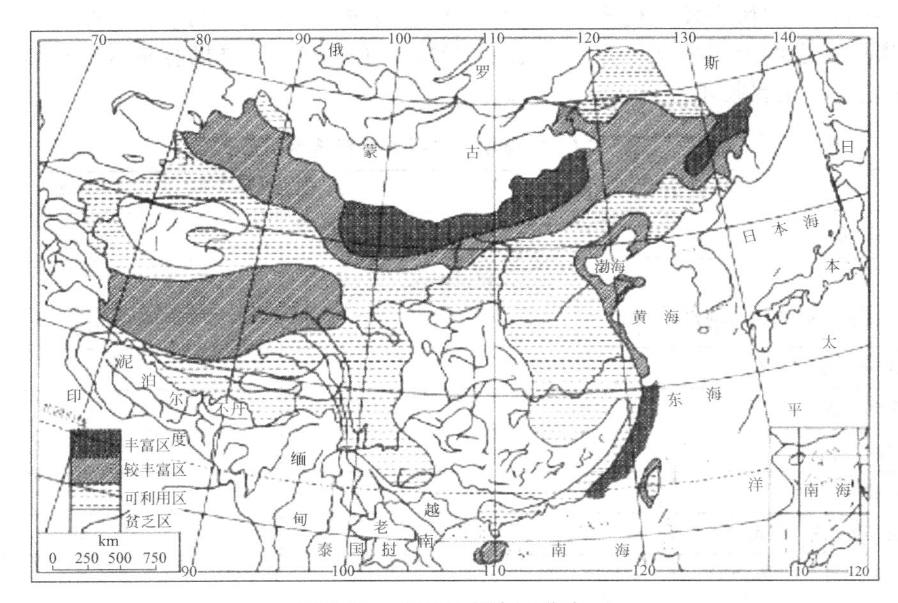

图9-69 中国风能资源分布图

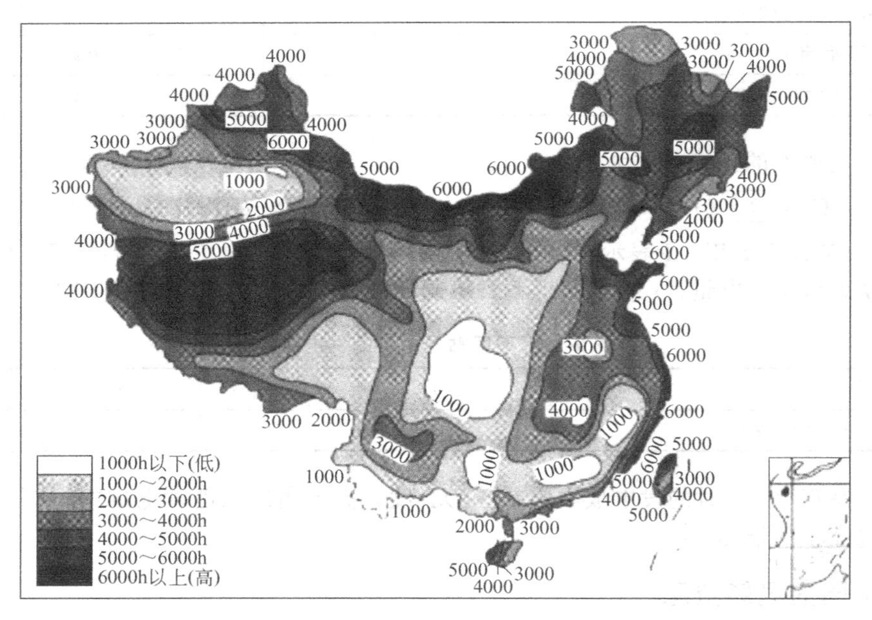

图9-70 中国全年风速大于3m/s小时数分布图

内蒙和甘肃北部高空终年在西风带控制下，这一地区年平均风速在4m/s以上。有效风能密度200～300W/m^2，风速大于等于3m/s的全年累计小时数在5000h以上，是全国风能连片的最大地区。云贵川、甘南、陕南、豫西、鄂西和湘西风能较小，其风能没有利用价值。

（2）海陆和水体对风能分布的影响　中国沿海风力比内陆大，湖泊比周边湖滨大。这是由于气流流经海面或湖面的摩擦力较小，风速较大。由沿海向内陆或湖面向湖滨，动能消耗很快，风速急剧减小。福建海滨是中国风能分布丰富地带，而距海滨 50km 处反而成为风能贫乏地带。若一台风登陆风速为 100%，登陆 50km 后只剩下 68%。

（3）地形对风能密度的影响　主要受山脉、海拔高度和中小地形的影响。

9.6.4.2　中国风能资源特点

（1）季节性变化　中国位于亚洲大陆东部，濒临太平洋，季风强盛。内陆地形复杂，青藏高原耸立西北，改变了海陆影响所引起气压分布和大气环流，增加了我国季风的复杂性。冬季风来自西伯利亚和蒙古，夏季风来自太平洋、印度洋。

（2）地域性变化　东南沿海风能密度大（200～300W/m^2），风速高，有效风时长，风能潜力大。内蒙古和西北地区风能密度也达到 150～200W/m^2，青藏高原北部和中部为 150W/m^2。

一般认为，风电场可分为三类。年平均风速 6m/s 以上为较好，7m/s 以上为好，8m/s 以上为很好。中国 6m/s 以上的地区全国仅有几处，仅占全国面积的 1%，主要分布在长江到南澳岛之间的东南沿海及其岛屿，包括山东、辽东半岛、黄海之滨、南澳岛以西的南海之滨、海南岛和南海诸岛、内蒙古从阴山山脉以北到大兴安岭以北、新疆达坂城、阿拉山口、河西走廊、松花江下游、张家口北部等地以及分布在各地的高山山口和山顶。

中国沿海水深在 2～10m 的海域面积很大，风能资源好，因此靠近我国东部的主要用电负荷区域，适宜建设海上风电场。

我国风能丰富地区主要分布在西北、华北和东北的草原戈壁以及东南沿海诸岛，其中一些地区是缺少煤炭等常规能源的地区。在时间上，冬春季风大，降雨量少，夏季风小，降雨量大，与水电的枯丰形成互补性。

9.6.4.3　中国风能资源的区划

（1）区划标准　第一级区划选用能反映风能资源多寡的指标，即利用年有效风能密度和年风速大于等于 3m/s 的累积小时数，将全国分成 4 个区（表 9-29）。第二级区划指标选用一年四季各季风能大小和有效风速出现的小时数。第三级区划指标采用风力发电机安全风速，即抗大风能力，一般取 30 年一遇。

表 9-29　风能区划标准

项　　目	丰富区	较丰富区	可利用区	贫乏区
年有效风能密度/(W/m^2)	≥200	150～200	50～150	≤50
风速≥3m/s 的年累计小时数/h	≥5000	4000～5000	2000～4000	≤2000
占全国面积/%	8	18	50	24

一般按一级区划指标划分就可以粗略了解风能区划的大的分布趋势。

（2）一级区划指标的气候特征

① 风能丰富区

a. 东南沿海、山东半岛和辽东半岛沿海区。全国风速大于等于 7m/s 的地区都集中在东南沿海；风速大于等于 3m/s 的小时数全年有 6000h 以上，风速大于等于 6m/s 全年小时数 3500h 以上，其中平潭风速大于等于 3m/s 每天就有 21.75h。30 年一遇 10 分钟平均最大风速可达 35～40m/s，瞬时最大风速可达 50～60m/s。

风大的原因主要是海面比起伏不平的陆地摩擦阻力小。相同气压梯度条件下，海面风比陆地风大。

b. 三北地区。年平均风能密度 200W/m^2 以上。风速大于等于 3m/s 有 5000～6000h，风速大于等于6m/s有3000h以上。本地区受蒙古高压气流控制，30年一遇10分钟平均最大风速可达30～35m/s，瞬时最大风速可达45～50m/s。

c. 松花江下游区。风能密度200W/m^{2}以上，风速大于等于3m/s的时间5000h以上，每年风速大于等于（6～20）m/s的时间在3000h以上。30年一遇10分钟平均最大风速可达25～30m/s，瞬时最大风速可达40～50m/s。

② 风能较丰富区。

a. 东南沿海内陆和渤海沿海区：从汕头沿海向北，沿东南沿海到江苏、山东、辽宁沿海到东北丹东。实际上是丰富区向内陆的扩展。风能密度150～200W/m^2，风速大于等于3m/s的时间有4000～5000h，风速大于等于6m/s的时间有2000～3000h。30年一遇10分钟平均最大风速可达30m/s，瞬时最大风速可达50m/s。

b. 三北南部区。从东北图们江口向西，沿燕山北麓经河套穿过河西走廊，过天山到新疆阿拉山口南，横穿三北中北部。风能密度150～200W/m^2，风速大于等于3m/s的时间有4000～4500h，30年一遇10分钟平均最大风速可达30～32m/s，瞬时最大风速可达45～50m/s。

c. 青藏高原区。风能密度150W/m^{2}以上，个别地方可达180W/m^2。而3～20m/s出现的时间却比较多，一般在5000h以上。仅以风速大于等于3m/s的时间区分应属于丰富区，但由于这里海拔在3000～5000m以上，空气密度小，相同风速下风能小。如同为8m/s风速，上海的风能密度为313.3W/m^2，呼和浩特仅为286.0W/m^2，两地高差为1000m。30年一遇10分钟平均最大风速可达30m/s，虽然极端风力可达11～12级，但由于空气密度小，风压却只相当于10级风。

③ 风能可利用区。

a. 两广沿海区。南岭以南，包括福建海岸向内陆50～100km的地带。风能密度50～100W/m^2，风速大于等于3m/s的时间有3000～4000h，30年一遇10分钟平均最大风速可达37m/s，瞬时最大风速可达58m/s。

b. 大小兴安岭山区。风能密度100W/m^2，风速大于等于3m/s的时间有2000～4000h，30年一遇10分钟平均最大风速可达30～32m/s，瞬时最大风速可达45～50m/s。

c. 中部地区。东北长白山向西过华北平原，经西北到最西端，贯穿中国东西广大地区，占国土面积50%。风能密度100～150W/m^2，风速大于等于3m/s的时间有4000h左右，30年一遇10分钟平均最大风速可达25m/s，瞬时最大风速可达40m/s。

④ 风能贫乏区。

a. 云贵川和南岭山地。以四川为中心，西至青藏高原，北至秦岭，南到大娄山，东到巫山和武陵山，四周为高山，冷空气难以侵入，风能密度仅为35W/m^2，风速大于等于3m/s的时间2000h以下，成都仅有400h。30年一遇10分钟平均最大风速可达20～25m/s，瞬时最大风速可达30～38m/s。

b. 雅鲁藏布江和昌都区。由于山脉屏障，冷暖空气都难侵入。风能密度仅为50W/m^2，风速大于等于3m/s的时间2000h以下，30年一遇10分钟平均最大风速可达25m/s，瞬时最大风速可达38m/s。

c. 塔里木盆地西部。四面环山，冷空气偶尔穿过天山，为数不多。30年一遇10分钟平均最大风速可达25～28m/s，瞬时最大风速可达40m/s。

中国已建和拟建的风能发电场见图9-71。

9.6.5 风能政策设计和主要风能政策

9.6.5.1 风能政策设计

风能政策分为直接政策和间接政策。直接政策直接作用于风能领域，主要通过直接影响

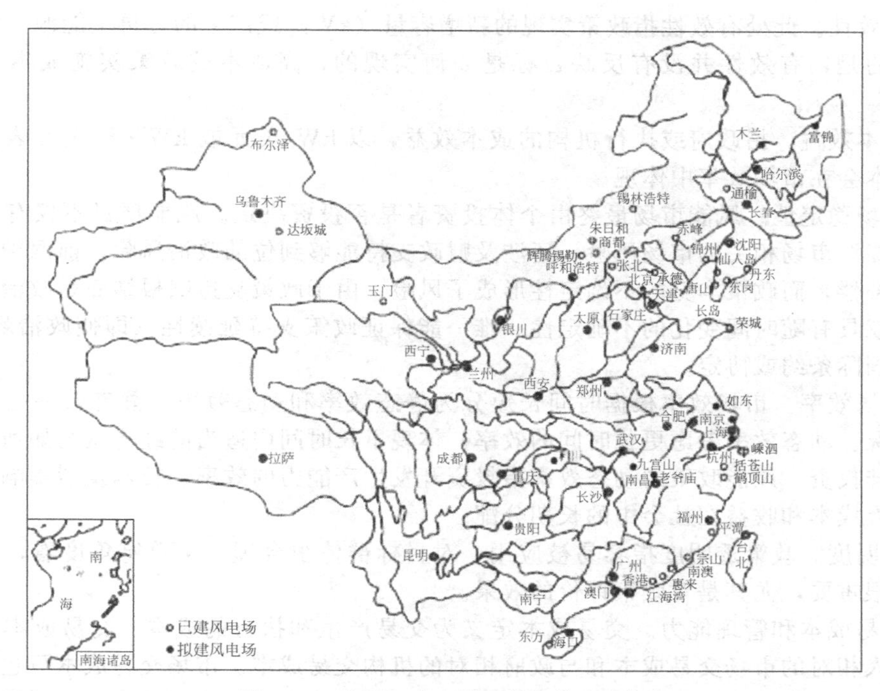

图 9-71　中国已建和拟建的风能发电场

风力资源部门和市场来促进风能发展，大体分为经济激励政策和非经济激励政策。前者向市场参与者提供经济激励，强化其在市场中的作用；后者通过和主要利益相关者签订协议或通过行为规范来影响市场。间接政策为风能发展去除障碍。另一种分类方法是按照研发、投资、电力生产和电力消费四个阶段的价值链划分（表 9-30)。

表 9-30　按照政策类型和在发展链上所处的位置对风能政策的分类

项目	经济激励政策	非经济激励政策
研发	固定政府研发补贴 示范项目、发展、测试设备的专项拨款 零(或低)利率贷款	
投资	固定政府投资贷款 投资补贴的投标体系 使用风能的转化补贴 生产或替代旧的可再生能源设备 零(或低)利率贷款 风力资源投资的税收优惠 风力资源投资贷款的税收优惠	
生产	长期保护性电价 以营利运行为基础的保护性电价投标系统 风能生产收入的税收优惠	
消费	消费风能的税收优惠	

9.6.5.2　风能政策的评价

评价风能政策的标准应考虑到政策的影响范围和影响的持续性，设立的评价标准有：有效性、成本效益、市场稳定性、市场效率、透明度、交易成本和管理能力、公平的分配成本利益和风能市场与其他市场的融合共 8 个。

① 有效性。此处有效性指政策实现的新增容量（kW）或产生的可再生能源（kW·h）。值得注意的是，有效性并没有反映目标是如何实现的，高成本的政策实施成本可能过于昂贵。

② 成本效益。指政府或执行机构的成本效益，以kW/美元或kW·h/美元表示，整个社会的成本会在市场效率中体现。

③ 市场稳定性。风能市场最终由个体投资者是否投资决定。风能项目不仅有新技术风险，有与能源市场相关的市场风险，还涉及财政支持能够到位的政治风险。前两种风险可由政策工具补偿，而政策本身的不确定性形成了风险。由于政策支持归根结底是政治问题，所以它本身就具有随时间变化的不确定性。唯一能保证政策支持延续性（即使政治环境变化）的政策是国际条约或协定。

④ 市场效率。市场效率根据时间长短分为静态效率和动态效率。静态效率指达到短期效率的情况。动态效率考虑更长时间的效率，体现了长时间内适当的经济激励如何刺激资本产品的最佳投资。风能政策的动态效率指投资开发生产能力的效率、技术发展影响以及投资和技术发展成本和收益在社会中的长期分配。

⑤ 透明度。政策透明度指容易被应用、对目标群体很合理。从政府角度看，资金流动的透明度很重要，尤其是对政策评价的效果。

⑥ 交易成本和管理能力。交易成本定义为交易产生和执行的成本。交易成本可分为投资者与商人相对的市场交易成本和与政府相对的机构交易成本。市场交易成本可包括搜索成本、谈判成本、批准成本、监督成本、执行成本、调整成本；机构交易成本包括完善讨论中的政策工具、形成法律条文、建立管理框架、由管理机构和法院实施政策（执行、监督、强制）、与反对政策的政治团体斗争、使社会接受政策。

⑦ 公平的分配成本利益。从政府角度看，为长期支持风能发展，公平分配风能发展中的成本和利益是很重要的。政策工具的公平性与政策本身无关，但与其设计非常相关。

⑧ 风能市场与其他市场的融合。是衡量技术和部门支持政策能否可持续发展的准则。要从直接政策支持扶植发展的市场发展转化到完全由需求拉动的成熟市场，部门更需学会如何适应市场变化。在一个自由竞争的能源市场，国际市场间的融合尤为重要，尤其是制定国际贸易的统一政策系统是政策长期可行的基础。

9.6.5.3 主要风能政策

（1）长期保护性政策（Feed-in-Tariffs） 一种促进风电生产的机制。提供给风电开发商的是得到担保的电力销售价格以及电力公司的购电合同，以保障项目周期内的收入。价格水平和期限可以发生变化，但在一般执行中都保证价格水平和销售合同期限具有足够的吸引力。

作为有效刺激风电发展的措施，促进了欧美风电发展。德国、丹麦和西班牙都成功实施了长期保护性电价。除了为电力销售提供了稳定而有吸引力的价格，还提供了标准化上网的要求。欧洲其他国家包括卢森堡、奥地利、比利时、芬兰、葡萄牙和瑞典也实行上网电价，但吸引力稍差。丹麦是世界上最大的风电技术开发和制造业中心，其配套政策包括投资补贴、税收优惠、低成本融资、研究开发基金等。由于决策人越来越倾向于支持刺激竞争并能最大程度降低成本的机制，美国在加利福尼亚（率先提出）、缅因州和其他一些州实行长期保护性电价，加利福尼亚州形成了相当规模的风电场和风电制造业。

（2）政策评价 长期保护性电价体系对风能发展有着切实影响，政策成功的部分原因在于长期保护电价的特征，但大部分原因在于政策设计。普遍特征是根据不同技术来设置保护性电价，也可以根据时间或季节规定上网比例，还可以根据投资阶段设计，为新投资的技术设置低的价格。

① 有效性。非常有效，电价得到保障，让投资者可以放心地收回投资。基于这个原因，购电价格在整个实际项目期间都有保证。德国价格从装机起20年有效，西班牙至少5年有效。

② 成本效益。各国对价格保证程度不一，长期保护性电价在市场参与者中分摊，所以对政府来说成本效益很高。应用不断改进的价格对长期的新增投资的成本有效性非常重要，但预测未来成本很困难。

③ 市场稳定性。长期保护性电价的一个特征是它会被投资者评价，要看它能否保证项目期内提供收入。这意味着长期保护性电价的影响主要看购电合同的期限，而且固定电价也比浮动电价更受投资者欢迎。如果设计成浮动电价则市场稳定性就差。

④ 公平的成本分配效益。德国情形显示，公平分配是相当困难的。1990年长期保护性电价的成本分配并不平等，对风电以固定价格收购的责任由那些风电生产量高的运营商承担。1998年出台电力运营商规定，规定可再生能源电力达5%，以缓解其高额财政负担问题。而2000年制定的新可再生能源法则将5%取消了，引进了让输电公司分摊成本的做法。

⑤ 风能市场与其他市场融合。长期保护性电价使可再生能源市场减少了很多市场风险，固定电价尤其能规避风险。长期保护性电价并没有使市场参与者做好准备在自由的现货能源市场定价，或满足绿色能源消费者特定需求等自由市场中参与竞争。

9.6.5.4 配额制

长期保护性电价和配额制都是政府为培育风能市场而制定的保护性政策。不同的是，配额制是以数量为基础的政策。规定在指定日期前，市场必须生产、销售、分销目标数量的可再生能源（大部分为风能）。还规定了可再生能源达标的责任人，明确对未达标企业的惩罚措施。政府会要求所有电力公司和零售供应商购买一定数量的可再生能源电力。

（1）国际经验 从瑞典、意大利、英国到美国、日本、澳大利亚都在考虑实行配额制。目前，美国12个州、澳大利亚和英国已经实行了配额制。从美国缅因州、得克萨斯州、亚利桑那州和威斯康星州的经验看，设计对该政策能否成功至关重要。政策设计合理，可以培养大型、充满活力的风能市场，并将风能与整个竞争型电力系统结合起来。配额制可以保证向低成本的合格风能提供支持，并确保风电厂商之间最大限度的竞争。澳大利亚2000年制定了配额制政策，目标是到2010年新增可再生能源发电量9500GW·h，在此期间，目标逐年上升。

（2）政策评价

① 配额制的有效性主要取决于对不执行配额行为的惩罚力度。无需对有配额任务的参与者提供投资激励。消费配额能否引起新增装机依赖于市场的边界，如果允许进出口，投资方面工具的效果就不大。支持和惩罚政策长期的连续性会极大地增加工具的有效性。

② 效益成本。配额交易增加了配额分配的成本效益。绿色证书应用于这样的交易下，目标和义务可以在绿色证书的价格中体现。绿色证书鼓励可再生能源产品之间的竞争，这会带来可再生能源生产成本的下降。

③ 技术选择的影响。绿色证书系统带来对低风险低成本技术的强烈需求。为保证技术的组合，可能会采取限制合格技术或按技术划分配额的方式。

④ 市场稳定性。绿色证书交易系统设计中存在一些重要问题：可再生能源定义、责任义务的时间、对未实现目标参与者的惩罚、承担需求责任的群体等。考虑实际的问题，目标、实现义务的时机以及证书时间的有效性必须予以考虑。

⑤ 静态效率。在可交易绿色证书配额系统中，证书是影响效率的主要因素，绿色证书可以像其他商品一样被交易、储蓄、消费。

⑥ 动态效率。可再生能源推广得到加强，但只有符合绿色证书要求的技术可得到推广。

⑦ 公平。采用可交易绿色证书的主要原因在于在实现可再生能源目标过程中使成本在市场各参与者间得到公平分配。如果没有交易，为达到要求所支付的个体成本会提高，而且新进入者和市场内原有企业不会在同样的义务和市场条件下运行。

⑧ 透明度。利用绿色证书的系统相当透明，可以通过监督绿色证书的生产销售和引进来观测市场情形。

9.6.5.5 公共效益基金

随着配额制、长期保护性电价、税收激励政策的使用，公共效益基金资助的项目对风能迅速发展起到至关重要的作用。公共效益基金可以多种渠道筹资，如在电价上附加小额附加费、所得税或其他渠道。基金必须基于公平和非歧视方式募集，确保风能产品受益人支付其份额。一旦资金筹集上来，就必须用到风能企业和机构以鼓励项目开发。

美国 15 个州实行了风能公共效益基金计划，每年募集 2.5 亿美元用于可再生能源投资。公共效益基金还成功地与其他风能计划融合。

9.6.5.6 特许权招标

这里将特许权招标定义为采用政府监督的竞争性程序，通过与风能发电厂商签订的长期电力购买协议来实现计划目标。每一轮竞标必须制定好评判标准。如在西班牙，风能项目竞争不仅体现在成本方面，而且体现在技术质量、社会经济影响以及地理和环境等方面的考虑。成本最有效率的项目会得到补贴，这种机制会选择成本最低的项目。为维持可再生能源供应的多样性，不同技术的可再生能源的出价并不相同。就是说，风能项目只能与风能项目竞争，而不能和生物质能源竞争。

特许权招标是长期保护性电价和配额制的变化，它们之间的区别是，电价和合格的项目是通过竞争的程序来选择的。像并网法规一样，招标政策保证在确定时期内，以指定价格从合格的风能发电站购买电力。而两种政策的区别是电价的制定方式不同，以及哪些风力发电厂商具有参与资格。长期保护性电价政策制定电价并保证按照该价格从任何一家合格电力公司购买风电。而招标政策采用竞争性投标来选择价格最具优势的项目，然后这些选定项目获得签订电力采购协议的资格。通过招标程序，风电开发商提交新建风力发电设施的建议书并表明其接受的电价，然后选择电价最低的风电项目并作出购买这些项目所有发电量的保证。

招标政策中引用最广泛的是英国非化石燃料公约（NFFO），该公约采用公共效益基金（矿物燃料税）作为融资机制来支付可再生能源发电的增量成本。1990～1999 年间，英国政府通过该公约连续 5 次竞标订购可再生能源电力，购电目标是实现 1500MW 新增可再生能源电力装机容量，相当于英国总电力供应的 3%。非化石燃料公约要求 12 家重组后的地区电力公司从所选择的项目中购买所有电力。美国加州 1992 年在资源计划修订程序中引进投标政策，一旦州政府确定新增电量，垄断电力公司为满足新增电力要求确定所需建设项目/支出的费用。州政府从报价等于或低于电力公司标定成本的可再生能源电厂和热电厂购买电力。这样就把 1400MW 的合同授予各种可再生能源电厂和热电厂的中标者，所有投标价格都大大低于预计的电力公司成本。但该地区的电力重组使该计划还未实施就被取消了。

9.7 氢能与燃料电池

9.7.1 氢的基本性质及氢能特点

氢能是理想的清洁能源之一，已广泛引起人们的重视。氢不仅是一种清洁能源而且也是一种优良的能源载体。氢能源的应用领域极其广泛，从最初作为火箭发动机的液体推进剂已逐步扩大到汽车、飞机燃料等方面。同时，氢能是二次能源，需要通过一定的方法从其他能源制取，因此，氢能技术的发展又与能源、材料和化工等多方面科学的发展密切相关。

氢的电子组态是 $1s^1$，可以给出唯一一个电子，剩下很小的原子核，几乎没有原子云。所以不受其他原子的电子云的排斥，相反，却容易与其他电子云形成氢键。两个氢原子组成一个氢分子。氢位居元素周期表第一位，原子序数为 1，原子量 1.008，通常情况下是无色无味气体。氢极难溶于水，也很难液化。在 1 个标准大气压下，氢气在－252.77℃变成无色液体，在－259.2℃变成雪花状白色固体。表 9-31 给出了氢的物理常数。

表 9-31　氢的物理常数

序号	性　质	条件或符号	单　位	数　值
1	原子量	H		1.008
2	分子量	H_2		2.016
3	气体密度		g/L	0.089
4	液体密度	－252℃	kg/L	0.071
5	固体密度	－262℃	kg/L	0.081
6	熔点		℃	－259.20
7	沸点		℃	－252.77
8	熔解热		kg/mol	0.117
9	汽化热		kg/mol	0.903
10	气化熵		kJ/(mol·K)	0.04435
11	升华热	13.96K	kJ/mol	1.028
12	介电常数	气氢 20℃,0.101MPa 气氢 20℃,2.02MPa 液氢 20.33K 固氢 14K	F/m F/m F/m F/m	1.000265 1.00500 1.225 0.2188
13	扩散系数	0℃,133.3Pa,同种气体中 正离子 负离子	 cm^2/s cm^2/s	 98 110
14	燃烧最高温度	空气中 氧气中	℃ ℃	2045 2525
15	临界温度	常态	K	33.19
16	临界压力	常态	MPa	1.315
17	临界密度	常态	g/m^3	0.0310
18	临界体积	常态	L/mol	0.065
19	临界温度	平衡态	℃	－240.17
20	临界压力	平衡态	MPa	12.77
21	临界密度	平衡态	g/m^3	0.0308
22	蒸发热	0.1MPa	kcal/kg	108.5
23	热导率	0℃,0.1MPa	kcal/(m·℃)	0.140
24	黏度	10K	Pa.s	5×10^7
25	定压比热容	100℃,0.1MPa	cal/(g·℃)	3.428
26	定容比热容		cal/(g·℃)	2.442

注：1cal＝4.18J

（1）氢的化学性质　氢键能大，常温下氢是稳定的。由于氢只有一个电子，它可以与活泼金属（Na、Li、Ca、Mg等）反应生成氢化物，也可以与许多非金属（O_2、Cl、S等）反应。氢气在高温下，还能与碳碳重键和碳氧重键起加成反应，可将不饱和有机化合物变为饱和化合物，将酮、醛还原为醇。在受热、通过电弧或低压放电时，氢分子可离解成氢原子，原子氢很活泼，当氢原子重新结合成氢分子时放出能量，使系统达到很高温度。工业上利用这种热量在还原气氛中焊接高熔点金属，温度可达3500cal/(g·℃)。氢无毒、无腐蚀性。

（2）氢的能源特性　纯净的氢可以在空气中安静地燃烧，产生几乎无色的火焰。氢气可以在氧气、氯气中燃烧，在氯气中燃烧时，发出苍白色火焰，生成氯化氢；氢气在氧气或空气中燃烧速度比碳氢化合物快，燃烧速度达9m/s，而碳氢化合物燃烧只有2.7m/s，表9-32给出了氢与氧、氢与空气爆燃极限和爆震极限的比较。

表9-32　氢与氧、氢与空气爆燃极限和爆震极限的比较

系统	贫燃料/%		富燃料/%	
	爆燃	爆震	爆燃	爆震
H_2-O_2	4	15	94	90
H_2-空气	4	18	74	59

氢气作为一种清洁、高效新能源，它具有以下主要优点。

① 资源丰富。氢是宇宙中最丰富的元素，它在地球上大量储存于水中，地球水中氢的质量分数为11%，共计约1.0×10^{20}kg。

② 氢燃烧产生的热量大。氢的高位热值141.86MJ/kg，低位热值120.0MJ/kg，相同质量的条件下氢气燃烧产生的热量为轻柴油燃烧的2.8倍，煤的5.5倍左右。

③ 来源多样性。可以通过各种一次能源、可再生能源或二次能源来制氢。

④ 氢具有可再生性，氢燃烧生成水，水可以分解出氢，无限循环。

⑤ 清洁性。氢燃烧后的产物是水，不像石油、煤炭燃烧后会产生大量的烃及CO、CO_2、SO_2、NO_x和有机酸，造成环境污染。

⑥ 具有较高的经济效益。可通过利用太阳能、核能等廉价能源大量制取氢，氢的成本将进一步下降，可与化石燃料相匹敌。

⑦ 易于长期贮存和远距离运输。

⑧ 用途广泛。既可直接作为燃料，又可作为化学原料和其他合成燃料的原料。

⑨ 氢是和平能源，每个国家都有大量氢矿。

⑩ 氢是安全能源，氢在空气中的扩散系数很大，一旦发生泄漏，很快就垂直上升到空中并扩散开来，氢气在空中不产生温室效应。

9.7.2 氢的制取

9.7.2.1 电解水制氢

电解水制氢是目前应用较广且比较成熟的方法之一。电解水制氢是氢氧燃料生成水的逆过程，因此只要提供一定形式的一定能量，就可使水分解。电解水的总反应为

$$2H_2O \longrightarrow 2H_2 + O_2$$

电解水制氢，一般需要将一次能源转化为电能，通过提供电能使水分解制得氢气，其效率一般在75%～85%，工艺过程简单，无污染，但消耗电量大，因此其应用受到一定的限制。电解水制氢的最大优点就是能够得到纯度很高的氢气提供给燃料电池，可以实现零排放。

电解水制氢所使用的能源可以来自水力能、太阳能、风能和原子能等无污染的能源，对

环境的污染很少。

9.7.2.2　**化石燃料制氢**

远在 18 世纪时，城市煤气中的氢就是从化石燃料中获得的，20 世纪 40 年代以前，美国生产的氢有 90%是通过水煤气反应获得的。到目前为止，以煤、石油及天然气为原料制取氢气是制取氢气的主要方法。各种制氢的途径及应用见图 9-72。

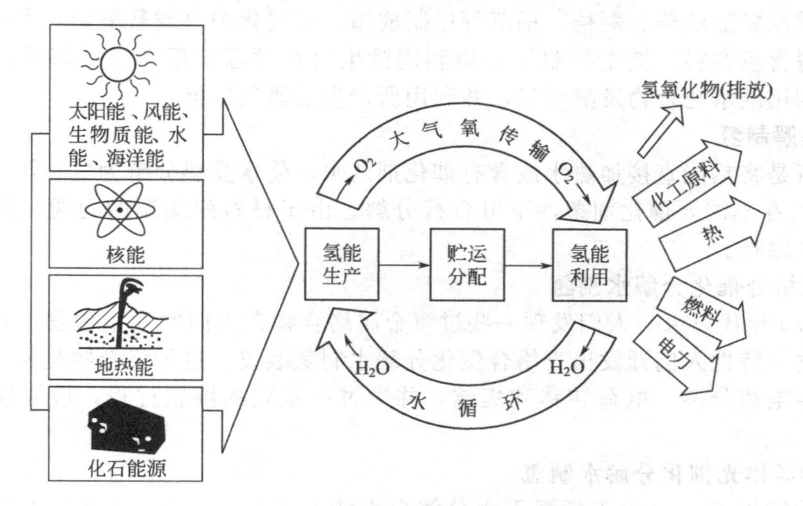

图 9-72　各种制氢的途径及应用

利用化石燃料制取氢的方法包括蒸汽转化法、不完全燃烧法、水煤气法、煤的高温蒸汽电解法、煤气化燃料的电导膜法、煤的裂解法、天然气裂解法等。下面简要介绍前三种方法。

(1) 蒸汽转化法　利用天然气等碳氢气体燃料为原料，通过蒸汽重整反应制取氢的方法。一般，蒸汽重整反应的温度在 900℃左右。例如，甲烷-水蒸气重整反应方程式为

$$CH_4+H_2O \longrightarrow CO+3H_2$$

$$CO+H_2O \longrightarrow CO_2+H_2$$

$$CO+3H_2 \longrightarrow CH_4+H_2O$$

反应均在一段转化的管式炉中完成，反应温度 650～850℃左右。若原料按下述比例 $CO:H_2=1:2$，则可得到

$$3CH_4+CO_2+2H_2O \longrightarrow 4CO+8H_2+659kJ$$

(2) 不完全燃烧法　蒸汽参与和氧压不足的条件下，将煤或重油进行不完全燃烧制取氢的工艺。以煤为例：

$$CH_{0.8}+1/2O_2 \longrightarrow CO+0.4H_2$$

$$CH_{0.8}+H_2O \longrightarrow CO+1.4H_2$$

$$CO+H_2O \longrightarrow CO_2+H_2$$

(3) 水煤气法　利用水蒸气与煤在 1000℃左右高温下进行反应制取氢的过程。反应一般在流化床、固定床等系统内进行，中间产物是合成煤气，合成煤气再转化为氢气和其他煤气。其简化的反应过程可表示为：

$$C+H_2O \longrightarrow CO+H_2$$

$$CO+H_2O \longrightarrow CO_2+H_2$$

9.7.2.3　**化工尾气或过程气制备氢气**

多种化工过程如电解食盐制碱工业、发酵制酒工艺、合成氨化肥工业、石油炼制工业过

程等均有大量副产氢气，应对其采取适当的措施进行氢气分离回收。常用的方法是将合成氨过程气进行干燥、纯化、降温、液化等处理，最终得到液氢。原理是 NH_3 分解产生 N_2 和 H_2。该方法可以使化工尾气得到高附加值利用，具有很高的经济价值。

9.7.2.4 生物质气化制氢气

生物质含有大量的碳氢化合物，生物质可以通过气化和微生物制取氢。生物质气化制氢主要将生物质原料如薪柴、麦秸、稻草等压制成型，在气化炉（或裂解炉）中进行气化或裂解反应可制得含氢燃料。微生物制氢是指利用微生物在常温常压下进行酶催反应可制得氢气。目前可利用碳水化合物发酵制氢，并利用所产生的氢气发电。

9.7.2.5 热解制氢

热解制氢是将热能直接加热水或含有催化剂的水，使水受热分解为氢和氧。水在温度高于2727℃时，在不需要催化剂条件下可自行分解。由于材料耐高温的问题，直接热解水目前还存在巨大困难。

9.7.2.6 光络合催化分解水制氢

20世纪70年代以来，人们发现一些过渡金属络合物在光照时发生激发，具有电子转移能力，根据这一特性人们开发出光络合催化分解水制氢装置。这种络合物是催化剂，同时吸收光能、产生电荷分离、电荷转移和集结，并通过一系列的耦联过程，最终使水电解为氢和氧。

9.7.2.7 半导体光催化分解水制氢

当光子的能量 $E=h\gamma$ 大于常温下水分解自由能237kJ/mol时，水可以分解产生 H^+ 和 OH^-，再生成氢和氧。波长短的紫外光能量大于237kJ/mol，可以分解水。由于水对光是透明的，为了增加对光的吸收，需要在水中加入着色的感光剂（光催化剂），光催化剂有盐、金属、半导体和光合染料等。

9.7.2.8 辐射制氢

在轻水核反应堆中，水冷却剂在中子辐射下，将分解产生氢。根据这一现象，可以利用辐射制氢。为了提高制氢效率，需要的中子通量较高，将来聚变堆可以实现这一目的。

9.7.2.9 等离子化学制氢

等离子化学制氢是水蒸气进入等离子体区，在高频放电作用下水分子的外层电子逃离束缚，处于电离状态。被电场加速的离子彼此作用形成氢和氧。

从上述的介绍看出，制氢所需的能源有电能、热能、光能、辐射能。电能和热能可以依靠化石燃料、核能、太阳能、生物质能等提供作为清洁能源，核能、太阳能和生物质能制氢更具有前景。尤其是利用太阳能来制氢，就等于把无穷无尽的、分散的太阳能转变成了高度集中的干净能源，其意义十分重大。

9.7.3 氢的储存

氢气的终端用户一般为工业与民用和交通使用。前者要求能大量储存，几十万立方米，后者要求较大的储氢密度。美国能源部将储氢系统的目标定为：质量密度6.5%（至少满足氢燃料电池汽车行驶500km）、体积密度 $62kgH_2/m^3$。

因为氢在一般条件下以气态形式存在，这就为储存和运输带来了很大的困难。储存氢的常规方法主要有三种：高压气态储存、低温液氢储存、金属氢化物储存。

9.7.3.1 压缩气态氢储存

压缩氢气与压缩天然气类似，压缩后的气态氢储存在压缩气瓶内。由于氢气的密度低，要求压缩机密封好。气瓶需要用铝或石墨材料制造，要求容器承受高压、质量轻、寿命长。氢气压力一般在20～30MPa，而我国目前使用的40L钢瓶在15MPa下储存氢气，只能储存大约 0.5kg 氢气。为提高储氢量，目前正在研究一种微孔结构的储氢装置，它是一微型球床，床内充满微孔，氢气可以储存在微孔中。目前国际上已经出现 70MPa 储氢罐，加拿大 Dynetek 公司在网站上称已经制造出 82.5MPa 储氢罐。

9.7.3.2　低温液氢储存

当温度很低时，氢可以被压缩成液态，因此，可以采用低温液氢储存方法。氢气一般冷却到－253℃，即可呈液态，然后，将其储存在储存瓶中。这种存储方法需要特殊制造高真空的绝热容器，以保证氢始终处于低温。以液态方式储存氢比气态储氢更为有效、更经济，这是因为液态氢具有高的能的质量比，约为气态的 3 倍。液态氢可以提高单位容积的氢气质量，有利于降低运输成本。但是，液态氢需要将气态氢冷却到－253℃才能得到，这个液化过程时间长，而且消耗大量的能量，大约储存能量的 47%被消耗掉。氢的气化潜热很小，只有 0.91kJ/mol，非常容易气化。因此，液氢不宜长期储存，因为散热会使液氢气化。目前，液氢损失率每天可达 1%～2%。

9.7.3.3　金属氢化物储存

元素周期表中的金属都能与氢反应，形成金属氢化物，且反应比较简单，只要控制一定的温度和压力，金属和氢接触就会发生反应：$M+H_2=MH_2$。氢与金属氢化物之间进行可逆反应，反应的方向由氢气的压力和温度决定。在这个过程中，氢与金属结合，形成金属氢化物，放出热量，氢能储存在固态金属中；当金属氢化物释放氢时，吸收热量。金属储氢被认为是最安全的储氢方式。为储存大量的氢，金属需要呈小颗粒的形式。据报道，微细的碳纤维可能会大大提高储氢能力。金属氧化物储氢机理为：$xM+yH_2=M_xH_{2y}$。这个反应分 4 步进行；第一步，形成含氢固溶体；第二步，进一步吸氢，发生相变，生成金属氢化物；第三步，增加氢压力，形成含氢更多的金属氢化物；第四步，吸附氢的脱附。

氢虽然有很好的可运输性，但不论是气态氢还是液氢，它们在使用过程中都存在不可忽视的特殊问题。首先，由于氢特别轻，与其他燃料相比在运输和使用过程中单位能量所占的体积特别大，即使液态氢也是如此。其次，氢特别容易泄漏。

气态储氢正向几个方向发展，如高压力储存、新型储氢合金、有机化合物储氢、碳凝胶储氢、玻璃微球储氢、“氢浆”储氢、冰笼储氢和河层状化合物储氢等。

9.7.3.4　碳材料储氢

碳的比表面积和孔隙体积是决定氢气吸附性能的两个因素。从微观结构看，决定吸附性能的因素还有孔隙尺寸分布，尤其是孔径和孔容分布，这是决定碳材料储氢的核心性能。

工业上制取的活性炭的物理性质见表 9-33。活性炭物理性能很大程度上决定了其在气体分离过程中的吸附特征。

表 9-33　工业上制取的活性炭的物理性质

活性炭	原料	BET 表面积/(m^2/g)	孔体积/(mL/g)	体积密度/(g/mL)	构架密度/(g/mL)	灰分/%
BPL	煤	1100	0.7	0.48	2.1	8.0
RB	煤	1250	1.22	0.41	2.35	23.0
Witcarb965	石油	1300	0.65	1.47	—	1.0
Amoco PX21	石油	3150	1.8	0.30	—	2.0
PCB	植物	1200	0.72	0.44	2.2	6.0
Amberadrb XE340	高聚物	400	0.34	0.60	1.34	<0.5
分子筛						
Mscv	煤		0.5	0.67	2.1	
Msc	植物		0.43	0.67	2.2	

活性炭只能储存液态氢，不能储存气态氢，活性炭只能除去氢气中的杂质。在一定温度和压力条件下，在储氢罐中加入一定量的活性炭可以提高系统氢能的储存密度。通过改变吸附剂比表面积和多孔结构，可以获得最大的储氢能力。经球磨处理 80h 的石墨能吸附 7.4% 的氢气，XRD 分析结果显示，石墨的层间距加大。

9.7.3.5 纳米碳储氢

美国人 R. F. Carl 和 R. E. Smalley、英国人 H. W. Kroto 发现碳元素在石墨、金刚石之外还有第三种形式，获得 1996 年诺贝尔化学奖。当时称这种新碳球为巴基球（Bucky-ball）。研究巴基球发现，作为分子结构延伸的中空管状物，命名为巴基管（Bucky tube），后来将直径只有几个纳米的微型管命名为碳纳米管（Carbon nanotubes）。碳纳米管分为单壁碳纳米管（一层管壁）、双壁碳纳米管（双层管壁）和多壁碳纳米管（多层管壁，20～50 层）。

Gregg 认为流体在于其分子大小的微孔内，密度将增大，微孔内可能储存大量气体。Pederson 和 Broughton 发现多壁碳纳米管对表面张力小的流体具有毛细作用后推测，孔径更小的纳米级微孔将具有更强的毛细作用。这些推断引起人们对新型碳材料储氢的关注。

研究发现，氢以分子形式吸附于碳纳米管中的空间位置。计算表明，最大储氢量受碳纳米管内氢分子间斥力限制，单壁纳米管中，随碳纳米管直径增加而增长，多壁碳纳米管最大储氢量不受直径影响。

碳纳米管电化学储氢研究处于起步阶段，主要研究方法有铜粉复合定向碳纳米管电化学储氢和沉积纳米铜的定向多壁碳纳米管电化学储氢等。各种储氢方法的质量比较见表 9-34。

表 9-34 各种储氢方法的质量比较

项目	常规汽油	甲醇	液氢	压缩储氢(30MPa)	金属储氢合金		纳米碳储氢	
					3.92%	2%	60%	8%
燃料质量/kg	15	25.7	3.54	3.54	3.54	3.54	3.54	3.54
氢载体质量/kg	0	0	0	0	86.73	173.46	2.36	40.71
储罐质量/kg	3	3.3	18.2	87.0	25	35.32	5.22	17.13
系统总质量/kg	18	29	21.74	90.54	115.27	212.3	11.12	61.38
燃料体积/L	20	32	50	128.8	29	58		47.89
储罐体积/L	4.5	7	35	41.2	12	24		25
系统总体积/L	24.5	39	85	170	41	82		72.89

9.7.4 氢能利用

早在第二次世界大战期间，氢就被用做 A-2 火箭发动机的液体推进剂。1960 年液氢首次用作航天动力燃料，1970 年美国发射的“阿波罗”登月飞船使用的起飞火箭也是用液氢作燃料，现在氢已是火箭领域的常用燃料了。对现代航天飞机而言，减轻燃料自重，增加有效载荷变得更为重要。氢的能量密度很高，是普通汽油的 3 倍，这意味着航天飞机以氢作为燃料，其自重可减轻 2/3，这对航天飞机无疑是极为有利的。除此之外，氢还可以用于宇宙飞船。现在科学家们正在研究一种“固态氢”的宇宙飞船。固态氢既作为飞船的结构材料，又作为飞船的动力燃料，在飞行期间，飞船上所有的非重要零件都可以转作能源而“消耗掉”，这样飞船在宇宙中就能飞行更长的时间。

氢是 21 世纪重要的能源载体。氢作为燃料用于动力，是一种洁净发电技术，用氢制成燃料电池可直接发电。采用燃料电池和氢气-蒸汽联合循环发电，其能量转换效率将远高于现有的火电厂。而更为重要的是，由于氢燃烧时与氧结合生成水，不产生其他的污染物，能够实现无污染的零排放。当前，世界著名的汽车厂商，为发展环保型汽车，加紧更新传统的车用燃料，纷纷决定采用氢能，掀起了一场氢能汽车开发的热潮。

氢不但是一种优质燃料，还是石油、化工、化肥和冶金工业中的重要原料。石油和其他化石燃料的精炼需要氢，如烃的增氢、煤的气化、重油的精炼等，化工中制氨、制甲醇也需要氢，氢还可用来还原铁矿石。同时，氢能技术又可以进一步与太阳能电站、风力电站及潮汐电站的发展和核聚变电站相结合，从而将人类利用能源的水平提高到新的水平。

9.7.5 氢安全

氢是安全燃料。大量使用实践表明，氢有着安全的使用记录。美国1967～1977年间发生145起氢事故，都是发生在石油精炼、氯碱工业或核电厂中，并未真正涉及能源应用。国内外用氢经验显示，氢常见事故可归纳为：未察觉的泄漏；阀门故障或泄漏；安全阀失灵；排空系统故障；管道或容器破裂；材料损坏；置换不良、空气或氧气等杂质残留在系统中；氢气排放速率太高；管路接头或波纹管损坏；输氢过程发生撞车或翻车事故。这些事故需要补充两个条件才能发生火灾，一是火源，二是氢气与空气或氧气的混合物要处于当时、当地的着火或暴震的极限当中，没有这两个条件，不能酿成事故。实际上，严格管理和认真执行操作规程，绝大多数事故是可以避免的。

9.7.5.1 高压氢气的安全

（1）高压氢气泄漏的危险　氢本为非导电物质，但泄漏时能产生很高流速，高速气流与容器壁产生摩擦可使氢气带电。随着气流速度增加，气流的静电位增加，从而使带电氢气流在空气中着火。几乎有氢气瓶密封泄漏时多都伴随火灾。氢气瓶和排氢气管道应有良好的接地设施以避免静电积累。在所有常见的气体中，氢气的黏度最小，因而具有最大的泄漏率，氢的扩散速率比空气大3.8倍。微量的氢气泄漏将很快就扩散到空气中稀释成安全混合气。按体积计算，氢气与空气混合暴震极限为18%～59%，燃烧极限为4%～75%。所以尽管氢气的扩散能力很大，也不应放松警惕。

（2）氢的着火、爆燃和暴轰　氢的着火温度574℃，但氢气在空气中的着火能量为0.019MJ，在氧气中的着火能量更低，仅为0.007MJ。在化纤衣服上的静电比氢气在空气中的最小着火能大几倍，说明氢气是易燃气体。氢气的着火能随氢气含量变化，空气与氢气混合物中，氢气含量28%时着火能最小，最微小的氢气浓度为25%～32%。氢与空气混合常温下的燃烧极限为4%～75%，与氧气混合常温下的燃烧极限为4.5%～94%，着火温度为560℃。氢气的爆炸范围很宽，起爆能量很低，比甲烷、丙烷等气体低。根据燃烧速度可将氢氧燃烧分成爆燃（亚音速）和暴轰（超音速）两种。在空气中发生暴轰的速度1400～2300m/s，在氧气中发生暴轰的速度可达1400～3550m/s，会形成很大冲击波，敞开的氢和空气混合物是不会发生暴轰的。

9.7.5.2 液氢安全

液态氢的保持温度在14～20.3K。液氢中混有空气或氧气等杂质时，会在液氢储罐或管道、阀门处凝结成固态的空气或氧气堵塞管道，而在受热时，空气或氧气又首先挥发出来并与挥发的液氢构成可燃混合气体。由于储氢容器内外温差很大，外部热量会传到容器内，使液氢不断气化，因此，储氢罐不仅要用高绝缘材料，还要设置液面探头和排气管。

氢气着火时，可以用干粉、水流或水雾灭火，在切断气源前不要灭火。用二氧化碳灭火时要特别当心，二氧化碳会还原成一氧化碳使人中毒。氢气对人眼睛、皮肤没有伤害，吸入过量的氢气会使人窒息。氢气瓶应放在干燥、通风安全的地方，并与可燃物分开。储存温度不可高于52℃，储存区要有明确的“禁止吸烟和使用明火”标示，所有电器必须有防爆设备，管道连接好之前不能打开储氢钢瓶，一定不能用明火测漏。图 9-73 给出了氢气和天然气发生泄漏时的体积和能量。

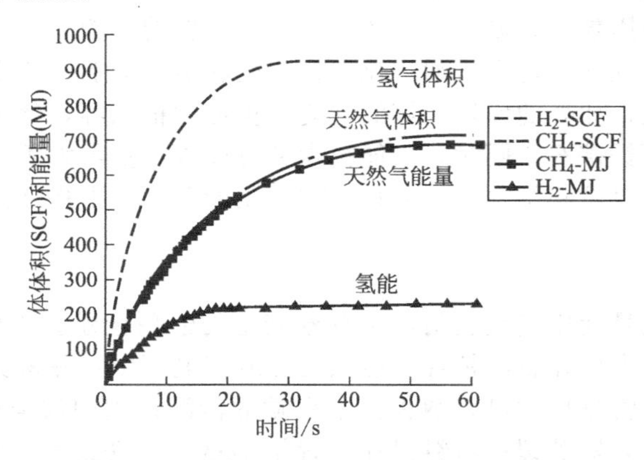

图 9-73 氢气和天然气泄漏的体积和能量

9.8 燃料电池概述

燃料电池能够使用的燃料很多，其电化学反应为燃料＋氧化剂→水＋生成物＋电。由此，只有当燃料电池以氢气做燃料时，燃料电池的输出才只有电和水，实现零排放，而且用纯氢做燃料时，燃料电池系统起动时间短，动态响应快。因此，燃料电池是氢燃料最为广泛、最具前途的应用。

1839 年英国化学家 William Robert Grove 发明了利用稀硫酸为电解质、氢-氧为燃料的第一台燃料电池。随后的一百多年来，由于 19 世纪后期内燃机的问世及其迅速发展的排挤，以及电极过程动力学理论的落后，燃料电池的发展一直处于停滞状态。直到 20 世纪 60 年代，美国 Apollo 为实现登月计划需要一种不产生废料的大功率、高能量密度的电源，才使人类把目光重新聚焦在燃料电池上。宇航事业的发展推动了燃料电池向实用化迈进。由于当时碱性燃料电池（AFC）造价昂贵，限制了它的商业化进程。20 世纪 70 年代，第一次中东石油危机爆发，发达国家开始重新考虑并制定发展燃料电池的长远规划。20 世纪 80 年代末，由于矿物资源日趋贫乏和生态环境保护日益受到重视，又掀起能源利用率高、环境友好的燃料电池发电技术研究和开发的热潮。半个世纪以来，许多国家尤其是发达国家相继开发了第一代碱性燃料电池（AFC）、第二代磷酸型燃料电池（PAFC）、第三代熔融碳酸盐燃料电池（MCFC）、第四代固体氧化物燃料电池（SOFC）和第五代质子交换膜燃料电池（PEMFC）。

9.8.1 燃料电池的主要特点

燃料电池的最大特点是反应过程不涉及燃烧，因此其能量转换效率不受卡诺循环限制。能量转换效率可高达 60%～80%，实际使用效率是内燃机的 2～3 倍。

9.8.1.1 燃料电池的效率

燃料电池中转换为电能的那部分能量占燃料中含有的能量的比值称为燃料电池的效率。不同燃料电池的效率不同，氢氧燃料电池的理论能量转换效率可由氢、氧和水的热力学数据计算出：$\eta=\Delta G/\Delta H=(-237.19)/(-285.84)=83\%$。实际上由于电池内阻和电极工作时产生的极化现象，实际效率在 50%～70%之间。

9.8.1.2　燃料电池的特点

① 能量转换效率高。目前汽轮机和柴油机效率为40%～50%，燃料电池理论能量转换效率可达80%以上。温差电池（效率为10%）和太阳电池（效率为20%）与燃料电池无法比较。

② 减少大气污染。与火电厂相比的最大优势是减少了大气污染。表9-35给出燃料电池与火电厂大气污染的比较。

表 9-35　燃料电池与火电厂的大气污染比较　　单位：kg/(1000kW·h)

电站燃料污染物	天然气	重油	煤	FCG-1 燃料电池	EPA 燃料电池
SO_x	—	3.35	4.95	0.000046	1.24
NO_x	0.89	1.25	2.89	0.031	0.464
颗粒	0.45	0.42	0.41	0.0000046	0.155

③ 特殊场合使用。氢氧燃料电池发电之后的产物只有水，可用于航天飞机等航天器兼作宇航员的饮用水。燃料电池无可动部件，因此操作时很安静。

④ 高度的可靠性。燃料电池由多个单个电池堆叠而成，如阿波罗登月飞船由31个单个电池串联，电池电压27～31V，这种结构使得维护十分方便。

⑤ 燃料电池的比能量高。对于封闭体系的电池，如镍氢电池或锂电池与外界没有物质交换，比能量不会随时间变化。燃料电池由于不断补充燃料，随着时间延长，其输出能量也越多。

⑥ 辅助系统。燃料电池需要不断提供燃料，移走反应生成的水和热量，因此需要复杂的辅助系统，若不采用氢而采用其他含有杂质的燃料，就必须有净化装置或重整装置。

9.8.2　燃料电池的分类

燃料电池可按工作温度或电解质分类，也可按使用的燃料分类。电解质决定了电池的操作温度和在电极中使用的催化剂种类以及燃料种类。通常按电解质种类将燃料电池分成碱性燃料电池（alkaline fuel cell-AFC）、质子交换膜燃料电池（proton exchange membranes fuel cell-PEMFC）、磷酸燃料电池（phorphoric acid fuel cell-PAFC）、熔融碳酸盐燃料电池（molten carbonate fuel cell-MCFC）和固体氧化物燃料电池（solid oxide fuel cell）。

燃料电池是将化学能直接转化为电能的电化学装置。它是继水力发电、热能发电和核能发电之后的第四种发电技术。从理论上讲，由于燃料电池是通过电化学反应把燃料的化学能中的吉布斯自由能部分直接转化为电能，因此，它与传统热机相比，具有高的能源转化效率，同时，还具有环境友好（排放有害气体 NO_x、NO_2、SO_2 少）等优点。下面按燃料电池的主要分类叙述燃料电池的工作原理。

(1) 磷酸型燃料电池（PAFC）　以磷酸为电解质，使用天然气或者甲醇等为燃料，在约200℃温度下使氢气与氧气发生反应，得到电力与热，其原理如图9-74所示。

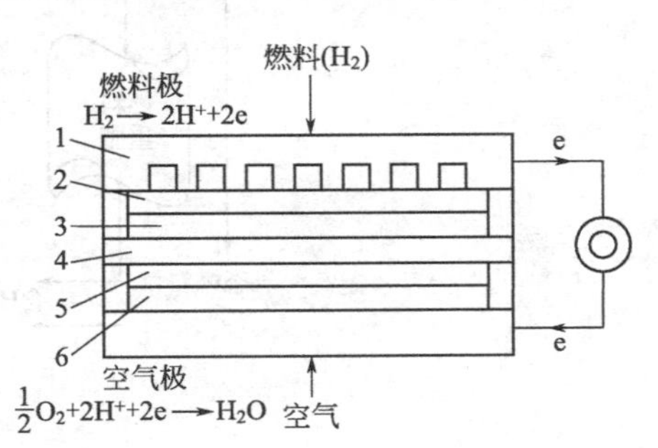

图 9-74　磷酸型燃料电池原理示意图

1—通道板；2—燃料极；3—催化剂层；4—电解质；5—催化剂层；6—空气极

在燃料极，阳极表面的 H_2 在催化剂作用下分解成氢离子与电子，氢离子经过电解质膜到达阴极，与空气中的氧气反应生成水，水随电极尾气排出。PAFC 的电极反应如下。

阳极反应为 $$H_2 \longrightarrow 2H^+ + 2e$$

阴极反应为 $$O_2 + 4H^+ + 4e \longrightarrow 2H_2O$$

电池总反应为电解水的逆过程 $$2H_2 + O_2 \longrightarrow 2H_2O$$

(2) 熔融碳酸盐燃料电池(MCFC) 它以碳酸锂(Li_2CO_3)、碳酸钾(K_2CO_3)及碳酸钠(Na_2CO_3)等碳酸盐为电解质,在燃料极(阳极)与空气极(阴极)中间夹着电解质,工作温度为 600~700℃。碳酸盐型燃料电池所使用的燃料范围广泛,以天然气为主的碳氢化合物均可。

熔融碳酸盐型燃料电池发电时,向燃料极供给燃料气体(氢、CO),向空气极供给氧、空气和 CO_2 的混合气。空气极从外部电路接受电子,产生碳酸离子,碳酸离子在电解质中移动,在燃料极与燃料中的氢进行反应,在生产 CO_2 和水蒸气的同时,向外部负载放出电子。燃料 MCFC 的电极反应为:

阴极反应为 $$O_2 + 2CO_2 + 4e \longrightarrow 2CO_3^{2-}$$

阳极反应为 $$2H_2 + 2CO_3^{2-} \longrightarrow 2H_2O + 2CO_2 + 4e$$

电池总反应 $$2H_2 + O_2 \longrightarrow 2H_2O$$

(3) 固体氧化物燃料电池(SOFC) 它利用氧化物离子导电的稳定氧化锆($ZrO_2 + Y_2O_3$)等作为电解质,其两侧是多孔的燃料极和空气极。SOFC 对燃料极(阳极)供给燃料气(氢、CO、甲烷等),对空气极(阴极)供给氧、空气,在燃料极与电解质、空气极与电解质的界面处发生化学反应。SOFC 固体电解质在高温下具有传递 O^{2-} 离子的能力,氧分子在催化活性的阴极上被还原成 O^{2-},发生反应的方程式为

$$O_2 + 4e \longrightarrow 2O^{2-}$$

氧离子在电池两侧氧浓度差驱动力的作用下,通过电解质中的氧空位定向迁移到阳极上,与燃料进行氧化反应:

$$2O^{2-} - 4e + 2H_2 \longrightarrow 2H_2O$$

$$4O^{2-} - 8e + CH_4 \longrightarrow 2H_2O + CO_2$$

电池总反应 $$2H_2 + O_2 \longrightarrow 2H_2O$$

$$CH_4 + O_2 \longrightarrow 2H_2O + CO_2$$

SOFC 工作原理如图 9-75 所示。

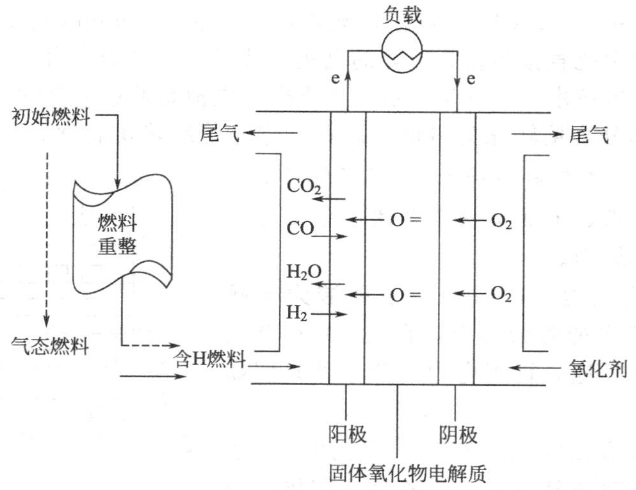

图 9-75 SOFC 工作原理示意图

SOFC 是最理想的燃料电池之一,它除了燃料电池高效、环境友好特点外,还具备以下

优点：①全固体结构，安全性高；②工作温度高，电极反应迅速，不需要贵金属催化剂；③高温余热利用价值高；④燃料适应范围广，不仅可以用 H_2、CO，还可以直接使用天然气、气化煤气、碳氢化合物以及其他可燃气作为燃料。

（4）质子交换膜燃料电池（PEMFC） PEMFC 的电池反应与磷酸型燃料电池（PAFC）相同，它们的区别主要在于电池中的电解质、材料和工作温度不同。它不用酸与碱等而用全氟磺酸型固体聚合物为电解质，是一种以离子进行导电的固体高分子电解质膜（阳离子膜）。质子交换膜燃料电池是以氢或净化重整气为燃料，以空气或纯氧为氧化剂，并以带有气体流动通道的石墨或表面改性金属板为双极板的新型燃料电池。工作时阳极的 H_2 在催化剂作用下形成 H^+，H^+ 通过质子交换膜达到阴极，与经外电路到达的电子以及氧反应生成水。电极反应如下

$$H_2 \longrightarrow 2H^+ + 2e$$

$$0.5O_2 + 2H^+ + 2e \longrightarrow H_2O$$

电池总反应 $$H_2 + 0.5O_2 \longrightarrow H_2O$$

与上述三种燃料电池相比，PEMFC 具有在室温下快速启动、无电解液流失、水易排出、寿命长等优点，它特别适合作为移动电源使用，是电动车和潜艇理想的候选电源之一。在未来以氢为主要燃料的氢能时代，PEMFC 将得到更广泛的应用。PEMFC 电池工作原理图见图 9-76。表 9-36 给出了各种燃料电池的基本数据。

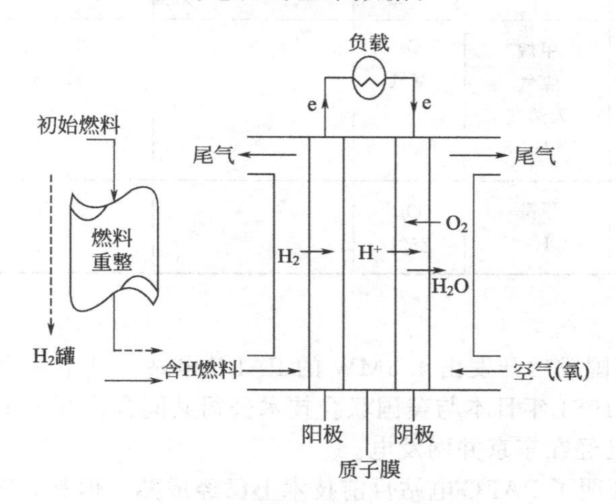

图 9-76 PEMFC 电池工作原理图

9.8.3 燃料电池应用

迄今为止，燃料电池商业化的应用主要包括电站的开发、电动车、小型移动电源和微型燃料电池。

9.8.3.1 燃料电池电站

大型燃料电池电站已开发的主要类型有 PAFC、MCFC、SOFC。由于 PEMFC 工作温度低、余热利用困难、对燃料纯度要求高等原因，PEMFC 不以大型电站为主要发展目标，但可以建立针对家庭、办公室应用的小型独立电站。

（1）PAFC 电站 美国从 1967 年开始，就开发供家庭及小工商用户使用的以天然气为燃料的 PAFC 供电装置。到 1997 年已经售出 144 台 200kW PAFC 电站，连续运行结果表明它有较高的可靠性。在此期间日本、西欧以及韩国等地也相继研究开发 PAFC 供电装置。磷酸型燃料电池的发电效率可达 30%～40%，如再将其余热加以利用，其综合效

表 9-36 各种燃料电池的基本数据

电池种类	工作温度/℃	燃料气体	氧化剂	单电池发电效率(理论)/%	单电池发电效率(实际)/%	电池系统发电效率/%
AFC	60～90	纯 H_2	纯 O_2	83	40	
PEMFC	80	H_2 C[CO] $<10\times10^{-6}$	O_2 空气	83	40	40
DMFC	80	甲醇	O_2 空气	97	40	48～55 60
PAFC	160～220	甲醇 天然气 H_2	O_2 空气	80	55	
MCFC	660	甲烷 天然气 煤气 H_2	O_2 空气	78	55～65 47～50 [H_2]	60
SOFC	900～1000	甲烷 煤气 天然气 H_2	O_2 空气	73	60～65 44～47 [H_2]	55～60
SOFC	400～700	甲醇 H_2	O_2 空气	73	—	55～60

率可达 60%～80%。

20 世纪 80 年代美国成功开发出 4.5MW 的 PAFC 电站，其中一台在东京运行一年，累计发电 5000MW·h；1984 年日本与美国联合技术公司共同合作开发出世界最大级的 11MW 的 PAFC 电站，目前已经在东京并网发电。

经过多年运行，证明了 PAFC 电站目前技术上已经成熟。但是，PAFC 电站热效率仅有 40%左右，余热利用价值低（余热温度为 200℃），而且电池工作时启动时间长，不适合作为移动电源使用，国际上目前对它的研究已经日益减小。

(2) MCFC 电站　MCFC 电站是继 PAFC 电站后的第二代燃料电池电站。MCFC 电站工作温度为 650℃，余热利用价值高，电池不使用贵金属催化剂，可以用脱硫煤气作为燃料。MCFC 电站的研究开发工作是自 20 世纪 70 年代末到 80 年代开始。当前，国际上大多 MCFC 电站进入了安装试运行阶段，一些兆瓦级电站的运行时间已经超过 2 万小时。现在 MCFC 电站开发目标是与煤气化技术相结合，建立大型电站，目前在 MCFC 电站开发上占主导地位的国家是美国和日本。

(3) SOFC 电站　高温 SOFC 的工作温度在 900～1000℃，可提供优质余热。其燃料来源广泛，能量综合利用率达到 70%以上，因此被作为第三代燃料电池电站。美国是 SOFC 研究开发最早的国家，1937 年 Baur 和 Preis 就制成第一个 SOFC，由于技术复杂和材料的制约，SOFC 发展缓慢，直到 20 世纪 80 年代以后，西屋公司成功制备出电解质薄膜和电极薄膜，SOFC才开始真正进入开发热潮。目前，西屋公司和德国西门子公司在

SOFC开发上处于世界领先水平，德国西门子公司建造的100kW的SOFC电站至今位居世界首位。

9.8.3.2 **燃料电池电动车**

由于大气污染日趋严重，汽车用燃料电池的开发是燃料电池应用的重要方向之一。1995年美国时代周刊将燃料电池电车列入21世纪十大高新技术之首。

在各种燃料电池中，只有碱性燃料电池（AFC）和质子交换膜燃料电池（PEMFC）可满足车用要求，但AFC必须清除空气中的CO_2，20世纪90年代以来PEMFC成为燃料电池电动车的主要研发对象。由于质子交换膜燃料电池属于低温型燃料电池，保温问题比较容易解决，而且起动所需要的暖机时间较短，采用固体膜作为电解质降低了结构的复杂性，同时，氢作为燃料时，质子交换膜燃料电池不需要去除杂质的辅助系统，使系统结构得到简化，上述优点使之成为研究最为活跃、进展最快、车上应用最多的燃料电池。

最早开展PEMFC电动车研究的是美国GE公司，1993年加拿大BPS公司推出世界上第一辆以PEMFC为动力、车长9.7m的公共汽车样车，最高时速72.4公里。在BPS公司带动下，许多汽车制造商如奔驰、福特、通用、本田等都加入了PEMFC电动车的研发行列中。诸如，1994年德国奔驰汽车公司与美国克莱斯勒公司合作推出的Necar1型号车，电池组质量超过800kg，而1999年推出的Necar4型号车，电池组质量仅仅100kg左右。德国尼奥普兰汽车公司1999年开发出车长8m的燃料电池公共汽车，日本丰田公司于2000年展示了车长10m的燃料电池大客车，瑞典的斯堪尼亚汽车公司开发了燃料电池公共汽车，中国清华大学开发了车长11m的燃料电池大客车。

PEMFC能否大量商业化以及能否广泛用于电动车，关键在于能否大幅度降低电池成本和开发先进的储氢材料和方法。

9.8.3.3 **燃料电池小型移动电源和微型燃料电池**

燃料电池小型移动电源以PEMFC为主，如加拿大BPS公司为美国国防部开发的100W便携式PEMFC电源，质量仅有13kg；1994年美国氢动力公司开发的12V摄像机用和笔记本计算机用PEMFC电源，可以连续工作16小时以上，而目前的笔记本计算机用锂离子二次电池，工作时间仅仅2～5小时。国际上正在开发的尺寸小、质量轻的千瓦级PEMFC电源，可以满足家庭及办公室小型电器的电力需求，有很大市场前景。

电子产品以及微电子机械系统向小型化、微型化、集成化发展，要求配备的电源也必须达到小型化和薄膜化。微电池概念出现在20世纪90年代，一般要求其底面积不大于$10mm^2$，目前研究开发的微型燃料电池以SOFC和PEMFC为主。

9.8.4 燃料电池的发展前景

世界各国正在加紧开发和利用清洁能源，如煤气化和液化技术、生物质能和氢能的发展等，这些技术都将促进燃料电池的发展。AFC电池在航天方面将继续发挥其优异性能，尽管目前在民用发电和电动车领域AFC还无法同其他电池竞争，但从长远角度看，随着氢燃料时代的来临，AFC系统将具有价廉、性能优良的优势而被广泛应用。

实现PAFC商业化的关键是降低电池成本。PEMFC电池的主要应用领域是电动车，需要解决的技术问题是降低质子膜、贵金属催化剂的价格和开发新型高效的储氢材料。如果电池成本能降到30美元/kW，它在电动车领域将会占据有利地位。

MCFC和SOFC电池已经达到兆瓦级示范阶段，但距离实用化还有一定距离，需要在提高材料性能、简化材料制备工艺、优化电池结构等方面开展研究，提高系统稳定性，大幅度降低电池的成本。MCFC电池重点解决熔盐对电极、容器等的腐蚀问题以及电解质挥发渗漏问题。燃料电池应用前景见表9-37。

表9-37 燃料电池应用前景

目 标	形 式	场 所	PEMFC	DMFC	AFC	PAFC	MCFC	SOFC
固定式电站	基于电网电站	集中	×	×	×	×	√	√
		分布	×	×	×	×	√	√
		补充动力	×	×	×	√	√	√
	基于用户的热电联产电站	住宅区	√	×	?	√	√	√
		商业区	√	×	?	√	√	√
		轻工业	?	×	?	√	√	√
		重工业	×	×	×	√	√	√
交通运输	发动机	重型	√	×	×	√	√	√
		轻型	√	×	×	×	×	×
	辅助功率单元	轻型和重型	√	√	×	×	×	√
便携电源	小型(百瓦级)	娱乐、自行车	√	√	×	×	×	?
	微型(瓦级)	电子、微电器	√	√	×	×	×	×

表中符号：√表示有可能；?表示待定；×表示不可能。

9.9 核能

9.9.1 概述

风能、太阳能、生物质能等可以减少能源消耗，节约石油、天然气和煤的消耗，降低温室气体排放量，以满足未来世界的能源可持续发展需要。但是随着经济的迅速发展，对能源需求的增长也在加快，这些能源很难在近期内实现大规模的工业化生产和应用。核能作为清洁能源，才是可以大规模使用且安全和经济的工业能源，因此核能已经被公认为是一种惟一能够大规模取代常规能源的替代能源。

核能是地球上储量最丰富的能源，已探明的地球上核燃料至少有460万吨，可供人类使用200多年。自1942年人类首次实现链式核反应以来，前苏联于1954年建成世界第一座实验核电站（5MW）；1957年世界上第一座商用核电站——美国希平港60MW核电站并网发电；在随后短暂的50余年，法国、比利时、德国、英国、日本、加拿大等发达国家建了大量核电站。由于核电技术的发展（核电的发电成本已低于火电），煤、石油等化石燃料又日益短缺，核电站的建造在各国经济发展中所起的作用越来越大。当前，世界上已有448座核电机组在运行，核电站装机容量达到368.4GW，已经向世界提供6%的一次能源耗量。法国是核电占总发电量份额最大的国家，达到75%，美国是核电净装机容量最多的国家，有104台核电机组在运行，装机总容量超过100000MWe。表9-38为截止到1998年3月，核电在主要国家电力总供电量中所占的百分数。

表 9-38　主要核国家或地区核电占总供电容量的百分比

国家地区	核电份额/%	国家地区	核电份额/%	国家地区	核电份额/%
立陶宛	87	瑞士	38	美国	14
法国	80	保加利亚	37	加拿大	13
比利时	58.9	西班牙	36	俄罗斯	13
斯洛伐克	54	中国台湾	34	荷兰	5
匈牙利	43	乌克兰	30	南非	4.5
瑞典	42	芬兰	29	中国大陆	0.89
韩国	40	德国	26	哈萨克斯坦	0.5
日本	39.6	英国	17	巴西	0.2

我国核动力事业起步较晚，1992 年第一座核电站秦山 1 期 300MW 核电站投产，接着广东大亚湾 1 号和 2 号核电站分别于 1993 年和 1994 年投入运行，功率各为 900MW。秦山 3 期 1 号机组于 2002 年 11 月并网发电，是我国首座重水堆核电站。规划到 2015 年，核电功率占到我国总电力容量的 4%左右。

9.9.2　核电站

9.9.2.1　核电站定义及其构成

核电站是利用核反应堆作为热源产生高温高压蒸汽以驱动汽轮发电机发电的工厂，即核电站是实现核能转变为电能的工厂。

核电站组成主要包括核岛、常规岛和配套设施等部分。核岛是电站的核心，它的主要部件核反应堆、蒸汽发生器、主循环泵、稳压器和主冷却四路系统等均置于安全壳内，核电站发电所用高温高压蒸汽即在核岛内产生。常规岛是电站的发电部分，主要有汽轮发电机组和输变电系统，将电站所发电能送至电力系统。

核电站的配套设施主要有反应控制系统和紧急停堆系统、堆心应急冷却系统、安全壳喷淋系统、容积控制系统和化学控制系统等，其主要功能是保障核电站及环境的安全。

9.9.2.2　核电站核能释放形式

核能的释放通常有两种形式：一种是重核的裂变，即一个重原子核（如铀）分裂为两个或多个中等原子量的原子核，从而释放出巨大的能量；另一种是轻核的聚变，即两个轻原子核（如氢）聚合成一个较重的核，从而释放出巨大的能量。理论和实践都证明，轻核聚变比重核裂变释放出的能量要大得多。人们已经利用核裂变制造出了原子弹，并且通过反应堆加以人工控制，使其按照人们的需要有序地进行，成功地将核裂变释放出的巨大能量转变为电能，这就是原子能发电。人们已经利用核聚变制造出了比原子弹威力更大的氢弹，氢弹是炸性（无控）核聚变。核聚变释放出的巨大的能量转变为电能，即实现核聚变发电。对核聚变实行人工控制，使其按照人们的需要有序地进行，这就是受控核聚变。

核能具有放射性，因此核电站的安全防护显得格外重要。核电站的安全防护主要是将核燃料及产物严密禁锢在 3 道屏障内。第一层屏障是核燃料元件包壳。第二层屏障是压力壳，壳体为一层厚合金钢板。通常 90 万千瓦的压水堆，其压力壳壁厚在 200mm 以上，压力壳需能承受 17.7MPa 的压力和 350℃的温度。第三层屏障是安全壳，即反应堆厂房。全世界核电站超过 440 个，半个多世纪以来共发生核泄漏事故 60 多次，其中 4 次比较严重。这些事故包括废水储存超量（美国明尼苏达州北方州电力公司）、机械故障（美国三里岛）、加热错误（美国俄克拉荷马州）、操作误判断（前苏联切尔诺贝利）、检修不当（韩国首尔）等，尽管付出了沉重的代价，但这些代价本身并不是为核电技术本身而付出的。计算表明，每生产

100万千瓦电能，平均发生的死亡人数对于煤电、油电和核电分别为1.8、0.3和0.25，所以核电是一种安全能源。

9.9.2.3 **核电站工作基本原理**

核电站用的燃料是铀。铀是一种很重的金属，用铀制成的核燃料在一种叫“反应堆”的设备内发生裂变而产生大量热能，再用处于高压力下的水把热能带出，在蒸汽发生器内产生蒸汽，蒸汽推动气轮机带着发电机一起旋转。

核电站的发电方式与火电厂相似，只是发电用的蒸汽供应系统不同。核电站利用核能产生蒸汽的系统称为“核蒸汽供应系统”，这个系统通过核燃料的核裂变或聚变释放的能量加热外回路的水来产生蒸汽。从原理上讲，核电站实现了核能-热能-电能的能量转换。从设备方面讲，核电站的反应堆和蒸汽发生器起到了相当于火电站的化石燃料和锅炉的作用。

核电站中的能量转换借助于三个回路来实现。反应堆冷却剂在主泵的驱动下进入反应堆，流经堆芯后从反应堆容器的出口管流出，进入蒸汽发生器，然后回到主泵，这就是反应堆冷却剂的循环流程（亦称一回路流程）。在循环流动过程中，反应堆冷却剂从堆芯带走核反应产生的热量，并且在蒸汽发生器中，在实体隔离的条件下将热量传递给二回路的水。二回路水被加热生成蒸汽，蒸汽再去驱动汽轮机，带动与汽轮机同轴的发电机发电。做功后的乏蒸汽在冷凝器中被海水或河水、湖水冷却水（三回路水）冷凝为水，再补充到蒸汽发生器中。以海水为介质的三回路的作用是把乏蒸汽冷凝为水，同时带走电站的废热。

9.9.3 核反应堆

反应堆是核电站的心脏，它是使原子核裂变的链式反应能够有控制地持续进行的装置，是利用核能的一种最重要的大型设备。反应堆中有控制棒，它是操纵反应堆、保证其安全的重要部件，它是由能强烈吸收中子的材料制成的，主要材料有硼和镉。

9.9.3.1 **核反应堆含义**

天然铀的^{238}U和^{235}U（仅占0.7%）两种同位素均可以与快中子发生核裂变，但只有^{235}U可以被热中子裂变，其中的一个裂变反应式为

$$^{235}U+n \longrightarrow \text{激发态的}^{236}U \longrightarrow {}^{147}La+{}^{87}Br+\beta\text{粒子}+\gamma\text{射线}+\text{能量}$$

中子轰击^{235}U，^{235}U的核可能裂变成2个中等质量的原子核，并放出n个快中子（热中子裂变放出2.5个快中子），这些中子进一步轰击其他铀核，维持链式反应，可控维持这种链式反应的装置就是核反应堆。

另外，对于铀的同位素中数量最多的^{238}U需要用能量1MeV以上快中子轰击才能使它裂变，快中子与^{238}U核碰撞时，速度会减慢到“共振能量区”，处于这种能量的中子会被^{238}U俘获，而不参与链式反应过程，因此天然铀块中不可能建立一种原子裂变及中子数量均随时间成指数增长的链式裂变反应。^{238}U俘获中子后生成^{239}Pu，^{232}Th吸收中子后生成^{233}U，^{239}Pu和^{233}U与^{235}U具有同样的易裂变性质，称为人造核素。

裂变反应中新产生的中子速度很快，达到2×10^7m/s。这样的快中子要么逃逸到空气中，要么被其他物质吃掉，由它们引起裂变的可能性很小。当中子速度降低到2.2×10^3m/s时，在铀核附近停留时间加长，容易击中铀核使之发生裂变，这时的中子称作热中子。减速剂能使快中子变为热中子，根据弹性碰撞理论，减速剂的质量与中子质量越接近，对中子的减速作用越好。因此，一般选用轻核物质，如普通水、重水、纯石墨等物质作为减速剂。

为了维持链式反应持续进行，使裂变能不断释放出来，必须严格控制中子增殖速度，使中子增殖系数等于1，此时产生的中子与损失的中子相互抵消，使发生核裂变的原子数目不变，链式反应自持进行，这个状态叫做临界状态，此时铀燃料额度质量叫做临界质量，临界质量与铀浓度无关。超过临界状态，参与反应的原子数目增加，反应剧烈进行，大量能量瞬时释放，可以形成核爆炸。要想控制核能释放，首先要控制中子增殖速度，保证堆芯中子增

殖系数恒等于 1，这就需要控制棒。金属镉（Cd）对中子有较大的俘获截面，能吸收大量中子。将金属镉棒插在反应堆中上下移动，通过改变插入深度可以人为控制中子增殖速度。

9.9.3.2　核反应堆分类

先进的核动力反应堆主要包括：先进热中子反应堆、快中子反应堆、聚变反应堆、聚变-裂变反应堆和其他反应堆。其中，先进热中子反应堆、快中子反应堆属于裂变反应堆。表 9-39 为截止到 1998 年反应堆的分类。

表 9-39　反应堆分类

堆　型	运行数量	功率/MW	占总功率的份额/%
压水堆	251	235080	63.81
沸水堆	95	82920	22.51
重水堆	34	19555	5.31
水-石墨堆	14	14600	3.96
气冷堆	35	13116	3.56
快中子堆	7	2547	0.69
其他堆	12	590	0.16
合计	448	368408	100

(1) 先进热中子反应堆

先进热中子反应堆又称为“慢堆”或“热堆”，当前世界上绝大多数反应堆均为热中子反应堆。先进热中子反应堆又分为先进型压水堆、先进型沸水堆、非能动简化型沸水堆、低温供热反应堆和高温气冷堆。低温供热反应堆的主要目的是供热，而压水堆和沸水堆则是将核能转化为热能，最后把热能转化为电能输送出去。

① 轻水堆。自然界的氢有三种同位素：氕（1H）、氘（2H）、氚（3H）。普通水中的氢原子是“氕”，这种水称为“轻水”；若水中的氢原子是“氘”，则称为“重水”。目前世界上的动力反应堆，绝大部分是轻水堆（LWR），而LWR中又以压水反应堆（占核电总功率的 64%）和沸水反应堆（占核电总功率的 23%）为主。压水堆和沸水堆系统示意图见图 9-80、图 9-81。

反应堆裂变过程中产生的热量依靠冷却剂循环输出。冷却剂同时对慢化剂、控制棒和反射层等进行冷却。对冷却剂的性能要求是：传热系数大，冷却能力强；黏度低，易于流动；在较低压力下能获得高温；化学稳定性和辐照稳定性好，感性放射性小。核裂变反应产生的中子能量平均值为 2MeV，降低中子能量可以提高持续核裂变反应的可能性。反应堆的慢化剂就是对中子反复散射，起到降低中子能量的作用。

轻水堆是指用加压的普通水冷却和慢化的反应堆。如果不允许水在堆内沸腾，则称压水堆（图 9-77），如果允许水在堆内沸腾，则称为沸水堆（图 9-78）。我国已建成的秦山核电站（一期）和大亚湾核电站以及岭澳和田湾核电站均采用压水堆。

由于水分子是由一个氧原子和两个氢原子组成，与气体相比，水的密度大，含氢量高，此外，水的导热系数高，在堆内不易活化。以水作慢化剂和冷却剂的轻水堆，结构紧凑，堆芯体积小，堆芯的功率密度大。因此相对其他反应堆，体积相同时，轻水堆功率最高。

② 高温气冷堆。气冷堆就是指反应堆用石墨作为慢化剂，以气体作为冷却剂的反应堆（图 9-79）。其优点是气体冷却剂能在低压力下得到高的出口温度，石墨的中子吸收截面小。目前，高温气冷堆常用氦气作冷却剂。

高温气冷堆在技术上比较复杂，造价高。在轻水堆强大的商业化背景下，高温气冷堆的发展遇到极大的困难。但是，高温气冷堆以其固有的安全性、出口温度高、选址自由度大等优点，又被当前科学家认为是 21 世纪发展的主要堆型。

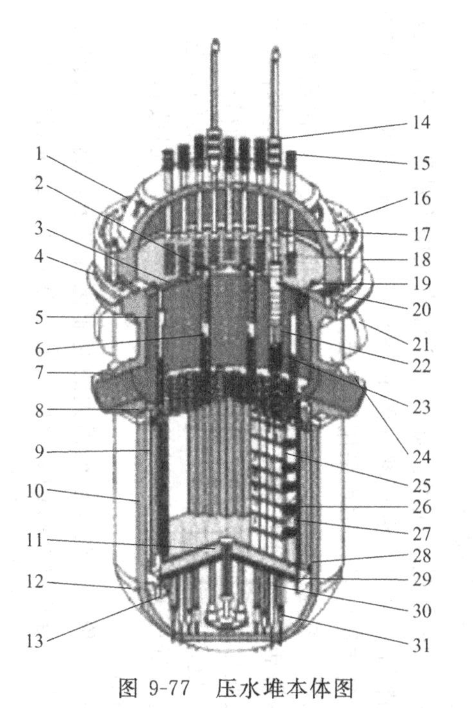

图 9-77 压水堆本体图

1—吊耳；2—厚梁；3—上部支撑板；4—内部构件支撑凸缘；5—堆心吊篮；6—支撑柱；7—进口接管；8—堆芯上栅格板；9—热屏蔽；10—反应堆压力容器；11—检修孔；12—径向支撑；13—下部支撑锻件；14—控制棒驱动机构；15—热电偶测量口；16—封头组件；17—热套；18—控制棒套管；19—压紧簧板；20—对中销；21—控制棒导管；22—控制棒驱动杆；23—控制棒组件（提起状态）；24—出口接管；25—围板；26—幅板；27—燃料组件；28—堆芯下栅格板；29—流动混合板；30—堆芯支撑柱；31—仪表导向套管及中子探测器

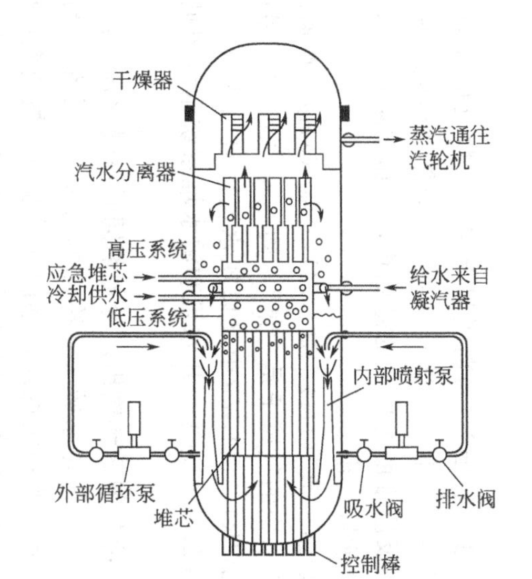

图 9-78 沸水堆本体剖面图

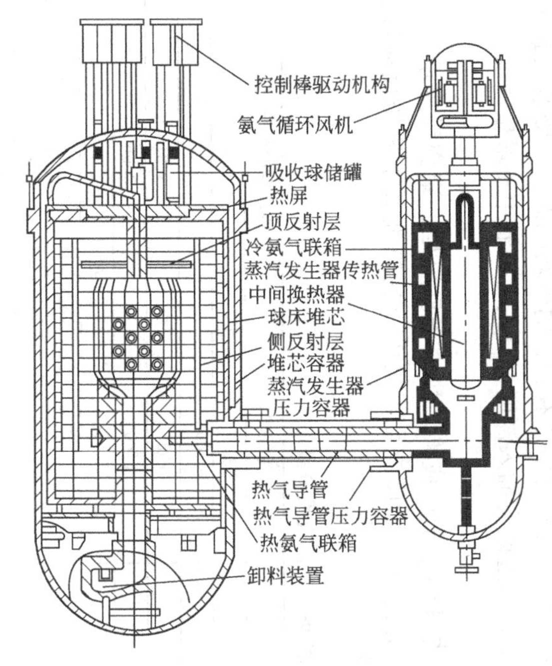

图 9-79 中国开发的10MW高温气冷堆图

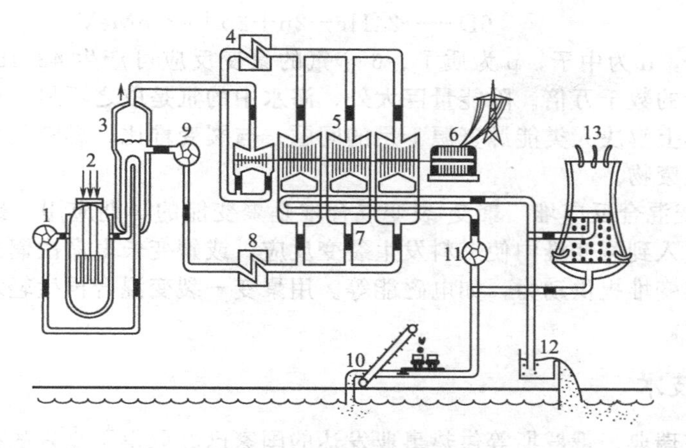

图 9-80　压水堆系统示意图

1—冷却剂主泵；2—压水堆；3—蒸汽发生器；4—汽水分离器和再热器；5—汽轮机；6—发电机；7—冷凝器；8—预热器；9—给水泵；10—冷却水纯化系统；11—冷却水泵；12—溢流池；13—冷却塔

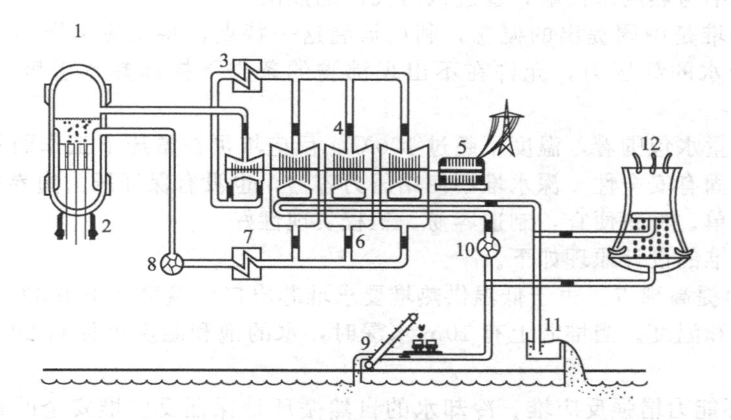

图 9-81　沸水堆系统示意图

1—沸水堆；2—再循环泵；3—蒸汽发生器；4—汽轮机；5—发电机；6—冷凝器；7—预热器；8—给水泵；9—冷却水纯化系统；10—冷却水泵；11—溢流池；12—冷却塔

(2) 快中子反应堆　快中子反应堆又称为快堆（FR）。它是利用快中子（平均能量 2MeV）轰击核燃料发生裂变反应，并维持链式反应连续获得动力的装置。它与“慢堆”的根本区别在于引起核裂变的“炮弹”是高能的快中子。

快中子反应堆的主要特点是它能增殖核燃料，也称为快中子增殖堆（FBR）。快中子使 ^{238}U 裂变形成 ^{239}Pu 产生增殖，它每消耗 1 个燃料原子，就可以产生多于 1 个的燃料原子。因此，从理论上说它可以将全部铀资源转化为可燃烧的燃料，但转化后燃料并不能全部回收，加上处理过程的损耗，实际上快堆的铀资源利用率可达到 70%左右，而热中子堆的铀资源利用率只有 1%，因此快堆可以有效防止铀资源枯竭的威胁。

(3) 聚变反应堆　聚变反应堆是指利用轻原子（如氕、氘、氦等）合成，释放大量结合能并加以利用的核反应堆。核聚变反应包括：

$$D+D \longrightarrow {}^{3}He+n+3.25MeV$$

$$D+D \longrightarrow T+p+4MeV$$

$$T+D \longrightarrow {}^{4}He+n+17.6MeV$$

$${}^{3}He+D \longrightarrow {}^{4}He+p+18.3MeV$$

$$6D \longrightarrow 24He + 2n + 2p + 43.5MeV$$

其中，D为氘，n为中子，p为质子。6个氘的聚变反应可产生43.15MeV的能量，是氢燃料放出的能量的数千万倍。除能量巨大外，海水中的氘是取之不尽、用之不竭的，因此聚变堆可以从根本上解决人类能源资源不足的问题。与裂变堆比，燃料无放射性，系统更安全、不产生放射性废物。

(4) 聚变-裂变混合反应堆　聚变-裂变混合堆是聚变能的早期应用。聚变反应放出的高能质子和中子，引入到裂变堆中使燃料发生裂变反应，或嬗变长寿命次锕系元素，产生裂变能反过来可以为聚变堆提供动力，如电磁能等。用聚变－裂变混合再生轻水堆乏燃料是近几年颇受关注的方向。

9.9.4 核供热技术

低温核供热在瑞典、俄罗斯等供热事业发达的国家已经取得了良好的社会经济效益。低温核供热主要有深水池反应堆和承压壳式供热反应堆两种。核供热堆通常由三部分组成：①产生热量的核反应堆和主换热器，带有放射性的水在这部分自然循环；②中间回路，确保带有放射性的水不与热网水接触；③进入居民区的热网。

深水池供热堆是中国提出的概念，利用低温这一特点，将反应堆堆芯放在一个大而深的水池中，由于水的静压力，允许在不出现沸腾的条件下提高热水温度，满足集中供热要求。

反应堆被大量水包围着，温度不超过100℃，反应堆可在常压下工作而不会发生失压事故，具有良好的固有安全性。深水堆不使用压力容器，也没有保证压力边界完整的安全级设备，因而结构简单，材料便宜，制造容易，工程实现性好。

深水池供热堆的设计原理如下。

① 水静压力提高沸点。由于低温供热堆要求堆芯出口水温稍高于100℃，利用水层加压可有效地提高饱和温度。当堆芯上有10m水深时，水的饱和温度可提高20℃，而堆芯内部发生沸腾。

② 自然循环能力增强反应堆。冷却水的自然循环是保证反应堆安全的重要手段，一座反应堆的自然循环能力由下式决定。

$$N_t = 4.43 C_p \rho \beta^{1/2} \Delta t_0^{3/2} \Delta H_0^{1/2} A \xi^{-1/2}$$

式中，N_t是自然循环功率；C_p是定压比热容；ρ是密度；Δt_0是堆芯冷却剂出入口温差；ΔH_0是堆芯与换热器高度差；A是堆芯冷却剂流通截面积；ξ是冷却剂流动阻力。可见，反应堆自然循环能力与A成正比，而A与反应堆功率（或反应堆芯体积）的2/3次方成正比，所以，反应堆功率增大以后自然循环能力降低。

③ 大的水容积是安全的需要。水池加深扩大了池水容积，正是提高安全性的需要。反应堆发生事故时，允许有足够长的时间采取纠正措施。

④ 常压安全反应堆。反应堆在压力容器中允许出现异常情况（失去外电源、失去冷却水、温度升高或功率增长），在这些情况下不会出现压力升高，不存在超压危险。由于是低压相变，水变成蒸汽时较大的汽液密度差导致强的负反馈，可迅速有效地抑制反应堆功率或温度升高而降低功率并导致停堆，这是深水池常压反应堆有别于其他密封加压反应堆的特殊安全性。

⑤ 造价低、可靠性强。深水池是深埋于地下的钢筋混凝土，与钢制压力容器相比，易制造，成本低。水面不加压省去许多预防失压措施，使系统得以简化。

供热反应堆需要接近用户，所以要求比核电站具有更高的安全性。深水池不会因超压引发泄漏，不会发生影响到周围居民的事故。而壳式反应堆则需要多层壳预防可能发生的泄漏事故，需要采用一切先进的安全技术才能达到靠近城市建设的安全标准。深水常压反应堆建在地下，一旦遇到地震等自然灾害，对地面以下的反应堆影响较小，不会引发核泄漏，安全上更有保障。

深水池供热堆堆型简单，技术和设备成熟，建造成本低。据估计，1 座 200MW 深水池供热堆需要 1.8 亿元投资，相当于加压堆的 1/3。同样负荷大约需要 7 座大型供热锅炉，投资约需要 1.2 亿元。但供热堆的寿命是锅炉的 2～3 倍，建造成本也就有竞争力。与燃煤锅炉中 1t 燃料产生的热量（20.9MJ/kg）相同时，核燃料价格为 60～70 元，比燃煤或天然气便宜得多。200MW 核供热堆结构见图 9-82。

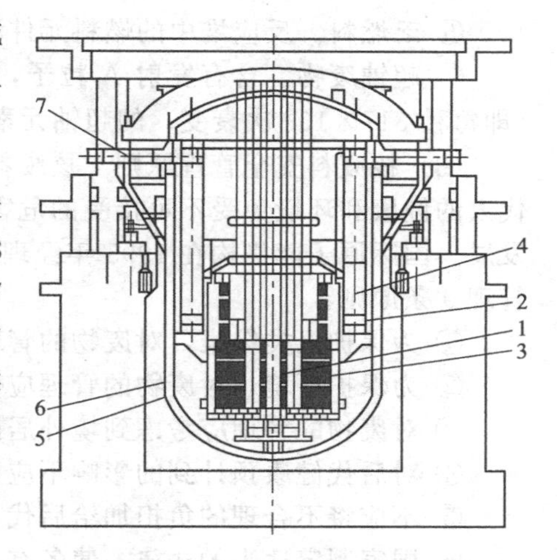

图 9-82　200MW 核供热堆结构
1—反应堆堆芯；2—控制棒；3—乏燃料储存；4—主换热器；5—压力容器；6—钢安全容器；7—二回路接管

9.9.5　核废弃物处理与核安全

伴随着核能的开发利用，从铀矿开采、水冶、同位素分离、元件制造、反应堆运行到乏燃料后处理整个核燃料运行过程，同位素生产和利用以及核武器研制过程都产生核废弃物，而且各个过程产生的核废弃物的类型、放射性比活度、废弃物数量各不相同。核废弃物需要科学管理、安全有效处置。

全世界有商业核电厂 440 多座，每年要卸下大量的核废弃物（乏元件），其中含有大量钚和镅系核素以及长寿命的裂变产物。伴随这些核废弃物的是大量的辐射和衰变热，处理不当将造成水、大气、土壤的污染，并形成安全隐患。

（1）核废弃物的来源　核废弃物是指含有放射性元素或被放射性污染的、今后不再被利用的物质，主要是含有 α、β 和 γ 射线辐射的不稳定放射性元素并伴随着衰变热产生的无用材料，主要有以下来源。

① 各类反应堆运行（包括核电站、核动力舰船和核动力卫星）。

② 乏燃料后处理工业活动。

③ 核废弃物处理、处置过程。

④ 放射性同位素生产、应用和核技术应用过程，包括医院、科研院所的有关活动。

⑤ 核武器研制、生产和实验。

⑥ 核设施退役活动。

核废弃物主要产生于核工业厂矿和核电站，同位素和核技术应用产生的核废弃物量少、半衰期短、毒性小。核废弃物以固体、液体和气体存在，其物理和化学特性、放射性浓度或活度、半衰期和毒性差异很大。放射性危害只能通过自身固有的衰变特性降低，无法达到无害化，放射性元素可以通过各种灵敏仪器检测其存在并判断危害程度。

（2）核废弃物种类　核废弃物可大致分成以下几类。

① 锕系元素。从原子序数 89 开始的元素系列，即锕、钍、镤、铀、镎、钚等。

② 高放废物。高水平放射性废弃物，反应堆废弃物经后处理后以及核武器生产的某些过程产生，一般需要永久隔离。

③ 中放废物。某些国家采用一种放射性物质的类别，没有一致的定义。

④ 低放废物。任何不是乏燃料、高放废物和超铀废物的总称。

⑤ 混合废物。既含有化学性危险的材料又含有放射性材料的废物。

⑥ 乏燃料。反应堆中的燃料元件和被辐照过的靶。

⑦ 超铀废物。含有发射A粒子，半衰期超过20年，每克废物中浓度高于100纳居里（即每秒317×10^{3}次衰变）的超铀元素的废物。

（3）核废料安全管理原则　核废料管理目标是以优化方式进行管理和处置，使当代和后代人的健康和环境免受不可接受的危害，不给后代留下负担，使核工业和核科学技术可持续发展。国际原子能机构在1995年经理事会通过发布了成员国都必须遵守执行的放射性废物管理9条原则。

① 为保护人类健康，对废物的管理应保证放射性低于可接受的水平。

② 为保护环境，对废物的管理应保证放射性应低于可接受的水平。

③ 对废物的管理应考虑到境外居民的健康和环境。

④ 对后代健康预计到的影响不应大于现在可接受的水平。

⑤ 不应将不合理的负担加给后代。

⑥ 国家制定适当的法律，使各有关部门和单位分担责任和提供管理职能。

⑦ 控制放射性废物的生产量。

⑧ 产生和管理放射性废物的所有阶段中的相互依存关系应得到适当的考虑。

⑨ 管理放射性废物的设施在使用寿命期中的安全要有保证。

（4）核废料处理的主要途径　国际上通用两种核废料处理方式，直接处理和后处理。

① 直接处理。乏燃料元件从反应堆中卸出后，经过几十年冷却固化为整体后进行地质埋藏处置，其流程见图9-83（a）。

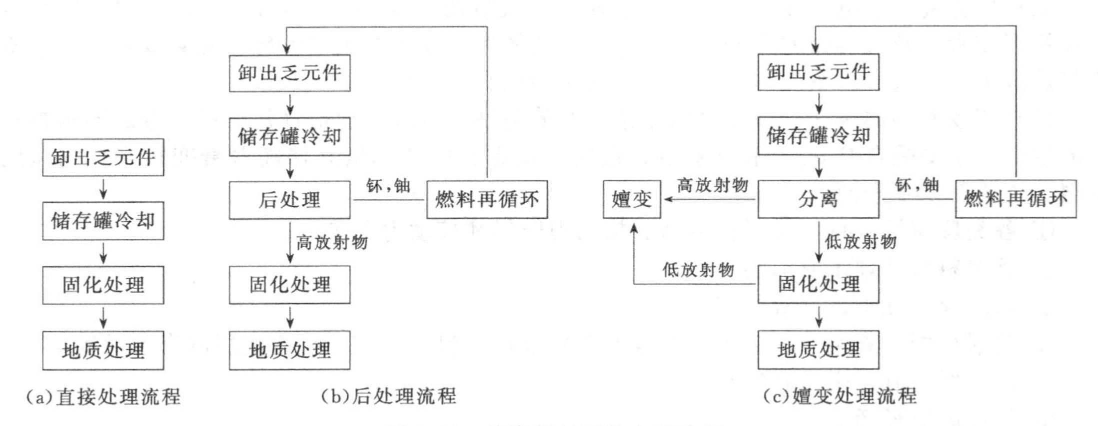

图9-83　核废料处理的主要途径

② 后处理。用化学方法对冷却一定时间的乏燃料进行后处理，回收其中的铀和钚再进入核燃料再循环，将分离出的裂变产物和次锕系元素固化成稳定的高放射性废弃物的固化物，进行地质埋藏处理，其流程见图9-83（b）。

③ 分离-嬗变处理。目前用的两种处理途径不能将高放射性核废物的泄漏危险减少，经固化和地质处理的高放射性核废物不能完全保证经过长时间的地质变化后不泄漏。国际上认为对高放射性核废物处理的方法是分离-嬗变技术。其处理流程见图9-83（c）。嬗变可将高放射性废物中绝大部分长寿命核素转变为短寿命，甚至变成非放射性元素，可以减小深地质处置的负担，但不可能完全代替深地质处置。分离-嬗变处置的关键在于分离技术，因为完全分离很难达到，还要产生二次废物，所以高放射性废物的分离-嬗变是一项难度大、耗资大、涉及多学科的系统工程，目前处于开发的初级阶段，距离实际处理还较远。

9.9.6　核能利用的未来

21世纪是核能发电的大发展时期，尤其是聚变堆核电站将从根本上“永远”解决人类能源供需的矛盾。目前，世界各国已建造多种类型的核聚变试验装置200多台。近年来，设在英国牛津附近的核聚变装置完成了一项可控核聚变试验。在圆形圈内，氘、氚气体相遇爆炸成功，产生了200千瓦的能量，试验持续了几分钟。但目前离实际应用还有较长的距离，因为实现持续的可控核聚变难度非常大。核聚变反应的温度大约需要几十亿度，在这样的高温下，氘、氚混合燃料形成高温等离子态，这里关键问题之一是聚变堆材料，尤其是第一壁材料性能问题，即要开发出能经受高温下14MeV中子核高能粒子轰击的长寿命的材料。尽管如此，已露出胜利的曙光，预计到21世纪50年代前后，有望能实现原型示范的可控聚变反应装置。

核能除了发电之外，还可以用于炼钢、推动动力机械、海水淡化处理、建筑物供热采暖、空调制冷及热水供应等。低温核供热反应堆是一种既清洁、经济又安全的理想新热源，建设一座20万千瓦的供热堆，每年消耗核燃料二氧化铀仅1吨，它可以为500万平方米的建筑物供暖。

我们知道，氢是一种很有前途的新的“二次能源”。但是大量制取氢比较困难，其原因是目前制取氢的办法是以消耗其他能源为代价。若利用核聚变反应则非常有希望解决这一问题。因为海水中含有大量氢及其同位素氘和氚（据计算，一桶海水中能提取的氘的能量相当于300桶汽油），若将海水中所有的氘核能都释放出来，它所产生的能量足以提供人类使用数百亿年。利用核能还可以对海水进行淡化处理，以解决缺水问题。

还可以预计，21世纪还是核能与核技术在医学中广泛应用并取得重大发展的时代。除了现有的核医学诊断治疗技术之外，中子治疗癌症是比较有前途的方法之一，这是因为许多癌细胞组织对硼有较好的吸收，同时硼又有吸收中子的能力，当它被癌组织吸收后，经中子辐照硼-10就会变成锂-7，并放出α粒子，α粒子的射线能量转移较高，可以更有效地杀死癌细胞。

9.10　可燃冰

科学家们发现，海洋的某些部位蕴藏着大量的可以燃烧的“冰”，其主要成分是甲烷和水分子（$CH_4 \cdot H_2O$），学名为“天然气水合物”，简称可燃冰。可燃冰是在一定条件下，由气体或挥发性液体与水相互作用过程中形成的白色固态洁净物质，外观像冰。甲烷水合物由甲烷和水分子组成，在海底深处接近0℃的低温条件下稳定存在，融化后变成甲烷气体和水。天然气水合物极容易燃烧，它燃烧产生的能量比同等条件下的煤、石油或天然气都多，而且燃烧后不产生任何残渣或废弃物。

9.10.1　可燃冰的形成

形成天然气水合物需要三个条件，缺一不可。①温度不能太高；②压力，0℃时的生成条件是压力3000Pa以上；③要有气源。据估计陆地上20.7%和大洋中90%的地区都有形成天然气水合物的条件。绝大部分的天然气水合物分布在海洋里，其资源量是陆地的100倍以上。

9.10.2　可燃冰的分布

天然气水合物受其特殊性质和形成条件的限制，只分布于特定的地理位置和地质构造单元中。一般说来，除在高纬度地区出现的与永久性冻土地带相关的天然气水合物外，在海底发现的天然气水合物通常存在于水深300～500m以下（由温度决定），主要存在于陆坡、岛屿和盆地的表层沉积岩中，也散布于洋底，以颗粒状出现。这些地点的温度和压力条件能保持天然气水合物的结构稳定。

从大地构造角度看，天然气水合物主要分布在大陆边缘、大陆坡、海山、内陆海和边缘海深水盆地以及海底扩张盆地。最近在日本近海发现甲烷水合物的储藏地点，并推测那里的储量可达7.4万亿立方米，相当于日本国内100多年的天然气消费量。研究发现，西伯利亚的永久冻土层下有大规模的甲烷水合物层，南北极圈永久性冻土、加勒比海沿岸、中国南海等大陆边缘海底的甲烷水合物也相继被发现。预计世界的甲烷冰总储量是石油、煤炭等所有常规化石燃料总量的2倍以上。

9.10.3 可燃冰的性质

如果不保持高压、低温条件，甲烷有可能在运往海面途中迅速融化。海水深500m的温度为5℃，甲烷水合物在这个温度范围内能保持稳定状态，但在海面的气压状态下气温必须在−80℃。要保持高压低温条件，将甲烷水合物以固体形态运到海面需要巨额成本，除去混杂的水和杂物也需要功夫。因此，甲烷水合物汽化后开采被认为是有效方法。

标准状况下，一个单位体积的气水混合物最多可分解成164个单位体积的甲烷气体，因而其是一种重要的潜在能源。天然气水合物的存储需具备4个基本条件：一是原始密度基础，气和水足够密集；二是足够低的温度；三是较高的压力；四是一定的体积空间。要作为一种资源安全利用天然气水合物，必须对地质、气象进行综合研究。

9.10.4 可燃冰开采

（1）钻孔取芯技术　随着钻探技术和海洋取样技术的提高，给人们提供了直接研究天然气水合物的机会。同时，钻探取芯技术也是证明地下水合物存在的最直接的方法之一。目前，已在墨西哥湾、布莱克海岭取到了天然气水合物岩芯。通常采用钻杆岩芯或活塞式取样器恒压取样。分析测试时，一般取用一定样品（100～200g）放入无污染的封闭金属罐中，再在罐中注入足够的水，并保留一定空间（$100cm^3$），通过罐顶气、样品机械混合后释放出的气体及样品经酸抽提后释出气的甲烷至正丁烷的组分进行气相色谱分析，以及对罐顶气进行甲烷δ13C和δD分析，不但可以推算气水合物的类型，还可以确定气水合物的成因。

（2）测井方法　测井方法鉴定一个特殊层含气水合物的四个条件是：a. 具有高电阻率（约为水的50倍以上）；b. 短的声波传播时间（比水低131μs/m）；c. 钻探过程中有明显的气体排放；d. 必须有两口或多口钻井区。

由于形成天然气水合物的水为纯水，因而在γ射线测井时，水合物层段的API值要比邻层明显增高，含水合物层还具有自然电场异常低的特点。与气水饱和层相比，含水合物层的自然电位差幅度很低，因为水合物堵塞了孔隙，降低了扩散和渗滤作用的强度。钻井过程中，遇到气水混合物层后另一明显变化是气水合物分解后引起含气水合物层段的井壁滑塌，反映在测井曲线上就是井径比相邻层位增大。含气水合物层段孔隙度相对较低，其中子测井曲线值则相对较高。

（3）化学试剂法　某些化学试剂，诸如盐水、甲醇、乙醇、乙二醇、丙三醇等可以改变水合物形成的平衡条件，降低水合物稳定温度。化学试剂法比热激发法缓慢，但却有降低初始能源输入的优点，其最大缺点是费用昂贵。

（4）减压法　通过降低压力，引起天然气水合物稳定的相平衡曲线移动，从而达到促使水合物分解的目的。一般通过在水合物质下的游离气聚集层中“降低”天然气压力或形成一个天然气“囊”（一般由热激发或化学试剂促成）。开采水合物下的游离气是降低储层压力的有效方法，另外通过调节天然气的提取速度可以达到控制储层压力的目的，进而达到控制水合物分解的效果。减压法的最大特点是不需要昂贵的连续激发，因而可能成为今后大规模开采天然气水合物的有效方法之一，但单独使用检验法开采天然气很慢。

从以上各种方法的使用来看，单独采用一种方法开采天然气水合物是不经济的。若将降压法和热工开采技术结合起来会展现诱人的前景，即用热激发法分解水合物，用降压法提取游离气。

第10章　清洁能源促进政策

10.1　清洁能源政策类型和特点

10.1.1　政策和清洁能源政策

政策是一个含义广泛的名词，既有宏观政策，也有微观政策；既有政治性政策，也有经济和技术政策；既有国家政策，也有地方政策。政策的类型不同，其目标和作用就不同。能源工程领域的政策主要是指经济性、技术性、具体的和地方的政策。一般而言，政策是政府和社会团体在某一特定条件下有计划的活动过程。政策的用意就是利用时机、克服障碍，实现某个既定目标或达到某一特定目的。因此，清洁能源促进政策就是各级政府为了推动清洁能源技术的发展和应用，采取的一系列有利于清洁能源行动的活动和措施。

作为政府行为，政策有以下几个主要特征。

① 目标性。目标是政策提出的前提，也是政策分析的目的，没有目标，政策就毫无意义。

② 合法性。政策是体现政府意志的一种形式，如果没有法律依据，政策就难以执行或持久。

③ 调控性或导向性。为解决某个问题，政府通过政策对人们的行为和活动的发展加以调控和引导，使得政策具有导向性。政策为社会发展和人的行为确定了方向，既可以推动一个产业，也可以带动一个滞后产业。经济生活和能源技术发展都是如此。

10.1.2　政策的法律基础

法律是政策制定与实施的基础，政策是法律实施的有效形式。政策是手段的基础，手段是政策的具体体现。没有具体的手段，法律和政策都将是空泛无力的，难以产生任何实际效果。

根据中国宪法，立法权在全国人大。国务院经授权制定行政法规；地方人大对国家主权、自治、刑事、人权、民事、司法、经济等全国人大立法范围以外的事项在国家尚未制定法律和行政法规时，根据需要制定地方性法规或条例。

与清洁能源有关的法律法规主要有以下几项。

①《大气污染防治法》(2000年4月29日第二次修订，2000年9月1日实施)。

②《中华人民共和国节约能源法》(1997年11月1日颁布，1998年1月1日施行)。

③《中华人民共和国可再生能源法》。

④ 国务院《关于环境保护若干问题的决定》(1996年8月发布)。

⑤ 国务院批准发布国家计委《当前国家重点鼓励发展的产业、产品和技术目录》(1997年12月3日发布，1998年1月1日试行)。

⑥ 国家计委、国家经贸委等联合颁布的《中国节能技术政策大纲》。

⑦《国务院关于酸雨控制区和二氧化硫控制区有关问题的批复》(1998年1月12日)。

⑧ 国家计委、国家经贸委、电力部和建设部印发《关于发展热电联产的若干规定》(1998年)。

10.1.3 政策的基本类型和特点

鉴于化石能源对经济发展的制约和全球环境压力的增大，世界各国都强调清洁能源利用的重要性并采取一系列措施。其政策目标可概括为以下几个方面。

① 政府大力支持清洁能源技术的研究、开发和示范，加快清洁能源技术创新，不断降低成本实现商业化。

② 扩大清洁能源技术的市场需求，完善市场服务体系，建立可持续发展的能源体系。

③ 世界上已经实施的清洁能源政策大体可分为三类（表10-1)。

表10-1 清洁能源促进政策分类

清洁能源政策	指令性政策	政府令(或市长令)、法规、条令、通告、决定、办法、许可证、标准和规范
	经济激励政策(含惩罚性政策)	补贴、价格优惠、减免税收(或征收碳税等)、低息或贴息贷款、加速折旧、专项科研基金
	市场政策	排放交易、公开招标、专项基金、政策采购

10.1.3.1 指令性政策及特点

指令性政策实际上是一种政府行为，它是基于政府的行政权力对社会经济活动的一种干预，通过政府令（或市长令)、法规、条令、通告、决定、办法、许可证、标准和规范等形式出现，是世界清洁能源技术发展中常用的手段。法律（或立法）虽不属于政府职权，但它通常能充分反映政府的意志。因此，制定一定的法律和法规，从法律上保障清洁能源的发展，是中外共同的做法。如美国在清洁能源领域的成就是世界公认的，一个重要原因是清洁能源发展受到国家和政策的有力支持和保护。1978年美国出台《公用事业管制政策法》，规定电力公司必须按可避免成本购买热电联产和可再生能源生产的电力。指令性政策的优点是能充分体现政府的功能，有效控制环境污染，但其缺点也十分明显，一是不能充分考虑企业和个人的意愿及承受力，出现一刀切。二是实施过程中需要大量的宣传工作和大量的执法力量，政策成本高，甚至容易流产。

10.1.3.2 经济激励政策及特点

经济激励是政府制定或批准执行的各种经济性政策或措施。可以分为两类，一类属于激励性经济政策，如各种形式的补贴、价格优惠、税收减免、贴息或低息贷款等；另一类属于惩罚性经济对策和措施，如罚款和碳税等。

这类政策既有市场机制的作用，又给各种利益相关者以经济支持，因而是清洁能源行动中广泛使用的一种政策。

(1) 补贴政策

① 投资补贴。中国政府对中小水电站投资的补贴属于此类。美国政府对风力发电试行15%的投资补贴，现已停止，这种补贴可以调动投资者的积极性，增加生产，扩大规模，但这种补贴与生产经营无关，不能激励企业降低成本。

② 产出补贴。根据能源设备的产出产量进行补贴，有利于增加产品产量，降低成本，提高效益。美国和欧洲一些国家在实行，中国目前还没有实行。

③ 用户补贴。通过刺激消费，扩大市场需求，带动生产能力扩大，达到降低成本的目的，对清洁能源而言，只有在市场足够大的时候，才能够达到目的。

解决好政策补贴需要处理好两个问题。

① 资金来源问题。美国和欧洲的经验一是通过系统收益筹集，二是征收化石燃料税，中国主要靠财政支付，不是长久之计。

② 补贴策略问题。补贴谁、补贴机制还值得深入研究。

(2) 税收政策　包括减免关税、减免增值税和所得税（企业和个人）等。理论上讲，这些税收政策只是减少了一部分政府收入。目前，清洁能源产业规模小，不构成对全国税收不平衡的影响，因而易于实施。但由于大多数税种不计入生产成本（关税例外），只影响企业的销售价格和经济效益，因而实际上对企业改进技术、降低成本、提高效益没有直接作用。一旦优惠政策被取消，清洁能源企业将受到很大冲击。还有一种强制性税收，对城市垃圾和其他污染物征收一定费用，不仅可鼓励对这类资源的开发利用，还能促进企业采用先进技术。

应该指出，税收政策的目的在于促进技术进步以及技术的商业化和市场渗透，因此，必须明确实施对象和目标。

(3) 价格政策　价格优惠是非常有效的激励措施，可以起到促进企业技术进步、降低成本的作用。关键问题有二：一是差价补贴的资金来源问题，通常由政府、能源公司和用户共同承担；由于现阶段清洁能源规模较小，补贴资金量小，这种方法比较现实；二是价格优惠享受者应该是技术先进、成本低廉者，并通过市场竞争确定。

(4) 贷款优惠政策　低息或贴息贷款可以减轻企业还贷负担，有利于企业降低生产成本，但政府需要筹集资金支持贴息和减息的补贴。资金供应状况是影响这一政策持续进行的关键性因素。

10.1.3.3　市场调节政策及特点

市场调节政策通过市场竞争、自由交易、市场定价等手段，促进企业技术进步和高新技术发展与应用，进而实现城市大气环境改善的目的。清洁能源行动增加企业负担，如果没有政府的经济激励，单纯靠市场调节有一定难度。不同政策手段的适用性和作用见表 10-2。

表 10-2　不同政策手段的适用性和作用

手段	适用范围	实施难度(政府开支大小)	缺陷或限制因素	效益	
				微观	宏观
市场定价	产品质量或技术选择	小	不能吸纳外部成本	促使资源有效配置	有效的投资、消费和生产
证书交易	污染排放、绿色电力等	中	取决于市场经济发育程度	可改变消费	
税收减免	燃料质量、燃料选择、技术开发	小	覆盖区过大，政治上不可接受，地方政府可能拒绝	降低成本，促进消费	改变投资、消费和生产意向
征收收费	公共服务、减少污染物排放	小	费用过高，不可接受，费率过低作用小	提高生产成本，促进外部成本内部化	促进能源效率投资、改善消费和生产
补贴	技术开发或应用基础设施投资	高	一旦依赖补贴很难取消，产生非预期的副作用	给用户不适当的信号导致生产和需求过量，降低生产效益	与税收相似
强制性标准	耗能设备或器具建筑物(包括技术)	中	需要进行技术鉴定和监督	提高生产成本和价格，促进外部成本内部化	可影响商业行为模式
许可证	决定新建设施营业限度	中	同强制性标准	可开辟新市场，确定节能或环保产品	
罚款	违法和违规	小	完善的监督和监测	可改变生产和消费	

10.2　清洁能源政策的决策步骤和分析方法

10.2.1　政策决策原则

（1）成本效益原则　任何政策都必须付出一定代价才能获得一定的收益或达到预定的目的。一项政策是否可行，重要标准之一是政策的效益净现值是否大于等于零。从社会的整体利益出发，分析评价各项清洁能源促进政策的经济性是否可行，不仅是政策评估的重要原则，也是政策设计或选择必须遵循的原则。

（2）公平性原则　政策的作用在于如何正确处理不同利益群体和个人之间的利益关系。政策的实施，不可避免地导致利益重新分配，但政府的最终目的是通过政策的协调和控制作用，合理规范利益群体的利益，重新形成协调一致的合力，实现社会利益的最大化。

（3）协调一致性原则　政策的最大目标是实现社会环境和经济的健康发展，不允许牺牲环境求得经济的高速发展，同样也不允许牺牲经济发展以达到改善环境的目的。就清洁能源政策而言，协调一致性原则包括以下内容。

① 激励清洁能源技术的推广应用。

② 减少污染物排放，改善城市大气质量。

③ 有利于经济发展，创造新的经济增长点，增加就业机会。

④ 尽量降低企业生产成本。

⑤ 刺激企业采用先进技术，提高企业竞争力等。

（4）可操作性原则　政策要实施就必须做到：

① 所规定的政策符合当地的人力、物力、财力和科学技术力量与水平。

② 政策具有一定的时效性，以适应变化的形势，要符合国家有关法律法规的规定，任何违反法律法规的政策都是不可操作的。

10.2.2　政策决策分析步骤

10.2.2.1　决策步骤

（1）现状调查，找出存在的问题和障碍　现状调查是政策设计的基础，其主要目的是评价政策研究对象的发展阶段、状态和水平，分析其进一步发展的制约因素及其原因。现状调查应充分利用现有的统计资料，根据政策设计的需要，制定专门的调查问卷，对有关部门、企业和个人进行典型调查或抽样调查，同时进行必要的访问和会议，力求对现状有一个全面、正确的了解，以便为选择和确定政策目标奠定科学的基础。

（2）明确障碍，确定目标　障碍产生的原因多种多样，必须明确哪些是主要障碍，什么是主要障碍的形成原因，政策是为了解决问题，尤其是紧迫的重要问题。

政策决策过程的一个关键性环节是确定主要目标。在现状调查分析的基础上，准确确定政策目标是非常重要的。但主要目标和一般性目标需要经过领导部门、行业主管、技术专家咨询后确定。图 10-1 是清洁能源技术推广使用中普遍存在的障碍和问题。

（3）拟订方案　确定目标后，就可以进入政策决策的核心阶段——拟定政策和解决方案。这个阶段的主要任务是确定相应的对策手段和具体内容以及实施方法、途径和实施主体。所制定的对策是否科学、可行关系到目标的实现和实现程度。

（4）实施、监控和评估　方案确定后，需要相应的执行机构和监督机构，配以相应的配

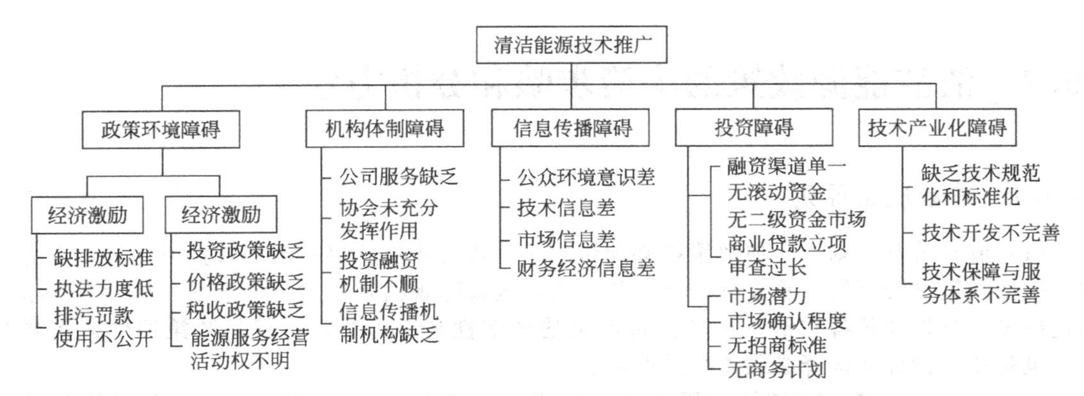

图 10-1 清洁能源技术推广使用中普遍存在的障碍和问题

套管理方法。

评估是检验政策施行的最后阶段，对政策设计而言，不应当等到实施后才知道好与坏，而应在设计阶段就评估其科学性、合理性和实施效果。这就需要借助下面的方法。

10.2.2.2 分析步骤

(1) 确认政策的内涵和实施范围　通过调查访问，明确政策的具体内容和规定是政策分析的基础，其次要弄清政策实施的行业、部门或领域，还要调查、了解政策出台的经过和人财物的投入。

(2) 确定政策影响的边界　政策实施可能带来多方面的影响，原则上讲，影响应尽可能大些。但过于扩大和开放可能导致无法得到有实际意义的结果。影响边界的确定主要取决于所分析的问题、内容和要求。就清洁能源而言，需要考虑下述问题。

① 大气污染状况：空气中二氧化硫、PM_{10}等污染物到底排放状况如何，空气质量是否有所改善。

② 能源消费结构变化：清洁能源比例是否增加。

③ 能源使用效率提高还是降低了。

④ 生产能力和生产费用增加还是降低了。

⑤ 社会总体生产能力和成本增加还是降低了。

⑥ 就业状况等。

(3) 建立数据清单，确定政策的费用和效益　主要任务是清查政策实施的全过程（包括政策酝酿、制定、宣传与试点示范和正式实施过程）所产生的费用和效益，并与政策实施前的状况进行比较，以便最终确定政策的影响程度。

(4) 分析评价，提出改进意见　利用分析技术，研究政策实施过程中的影响因素，评价其成功因素和失败教训。针对存在问题和主要因素，提出改进意见。

10.2.3 政策决策的分析方法

10.2.3.1 成本效益分析法

政策成本是实施该项政策所发生的费用投入或代价。由两部分组成：一部分是政策成本，包括政策酝酿、调查研究、政策制定、政策激励、政策实施和监督管理过程中实际支出的费用；另一部分是实施清洁能源技术导致产品成本额外增加的费用。

政策效益是指实施清洁能源技术项目所取得的新增环境效益（B_e）、经济效益（B_t）、社会效益（B_s）和资源效益（B_r）等。

(1) 环境效益（B_e）　煤炭直接燃烧是主要污染源，用清洁能源代替煤炭或提高设备效率都能减少污染物排放引起的经济损失。环境问题的外部计量是一个复杂的技术性问题，对计量结果争议也大。环保部门组织专家编写了比较完整的收费办法，比较完整地体现了环境损坏的治理水平。大气污染物排放收费标准见表 10-3。

表 10-3　大气污染物排放收费标准

燃煤炉窑大气污染物排放收费标准		
污染物	强方案/(元/kg)	一般方案/(元/kg)
SO_2	1.26	0.52
NO_x	2.00	0.83
烟尘	0.55	0.35

水污染排放收费标准	
行业	污水排污费的单价/(元/t)
一般行业	0.20
特殊行业	2.00
城镇居民生活污水	0.38

废渣污染排放收费标准	
废物名称	费用/(元/t)
冶炼渣	25.00
粉煤灰	30.00
炉渣	25.00
煤矸石	5.00
尾矿	15.00
其他渣	25.00

(2) 经济效益 (B_t)　清洁能源技术的经济效益主要体现在产品产量增加和产品质量提高增加效益，根据实际情况计算。

(3) 社会效益 (B_s)　有些清洁能源具有比较明显的节水、节煤效益，如用风能、太阳能替代煤炭。中国燃煤电厂平均发电煤耗约为 0.32kg/(kW·h)，资源税 0.3～5 元/t 煤。但现行资源税存在一些不足，仅考虑了资源的级差租金，忽略了资源的稀缺性租金，没有体现可持续价值和资源开采生产的外部成本。未真正反映国家对资源的所有权，无法保证后代人资源基础完整所需的部分资金。既不利于资源按社会成本定价，更不能按可持续成本定价。专家估计，充分考虑可持续价值后，现阶段煤炭的贫化租金约为 14 元/t 煤。

中国是贫水国家，水资源分布不均，北方大部分地区干旱缺水。水资源的可持续价值没有在价格中充分反映出来，燃煤电厂消耗大量水资源却未作出合理补偿。清洁能源电厂具有显著的节水效益，应予以计量。

(4) 资源效益 (B_r)　清洁能源推广能带动相应的制造业、安装产业的发展，可以为当地提供新的经济增长点，创造新的就业岗位，具有显著的效益。但要计算这部分效益，困难较大。成本和效益是相对的概念，是相对于无政策情况比较效益是增加还是减少，可以参照表 10-4。

表 10-4 有政策与无政策比较

项 目	有政策	无政策(基础项目)	增量(+-)
能源消耗量(E)	e_1	e_0	$\Delta E=\pm[e_1-e_0]$
成本(C) 产品生产成本 政策制定、实施及管理成本	c_1	c_0	$\Delta C=\pm[c_1-c_0]$
效益(B) 能源效益 环境效益 经济效益 社会、资源及其他效益	b_1	b_0	$\Delta B=\pm[b_1-b_0]$

政策成本的评价通常采用两个指标：净收益现值和益本比。

① 净收益现值（NPV）。计算公式为：

$$\mathrm{NPV}=\sum\{[B_e(t)+B_t(t)+B_r(t)+B_e(t)]-[C_m(t)+C_p(t)]\}(1+r)^{-t}$$

当 NPV>0，该项激励政策相对可行，否则不可行。

② 益本比。收益的总现值除以成本的总现值。计算公式为：

$$益本比=\sum\{[B_e(t)+B_t(t)+B_r(t)+B_s(t)](1+r)^{-t}/\sum[C_m(t)+C_p(t)]\}(1+r)^{-t}$$

当益本比大于 1 该激励政策相对可行，益本比越大该政策就越具有优越性。政策可实施性的量化分析十分必要，不仅可以帮助人们正确选择和设计政策，避免不必要的损失，也为政策实施效果的后评估提供了条件。

10.2.3.2 费用-效果分析法

在处理具有长期效应的温室气体减排效益等方面成本效益分析有着难以克服的障碍，如长期贴现和费用、效益发生不同时，有些环境和社会效益难以量化等，为此提出了费用-效果分析法。基本思路是：把减排的最终社会、经济和环境效益从成本效益分析中的价值量转变为物理量，以累计减排量作为效果目标，以减排所产生的附加费用作为减排技术的费用指标。通过费用和效果的比较，同样可以判断政策优劣。一般计算公式为：

$$C=(C_t-C_0)/(E_0-E_t)$$

式中，C 为单位减排增加成本，元/t；C_t 为减排技术的单位产品的成本费用，元/产品；C_0 参照技术单位产品的成本费用，元/产品；E_0 参照技术单位产品的排放量，t/产品；E_t 为减排技术单位产品的排放量，t/产品。

10.2.3.3 头脑风暴法

通过专家（微观智能结构）之间信息交流，引起思维共振，产生组合效应，进行创造性思维。头脑风暴法分为直接头脑风暴法和质疑头脑风暴法。

(1) 直接头脑风暴法　根据一定规则，通过共同讨论具体问题，发挥宏观智能结构的集体效应，进行创造性思维活动的一种专家集体评估、预测的方法。

(2) 质疑头脑风暴法　是一种同时召开两个专家会议，集体产生设想的方法。第一个会议完全遵从直接头脑风暴法原则，第二个会议则是对第一个会议提出的设想进行质疑。采用头脑风暴法组织专家会议时，应遵守如下规则。

① 严格限制讨论对象的范围，便于参加者把注意力集中于所涉及的问题。

② 认真对待和研究专家组提出的任何一种设想，而不管这种设想是否适当和可行，不能对别人的意见提出怀疑。

③ 鼓励参加者对已经提出的设想进行补充、改进和综合。

④ 使参加者解除思想顾虑，创造一种自由发表意见的气氛，以利激发参加者的积极性。

⑤ 不允许参加者宣读事先准备的发言稿。

事实证明，利用头脑风暴法对研究对象进行定性讨论，通过专家之间直接交换信息，可引起较强的思想共振，充分发挥创造性思维活动能力，有利于在较短时间内取得较为明显的创造性成果。头脑风暴法的领导最好由相关领域的专家担任。

10.3　各类政策在清洁能源行动中的应用

10.3.1　在能源替代方面的应用

为推动天然气代替煤炭用于工业锅炉、餐饮大灶以及用电、地热替代煤炭供暖等技术发展，各城市结合本地实际选择并出台了一些政策和措施，主要归纳为两大方面。

10.3.1.1　强制性的行政管制措施

① 根据《大气防治法》、《国务院关于环境保护若干问题的决议》和《锅炉大气污染物排放标准》，制定本城市的《环境保护条例》和《大气污染防治条例》等法规。

② 制定清洁能源建设规划，对工程建设的区域、完成时间提出具体要求，对拒绝和不按时完成改造的单位和个人给予一定的惩罚。

③ 制定并实施一些适合本地条件的排放法规和煤质标准。

④ 根据国家和地方有关的法律法规，制定并实施一批如何贯彻执行煤改气的“决定”、“通知”和“办法”等。

10.3.1.2　积极的财政、经济政策

① 优先优惠的信贷政策。

② 价格优惠，如减（免）天然气安装费、天然气降价使用等。

③ 财政补贴，对煤改气工业锅炉给予不同水平的财政补贴。

④ 减免税收，有的城市采用对清洁能源行动中的重点项目给予减半征收企业所得税的优惠等。表 10-5 是清洁能源行动试点城市在清洁能源替代行动中采取的政策和措施。

10.3.2　在热电联产、集中供热方面的应用

从已经采取的对策看，呈现以下共同特点。

① 政府重视，积极贯彻执行国家有关规定。热电联产和集中供热技术成熟，节能和经济效益显著，已成为国家节能政策的一项重要内容。为推动此项技术的发展，从 20 世纪 80 年代开始，国家发改委、建设部等主管部门先后出台一系列规定和要求，为热电联产、集中供热技术的应用与发展指明方向，并得到实践的证明。

② 制定规划，严格按照规划进行建设。

③ 通过政府的行政管理，颁布了一批强制推动的决定。

④ 实施了一批有利于热电联产和集中供热的经济激励措施。

表 10-6 是清洁能源试点城市对热电联产和集中供热采取的措施。

10.3.3　在洁净煤技术推广中的应用

洁净煤技术推广应用的政策要点见表 10-7（包括工业锅炉燃用优质煤、型煤、采用流化床、烟气脱硫和除尘技术）。可以看出，政策的主要特点是依靠强制性措施和行政管理推动，其中尤以制定并实施清洁能源相应的质量标准、排放标准和市场准入制度较为普遍。

表 10-5 能源替代领域中实施的政策和措施

政策/地区	政策和措施
北京	根据国家"大气污染防治法"及国务院有关规定，出台了"本市大气污染防治条例"和"环境保护条例"，制定了分9个阶段的煤改气工程计划，出台了保障规划实施的"办法"、"规定"和"通知"，要求四环以内煤改气工程2004年底完成，同时提供以下支持：①市政府筹集1.67亿美元作为专项资金，贷款利率6%左右，10年还贷；②贷款采购的锅炉设备价格比市场平均价格低30%左右；③对被改造锅炉工程企业提供5.5万元/t(蒸汽)的财政补贴；④提出了电采暖按低谷用电计费的政策
天津	出台了《天津市大气污染防治条例》，制定了分阶段煤改气工程计划，要求全市10t/h及以下燃烧设施到2004年底前基本完成燃煤设施改用清洁能源或拆除并网工作，同时提供以下支持。①设立专项资金，每年从市区财政拿出5600万元以贷款贴息融资、按比例补贴形式，支持全市各单位燃煤设施改用清洁能源或拆除并网工作；②凡2t/h以上锅炉改用燃气的，免交煤气增容基金，对改气的锅炉外网供气设施工程费用2～4t/h锅炉减收30%，6～10t/h锅炉减收40%；③对改气锅炉在最高限价1.9元/m^2的基础上，为居民供热的燃气锅炉收费最高限价不超过1.7元/m^2；④凡居民采暖锅炉改用电力的，实行峰谷分时用电价格
重庆	根据国家"大气污染防治法"及国务院有关规定，出台了"本市大气污染防治条例"和"环境保护条例"，制定了分三个阶段的煤改气工程计划，出台了保障规划实施的"办法"、"规定"和"通知"，要求主城区煤改气工程2003年前完成，同时提供以下支持：①市财政对中小锅炉煤改气工程提供6700万元补贴，区财政补贴750万元，共计7450万元，占总资金4.02亿元的18.6%；②对改用天然气的锅炉和茶水炉，天然气给予三年价格优惠，其中工业锅炉用气由1.7元/m^3下降到1.25元/m^3，商业用户由原2.0元/m^3降到1.55元/m^3；③煤改气项目可享受所得税优惠，从2001～2010年所得税按15%计；④锅炉设备采购按招标法的有关规定执行
南充	①市政府协助煤气公司获得了1.8亿元商业贷款，占总投资2.5亿元的85.7%，同时市政府提供少量的财政拨款；②该市规定，凡在限期内改用天然气的锅炉，其天然气安装费用优惠60%；③对低收入家庭免收天然气管道入户费(3000～4000户)，由同级财政承担60%，天然气公司承担40%；④出台两项专门文件，促进煤改气工程进行，并规定新申请购置安装的锅炉，需报市区安全监察和环保部门，并登记注册，发给营业执照方可运行
济南	政府鼓励使用天然气，对用气大户给予政策优惠。①锅炉和工业用气免征开户费；②工业锅炉、采暖锅炉和生产用气价格根据用气量大小，实行阶梯价格，锅炉和生产用气价格为1.8元/m^3，民用为2.0元/m^3
西安	①市政府几乎每年(1999～2004)都发布通告，要求无燃煤区和改煤区内的燃煤锅炉、餐饮大灶必须在规定时间内改烧天然气、电、液化气和轻柴油等清洁燃料，或改成集中供热。规定从1999年起一律不在无煤区和改煤区内批建新的燃煤锅炉；②市政府每年都要召开燃煤烟尘治理全市动员大会，市主要领导做动员部署，各区政府和街道办事处责任包干包片；③环保局定期编写《锅炉改造进展报告》；④天然气公司对改造单位给予一定的优惠政策，锅炉入网优惠费30%～50%，餐饮用户每户优惠2000元，同时对天然气锅炉用户每立方米优惠0.1元
铜川	①政府下达限期治理计划，规定天然气通达地段2t/h以下锅炉改烧天然气、电及油等清洁能源或采用煤气发生炉，2t/h以上锅炉加装脱硫除尘装置并使用低硫煤；②成立专门机构，取缔燃煤餐饮大灶；③在陶瓷行业展开陶瓷炉窑煤改气示范项目；④制定推广天然气优惠政策，居民天然气由单位补贴一半，工业用户适当降低入网费和气价；⑤政府财政担保为燃气公司申请到9000万美元贷款，支持天然气管网建设
乌鲁木齐	政府规定，天然气管网覆盖区的居民和市场必须使用天然气，改烧天然气的锅炉不参加集体供热，天然气使用费由标准费用1.5元/m^2降到1.34元/m^2
兰州	市政府颁布"建设燃煤控制区实施意见"，要求制定相关的优惠政策

表 10-6 清洁能源试点城市对热电联产和集中供热采取的措施

城市	政策和措施
牡丹江	①工程建设和经营期间免收各种行政性收费，事业费减半，对企业只收成本费；②对居民供热的二次补水，水价按民用水价执行；③热源及主干网建设费按该市现行的热源及主干网建设费50元/m^2(建筑面积)执行；④动迁管理费、动迁承办费按第一条执行；⑤关于免收国有土地出让金、市土地局征收的有关费用，由土地局提出意见，报土地审批委员会审批；⑥穿越铁路的工程费，由引热入市工程指挥部负责协调，按工程实际发生费用计算；⑦施工过程中如果与地上地下设施系统建筑物发生冲突，各有关单位要给予最大程度的支持；⑧已有小锅炉并网费按40元/m^2(建筑面积)收取；⑨建设和经营期间的税收问题待向上级主管部门汇报后另行商定
兰州	政府一方面鼓励热电联产和集中供热，同时制定了停止收取供热增容费的政策，致使该市失去了地方最主要的建设资金来源，限制了该市集中供热事业的发展

续表

城市	政策和措施
沈阳	①政府强力推行热电联产和集中供热，规定市区不得新建容量小于 28MW、装机容量小于 56MW 的供热机组，取缔现有 2t/h 以下燃煤锅炉和热电联产区域的供暖锅炉；②鼓励发展电采暖，夜间电价按 50%收取
呼和浩特	①政府强力推行集中供热，规定热网内拒绝入网的用户罚款 1 万～10 万元；②市政府鼓励电采暖，对电采暖工程缓收增容费，用电量超过 150kW・h 的超过部分减 30%
西安	①政府要求改煤区内集中供热管网工程到位、具备供热条件的，拆除分散燃煤锅炉，实行集中供热；②鼓励和推行热电联产和集中供热联手，由热力公司向热电厂购置多余的热源；③鼓励发展电采暖，用电费按峰谷价收取
济南	①禁煤区参加集中供热的，热源和热网建设费优惠 20%；②淘汰锅炉参加集中供热的，热源和热网建设费优惠 30%；③禁煤区外参加集中供热的，热源和热网建设费优惠 15%；④淘汰 4～10t/h 锅炉参加集中供热的，热源和热网建设费优惠 30%；⑤鼓励电采暖，免交供配电贴费，电价按 0.35 元/(kW・h)[民用电 0.58 元/(kW・h)]
太原	政府强力推行热电联产和集中供热，鼓励电采暖，已有规划，政策不详
银川	①把热电建设纳入政府重点工程，给予贷款优惠；②列入重点工程的项目免收各种行政性收费，城市配套费减半或免收；③集中供热区域内小锅炉限期拆除
铜川	规划在老市区和新区各建一个集中供热中心，目前正在建设规划和筹集资金
乌鲁木齐	①强制推行集中供热；②鼓励电采暖，出台分段优惠电价，低谷电价 0.2 元/(kW・h)，平段电价 0.28 元/(kW・h)，高峰电价 0.48 元/(kW・h)，对用电大户实行电量优惠，按 100kW・h、200kW・h 和 300kW・h 逐级优惠
天津	①供热小锅炉的拆除、并网按现行费用的 80%收取；②鼓励电采暖，电采暖代替燃煤锅炉的低压电力用户，供电容量标准由 100kW 放宽到 160kW；③市区及外环线以内不准新建燃煤设施
北京	强制推行热电联产和集中供热，鼓励发展电采暖，规定采暖用电按低谷电价计费

表 10-7 洁净煤技术推广应用的政策措施

城市	政策和措施
银川	根据银川市禁止使用、销售高污染煤管理办法，强制推行低硫优质煤，要求煤的硫含量小于 0.8%。①依法进行煤质检验，不合格的予以处罚，限期改换煤种；②运用市场机制，促使煤矿企业帮助用煤单位解决燃烧过程中的技术问题；③政府与煤矿互惠互利，政府长期推行低硫煤，煤矿优质平价供应，到 2005 年全市低硫优质煤达到 90%以上
柳州	强制外购低硫煤代替本地高硫煤，建立煤质监控中心和配煤场，供应低硫优质煤
西安	强制在 2～10t/h 工业锅炉推广型煤并规定：①型煤生产企业实行认证准入证制度；②实行型煤最高限价，最高不超过 291 元/t 型煤；③出台型煤质量标准(DB 61/350—2004)规定型煤煤质；对 10t/h 以上燃煤锅炉强制使用灰分小于 15%、硫分小于 0.8%的优质煤，在此基础上添加 2.5%的固硫剂
沈阳	①强制在 1～2t/h 锅炉上采用型煤，制定严格的煤质标准和技术规范，实行认证准入证制度，规定最高限价(290 元/t 型煤)；②禁止燃用含硫量高于 0.8%、含灰量高于 24%的煤，电厂燃煤含硫量低于 0.6%
太原	强行要求 2t/h 以上锅炉安装除尘脱硫装置，推广使用型煤和优质煤
重庆	①强制推广型煤，要求 10t/h 以上锅炉和窑炉改烧型煤；②强制推广循环流化床技术，要求大于 10t/h 锅炉进行循环流化床试点；③强制推广烟气脱硫技术
天津	①创建基本无燃煤区；②严格执行"天津市锅炉大气污染排放标准"；③推广烟气脱硫技术；④加大煤炭市场管制，限制高硫劣质煤进入市场
呼和浩特	①城区 1998 年开始全部使用精煤延续至今；②确定工艺必须使用常规煤者，须报请环保局批准；③不按规定用煤给予警告，或处以 5 万元以下罚款
济南	①要求新装 10t/h 以上锅炉必须采用脱硫装置；②强制推广民用型煤；③强制使用低硫煤，建立配煤场，要求煤中灰分不大于 20%，硫分小于 0.8%
铜川	①成立煤污染治理办公室，加强低硫煤、型煤和无烟煤推广力度；②指定低硫煤供应矿点，禁止高硫煤进入市场；③取缔周边烟煤市场；④创建铜川新区无燃煤区
乌鲁木齐	①市区禁止使用原煤，强制推广使用型煤；②新建大于 20t/h 锅炉必须使用循环流化床锅炉，否则不予批准

10.3.4 在可再生能源方面的应用

可再生能源技术很多，但试点城市使用不多，天津市采用地热采暖是一个典型代表，主要措施有：

① 加强地热资源评估，制定合理的开发利用计划。

② 实行地热水回灌制度。

③ 征收地热资源税等。

10.3.5 试点城市的政策类型汇总

上述清洁能源试点城市的政策和措施（表 10-8）可以看出：

表 10-8 试点城市采用的政策类型

城 市	政策类型	城 市	政策类型
牡丹江	①③	兰州	①
沈阳	①③	乌鲁木齐	①③
北京	①③	银川	①②③
天津	①③	重庆	①②③
济南	①③	南充	①③
太原	①②	遵义	①
呼和浩特	①③	曲靖	②
西安	①	柳州	①②
铜川	①		

说明：①为指令性政策；②为市场调节政策；③为激励性政策。

① 通过政府制定法律、法规、条例、决定和通知等，是比较流行的做法，几乎每个城市都采用。

② 基于市场机制的经济激励（或惩罚）政策，在清洁能源行动中也是普遍采用的政策措施，采用的城市至少在 10 个以上。

③ 市场调节政策使用得比较少，尤其在项目建设、项目运营中，只有个别项目（如曲靖的煤制焦项目）体现市场作用。

10.4 政策实施效果和评价

10.4.1 衡量标准

清洁能源政策研究的目的之一在于考察分析能够有效促进清洁能源技术应用政策的特征，进而达到改善城市大气质量和促进社会可持续发展的目的。

(1) 环境效率和效果　环境效果主要表现在一个城市二氧化硫和烟尘的减排量和浓度变化等方面。确定政策实施的环境效果需要一个可靠的正常实施状况和一套相应的监测、报告和确认系统，以确认实施过程产生的变化是政策或行动的实施所产生的。

过去几年中，中国各试点城市都获得了联合国开发计划署资助的环境监测仪器并投入运行。但由于安装位置变化或其他原因导致了新获得数据的可比性出现问题，给政策评估带来了困难。政策评估的另一个困难是难以区分单一政策的具体减排效果。评估时只好观测实施一组政策手段在某一特定领域产生的全部减排效果作为该组政策手段的效果。

（2）能源效率和效果　清洁能源行动的主要内容和任务是提高能效、增加清洁能源使用比例，这也是减少有害物质排放、实现环境达标的基本途径之一。能源使用效率和清洁能源使用比例在很大程度上受到地方能源政策的影响。清洁能源行动政策实施效果的衡量标准如下。

① 城市热化率。城市居民冬季热电联产和集中供热面积与城市应采暖供热面积之比。

② 城市生活燃料气化率。居民炊事燃料中天然气、人工煤气和液化石油气所占比例。

③ 城市清洁能源使用率。全市能源消费量中优质低硫煤（以各市自定义为准）、固硫型煤、天然气、液化石油气、人工煤气、电力和可再生能源所占的比例。

（3）成本和效益　是政策实施评价的一项重要指标。如果全社会的获得比成本投入大，说明该项清洁能源政策具有经济效率，是有效的政策。

10.4.2　政策实施效果评价

10.4.2.1　能源替代政策

（1）实施效果　2001 年开始，具有天然气资源的城市开始推广天然气等清洁能源。到 2004 年，北京、重庆、天津等 9 个城市 20000 多台锅炉和餐饮大灶实现了煤改气。天然气年使用量达到 67 亿立方米，减少燃煤 749 万吨标准煤，减少烟尘排放 11 万吨，减少二氧化硫 15 万吨，城市空气质量得到明显改善。实施效果见表 10-9。

表 10-9　实施能源替代政策的效果比较

项　目	年份	北京	天津	重庆	南充	济南	西安	乌鲁木齐	兰州	铜川
SO_2 减排/万吨	2000	1.86	1.29	1.79	1.51	0.02	0.81	0.065	0.0	0.034
	2004	4.10①	2.76	1.86	3.40	0.04	3.19	0.16	0.156	0.09
TSP 减排/万吨	2000	0.83	0.34	3.27	1.03	0.003	0.75	0.164	0.0	0.048
	2004	1.37①	0.69	3.48	2.31	0.006	2.99	0.40	0.038	0.128
天然气比例/%	2000	3.89	2.5	13.41	17.38	0.37	2.92	7.51	0.0	0.51
	2004	6.33①	2.97	14.84	24.57	5.11	8.34	9.8	3.88	1.04

① 2003 年数据。

煤改气同时带来了以下效果。

① 提高了城市综合服务功能，改善了环境，对调整能源及相关产业结构、促进城市经济社会可持续发展有深远意义。

② 方便群众生活，改善了人民生活质量。

③ 提高企业自动化程度、产品质量和成品率。

④ 促进技术进步，提高企业竞争力。

（2）成功经验

① 天然气开发筹建阶段，一些城市出台了有关天然气输配管网工程资金筹集办法，对燃气管网配费、初装费和征集办法做了规定，保障了工程进度。北京市和铜川市还用政府担保的方式为燃气公司申请到 1.67 亿美元和 9000 万美元的国外贷款。

② 出台激励政策，给予经济补偿，降低天然气使用价格，使用优惠。

③ 出台行政命令和管理办法，如设置无煤区、改煤区，要求必须进行技术或工程改造。

（3）待改进的地方

① 过于重视强制性政策的作用，忽视市场作用。

② 经济激励力度偏小，不能全部或大部分地消除投资风险，致使部分参与者依然承担着额外的经济负担，影响煤改气的积极性。如一台锅炉煤改气需要7万～65万资金，重庆市两级政府补贴7450万元，只占实际资金需求量的18.6%，每台锅炉平均可得资助2.98万元，其余资金由企业自行解决。一台10t/h锅炉，每月烧煤费用为19万元（热值17.85～20.1MJ/kg，煤价165元/t煤，锅炉效率70%），改烧天然气后的每月燃料成本为51.6万元（热值32.67MJ/m^3，锅炉效率90%，天然气优惠价格1.25元/m^3）。扣除烧天然气少付出的电费、水费、工资、药剂费、排污费，仍比燃煤高出2.6万元，显然增加了运行成本。

③ 一些政策缺乏可持续性考虑。激励性政策不能无限期地给予补贴，在筹划、设计政策的同时应当考虑到政策终止后增量成本的消化方式和解决途径，或摊入成本，或企业让利。

10.4.2.2 热电联产、集中供热政策

（1）实施效果　热电联产和集中供热一直是国家倡导的一项节能、环保技术，在全国得到了广泛应用。2004年仅在北方几个试点城市热电联产集中供热面积就达到73487万平方米，比2000年提高89%，城市热化率达到71.2%，比2000年提高21%。同时拆除燃煤小锅炉26670多台，极大地减少了燃煤带来的烟尘污染。热电联产与集中供热政策的实施效果见表10-10和表10-11。

表10-10 热电联产与集中供热政策的实施效果

城市	年份	房屋供热面积/万平方米	实际供热面积/万平方米	2000～2004年拆除小锅炉数/台	燃煤量/万吨	烟尘排放量/万吨	SO_2排放量/万吨
牡丹江	2000	2164	556		50	0.19	0.32
	2004	2248	1488	444	71	0.2	0.39
沈阳	2000	8180	4500	0	516.4	3.1	2.74
	2003	12078	7050	3237	459	2.8	2.39
济南	2000	3675	2089	2284	74.5	0.85	1.37
	2004	4380	2795	2415	10.4	0.05	0.07
天津	2000	7946	4550	287	136.5	0.9	2.69
	2004	11600	8967	2726	224.2	1.03	3.59
北京	2000	34000	21000		290	0.8	5.6
	2003	41000	36500	13000	380.4	1.05	7.3
呼和浩特	2000	1420	755	150	94	0.7	1.14
	2004	2800	1670	1172	261	1.8	3.2
太原	2000	3810	1070	295	550	2.48	9.79
	2004	4692	2370	882	775.35	1.8	10.98
银川	2000	1887	988	30	36.5	0.28	0.81
	2004	3694	2424	290	82.6	0.35	0.92
西安	2000	3800	650	10	70.5	1.58	1.65
	2004	5600	1460	365	104.5	2.6	2.23
兰州	2000	5547	2223	160	310	1.4	2.79
	2004	8269	4873	707	53.5	0.04	0.16
乌鲁木齐	2000	4895	443	376	50	0.15	0.8
	2004	6000	3890	1441	221	0.88	0.35
合计	2000	77324	38824	3592	2178.4	12.43	2.97
	2004	102361	73487	26679	2642.95	12.6	31.58

表 10-11 实施热电联产与集中供热政策的效果比较

项目		牡丹江	沈阳	银川	北京	天津	济南	西安	乌鲁木齐	兰州	呼和浩特
SO_2 排放/(kg/吨煤)	2000	6.4	5.31	22.19	19.31	19.71	18.39	23.4	16.0	9.0	12.13
	2004	5.49	5.21①	11.14	19.19①	16.01	6.73	21.34	1.58	2.99	12.26
TSP 排放/(kg/吨煤)	2000	3.8	6.0	7.67	2.76	6.59	11.41	22.41	3.0	4.52	7.45
	2004	2.82	6.1①	4.24	2.76①	4.59	4.81	24.88	3.98	0.75	6.90
热化率/%	2000	25.69	55.01	52.36	61.67	57.26	56.84	17.11	9.05	40.08	53.17
	2004	66.19	58.37①	65.62	89.02①	77.30	63.81	26.07	64.83	58.93	59.64

① 2003 年数据。

(2) 成功经验

① 热电联产集中供热的快速发展首先得益于国家的重视和政策支持，从技术选择、资金筹集、项目建设管理、燃料供应、上网电价、热力分配等多方面作出规定，有些内容还写进了节能法和环境保护法，为各地热电联产和集中供热事业发展提供了坚实的法律基础。

② 地方政府的重视和政策支持也是推动其发展的重要因素。如牡丹江市结合本地技术经济条件先后出台了八个文件，明确要求热网敷设区内供热小锅炉必须并入集中供热网，对特困户予以相应的优惠政策。目前该市已经形成 1620 万平方米供热能力，削减烟尘 2260t，空气质量明显好转。

③ 制定规划，严格按规划办事。所有试点城市都制定了相应的发展规划，正分期逐步实施。

(3) 待改进的地方

① 发展热电联产的政策不够落实

a. 缺少优惠政策。热电厂是节能企业，过去建设贷款有 30%的利息优惠，现在取消了，加之贷款年限缩短，加重了热电厂经济负担。

b. 上网电价低。

c. 热价需要调整。热价应随公用事业改革而调整，但水价、电价调整的同时，热价却没有调整。

d. 环保效益没有补偿。热电联产改善了环境质量却没有得到相应回报。

② 融资渠道单一，建设资金不足

10.4.2.3 洁净煤技术应用政策

(1) 实施效果　洁净煤技术包括煤炭加工、转化、燃烧和污染控制等多方面的技术，为简单起见，此处仅以工业锅炉为例进行分析评价。工业锅炉是耗煤大户，也是空气污染的主要来源，试点城市工业锅炉使用的洁净煤技术主要有以下几种：使用优质煤，包括洗选煤和低硫煤，如银川市；使用型煤，如西安市；加装烟气脱硫装置，如太原市；采用循环流化床技术，如重庆市；改烧天然气，如北京、天津等城市。

① 使用优质煤。银川是一个典型的煤烟型污染城市。2001 年银川市颁布“银川市禁止使用、销售高污染燃料煤管理办法”，并制定了煤标准。要求各单位一律不许使用含硫量大于 1.0%、灰分大于 15.0%、热值小于 21MJ/kg 的劣质煤。推广使用灵武、石嘴山汝箕沟煤（硫分≤0.5%），目前已在全市 820 台锅炉（2～10t/h）上使用，平均吨煤 SO_2 排放由原来的 0.021t 下降到 0.013t。尽管这项政策导致煤价上扬，由 60 元/t 升到 105 元/t，但由于灵武矿区距银川只有 50km，运费可节约 31 元/t，降低了 SO_2 减排成本。表 10-12 是银川市工业锅炉改烧优质煤政策可行性分析。

表 10-12 银川市工业锅炉改烧优质煤政策可行性分析

项目		煤炭价格/(元/t)	燃料成本变化/(万元/年)	锅炉改造费/万元	政策成本/万元	单位 SO_2 减排成本/(元/t)
2t/h	改造前	60	+2.48	0	未计	419.92
	改造后	105				
4t/h	改造前	60	+2.79	0	未计	394.45
	改造后	105				
6t/h	改造前	60	+3.74	0	未计	335.10
	改造后	105				

② 使用型煤。西安市将使用型煤作为控制小型工业锅炉污染的过渡性措施。在2003年出台《关于进一步控制燃煤烟尘污染的通告》基础上，连续出台两个配套文件，对型煤推广方式、型煤市场管理提出明确要求。划定适用区域范围，制定具体措施，明确各部门职责，公布型煤标准和最高限价，配套监督管理办法。全市已经推广2t/h以下544台锅炉。表10-13是西安市工业锅炉烧型煤的可行性分析。

表 10-13 西安市工业锅炉烧型煤的可行性分析

项目		含硫/%	固硫率/%	SO_2 排放率/%	节煤/(t/年)	燃料成本变化/(万元/年)	锅炉改造费/万元	政策成本/万元	单位 SO_2 减排成本/(元/t)
1.5t/h	改前	1.08	56	53	100	+3.80	0	—	708.66
	型煤	0.48							
2.0t/h	改前	0.62	11	56	207	+13.74	0	—	766.49
	型煤	0.55							

③ 烟气脱硫。太原市在中小锅炉上进行烟气脱硫先后采用了以下措施。一是出台《关于加强锅炉、茶炉等燃煤设施管理意见》等三个文件，规定对20t/h及以上锅炉和新建4t/h及以上锅炉必须加装或安装除尘脱硫装置，并要求对限定区域内各种炉灶烟尘排放达标情况全部进行监测。二是制定了《太原市二氧化硫排污交易管理办法》，鼓励企业自主减排二氧化硫。三是明确了政府有关部门的责任，要求对违反规定的企业进行处罚。

④ 采用循环流化床锅炉。国家鼓励发展循环流化床燃烧技术，但试点城市中只有重庆市和太原市进行一定示范。在重庆市政府支持下，该市梁山煤电气公司将原有的35t/h流化床锅炉改成循环流化床锅炉，采用炉内加石灰一级固硫、尾部烟气脱硫二级固硫，同时采用静电除尘器。太原市将一台20t/h链条炉改成循环流化床锅炉也取得明显效果。表10-14是重庆市和太原市采用循环流化床锅炉政策的可行性分析。

表 10-14 重庆市和太原市采用循环流化床锅炉政策的可行性分析

项目	重庆市	太原市	项目	重庆市	太原市
锅炉容量/(t/h)	35	20	SO_2 总减排率/%	70.7	74.3
原煤含硫量/%	3.0	1.5	脱硫剂成本/(万元/年)	4.0	2.0
锅炉改造费用/万元	330	280	政策成本/(万元/年)	略	略
炉内固硫率/%	45	38	改造后 SO_2 减排总成本/(万元/年)	44.74	34.37
SO_2 减排量/(t/年)	369	414	单位 SO_2 减排成本/(元/t)	1213	833

⑤ 政策的成本效益分析。表10-15列出了对上述政策措施的成本和收益。虽然表中数据不够完整，如成本中未考虑政府制定相应技术标准和规范过程的投入，效益中没有考虑新技术引起的效率增加和产品质量提高等内容。但通过分析仍能看出，工业锅炉因地制宜地采用优质煤、型煤、烟气脱硫和循环流化床锅炉等是有效的，且效益是明显的。

表 10-15 洁净煤技术政策应用的成本效益分析

项　　目	优质煤(银川)	型煤(沈阳)	烟气脱硫(太原)	循环流化床(重庆)
成本	18.40	229.2	542.7	20.20
其中:政府的设备投入(含监测设备)/(万元/年)	4.0	206.7	542.7	20.20
政府政策实施的人力投入/(万元/年)	14.4	22.5	—	5.0
效益				
其中:环境效益/(万元/年)	7539.2	526.4	12896	439.1
社会效益/(万元/年)	280	6.40	496	70.1
SO_2 减排所减少的社会危害	7000	160	12400	369
新增就业	259.2	360	—	—
综合评价(效益-成本)	7520.8	297.2	12353	418.9
减少 1 吨 SO_2 的综合效益/(元/t)	5372	5266	4980	5608

(2) 成功经验

① 选择了适合城市资源特点和具体条件的技术路线。如地处产煤区的银川市选择燃用优质煤作为减少工业锅炉污染排放的技术手段；西安、沈阳、太原重视型煤的推广应用，一个重要原因是型煤技术成熟，工艺比较简单，符合这些城市的资源条件和经济发展水平。

② 为保障型煤、优质煤的质量，制定并实施了地方性质量标准和技术规范。

③ 实行市场准入制度和准运制度，规范了市场管理。

④ 实行政府最高限价。在限价内，按质论价，随行就市，既发挥了市场机制作用，又防止了哄抬物价，保护了用户的利益。

⑤ 给予了适当的财政补贴。如沈阳市决定每推广 1t 型煤政府补贴 10 元，同时对棚户区的型煤配送站给予 8%～10%的补贴，对用户实行“买 10 赠 0.8～1”的鼓励办法。

(3) 待改进的地方

① 改进排污收费办法。

② 直接燃烧原煤有待遏制。

③ 缺乏技术改造资金。

④ 难以推广价格过高的清洁燃料。

⑤ 缺乏对政策的适应性评价。

⑥ 需要锅炉运行人员的素质提高。

10.4.2.4 **可再生能源政策**

天津的实践证明，通过加强地热资源评价、制定地热开发利用规划、执行地热水回灌制度和征收地热资源税等手段，既较好地规范了地热资源市场，又引导地热资源开发利用走上科学、合理的道路。

10.4.2.5 **管理与运行机制**

天津市、重庆市和银川市的案例研究表明，建立完善的管理制度和运行机制是实行清洁能源行动的根本保障。从三市实践的经验看，采用以下对策和措施是十分重要的。

① 建立清洁能源行动领导小组、工程实施小组及监督小组，统一指挥、统一协调，分头行动，联合办公。

② 分解任务，落实责任，明确各级政府和有关部门、单位的责任，实行项目负责制。

③ 加强行政管理，出台相应的质量标准、企业标准、市场标准、排放标准和技术认证。

④ 制定并实施工程配套激励机制和惩罚政策。

⑤ 加强监督和检查。

⑥ 开放市场，鼓励自由竞争。

附　录

附录1　中国能源中长期发展规划

2004年6月30日，国务院常务会议讨论并原则通过了《能源中长期发展规划纲要(2004～2020年)》(草案)。

[规划出台背景] 中国经济呈现快速发展，在这一过程中，资源、环境与经济发展不平衡的问题越来越突出，石油、煤炭、电力等价格持续上涨。能源是经济发展的战略重点，制定并实施能源中长期发展规划，解决好能源问题，直接关系到我国现代化建设的进程。中国能源需要一个长期的规划，对能源发展进行总体设计和协调，确定能源的战略方向，使能源能够按照科学发展观的要求，较好地满足今后20年持续快速的经济发展的需要。

要点1：坚持把节约能源放在首位，实行全面、严格的节约能源制度和措施，显著提高能源利用效率。

国家能源规划第一次正式提出把节约能源放在首位，改变了过去以供应为主的思路，这是一条十分重要的、根本性的方针，体现了节能优先的原则。

要点2：大力调整和优化能源结构，坚持以煤炭为主体、电力为中心、油气和新能源全面发展的战略。

优化能源结构非常重要。以煤炭为主体是现实，优化能源结构是方向。煤炭的生产能力不是一个任意可增长的数量，煤炭年产量20亿吨可能是一个极限值，煤炭年产超过20亿吨，开采难度加大，成本将进一步提高。

要点3：搞好能源发展合理布局，兼顾东部地区和中西部地区、城市和农村经济社会发展的需要，并综合考虑能源生产、运输和消费合理配置，促进能源与交通协调发展。

我国的能源消费地和能源生产地大多不在一个地区，我国的能源消费地集中在东部沿海、而煤炭、水电以及相当部分石油天然气集中在中西部。这样在考虑能源项目建设时，要从整个能源供需系统的最优化出发，使能源生产、加工转换、运输和终端利用能够协调发展。例如西气东送，西电东输等工程，都需要多方的协调。对于电力的布局也要有全局规划，各行其是也会造成局部合理而全局不合理的后果。当前煤炭运输和电力传输能力都十分紧张，一方面加剧了缺煤缺电，同时一些供应能力也不能充分发挥。所以在运输和能源布局方面要有充分的优化和协调考虑。在重点发展城市能源供应能力的同时，也不能忽视占人口60%的农村地区的能源需求和提高质量，要考虑发展充分利用各种可再生能源，也要考虑增加对农村地区的商品能源供应。

要点4：要充分利用国内外两种资源、两个市场，立足于国内能源的勘探、开发与建设，同时积极参与世界能源资源的合作与开发。

充分利用国内外两种资源、两个市场，是今后解决能源供应的重要途径。进口能源，不能光靠买，也要参与开发，这样才能保证在国际油价波动的时候，占据更主动的位置。国内能源的勘探、开发、建设，无论什么时候都很重要。

要点 5：要依靠科技进步和创新。无论是能源开发还是能源节约，都必须重视科技理论创新，广泛采用先进技术，淘汰落后设备、技术和工艺，强化科学管理。

把科技进步和创新提到一个很高的位置是一个巨大的进步，而在过去的规划中，科技创新仅被一笔带过。

中国已成为世界第二大能源消费市场，今后 20 年里，中国还将成为世界上建设规模最大的市场。现在我们大量的能源技术、设备要依赖进口，自我开发能力相对薄弱。这么大的市场，如果完全靠购买他人的技术，势必要付出沉重的代价，更何况，国外的技术未必能适应中国的国情，我们的能源利用效率要高于世界平均水平，才能满足 13 亿人口的大国实现翻两番的宏伟目标。

要点 6：要切实加强环境保护，充分考虑资源约束和环境的承载力，努力减轻能源生产和消费对环境的影响。

环境保护是能源建设的重要制约条件。以煤炭为例，每挖出一吨煤炭，就要破坏 1.6 吨的地下水资源。煤矿开采后造成的地表塌陷，废水、废气和废渣以及矽肺病等，给矿区居民健康带来严重影响。而煤炭燃烧造成的危害更是众所周知的。

要点 7：要高度重视能源安全，搞好能源供应多元化，加快石油战略储备建设，健全能源安全预警应急体系。

能源供应的多元化，既包括品种的多元化，积极发展石油、天然气、液化气核电以及水电、风电、太阳能、生物质能等可再生能源，也包括来源地的多元化，要与俄罗斯、中亚、中东、东南亚、澳大利亚等国家和地区建立长期的合作关系。中国的全球战略中，能源安全应该是其中的重要组成部分。

要点 8：制定能源发展保障措施，完善能源资源政策和能源开发政策，充分发挥市场机制作用，加大能源投入力度。深化改革，努力形成适应全面建设小康社会和社会主义市场经济发展要求的能源管理体制和能源调控体系。

过去的规划比较重视物质上的平衡，对能源方面我们的所缺、发展方向和如何节能、保证供应等比较重视，而对如何实现这些目标的机制性、政策性条件强调不够。而新规划强调要深化改革，充分发挥市场机制的作用，意义十分重大。在能源领域存在的许多问题我们并不是不知道如何解决，而是即使有了好的技术，但由于体制原因，还是解决不了。例如核电，这几年之所以发展缓慢，既不是资金问题，也不是技术问题，而是在核电政策方面举棋不定，耽误了宝贵的发展时间。应该说，发展核电对缓解煤炭压力，真正解决中国的能源问题，能够起到战略性作用。

附录 2　节能减排专项行动

2007 年 6 月 3 日国务院下发通知，同意发展改革委会同有关部门制定的《节能减排综合性工作方案》，该工作方案包括 45 条，七个方面。主要内容简述如下。

节能减排综合性工作方案

一、进一步明确实现节能减排的目标任务和总体要求

（一）主要目标。到 2010 年，万元国内生产总值能耗由 2005 年的 1.22 吨标准煤下降到 1 吨标准煤以下，降低 20%左右；单位工业增加值用水量降低 30%。“十一五”期间，主要污染物排放总量减少 10%，到 2010 年，二氧化硫排放量由 2005 年的 2549 万吨减少到 2295 万吨，化学需氧量（COD）由 1414 万吨减少到 1273 万吨；全国设市城市污水处理率不低于

70%，工业固体废物综合利用率达到60%以上。

（二）总体要求。以邓小平理论和“三个代表”重要思想为指导，全面贯彻落实科学发展观，加快建设资源节约型、环境友好型社会，把节能减排作为调整经济结构、转变增长方式的突破口和重要抓手，作为宏观调控的重要目标，综合运用经济、法律和必要的行政手段，控制增量、调整存量，依靠科技、加大投入，健全法制、完善政策，落实责任、强化监管，加强宣传、提高意识，突出重点、强力推进，动员全社会力量，扎实做好节能降耗和污染减排工作，确保实现节能减排约束性指标，推动经济社会又好又快发展。

二、控制增量，调整和优化结构

（三）控制高耗能、高污染行业过快增长。严格控制新建高耗能、高污染项目，严把土地、信贷两个闸门，提高节能环保市场准入门槛。

（四）加快淘汰落后生产能力。加大淘汰电力、钢铁、建材、电解铝、铁合金、电石、焦炭、煤炭、平板玻璃等行业落后产能的力度。

（五）完善促进产业结构调整的政策措施。调整《加工贸易禁止类商品目录》，提高加工贸易准入门槛，促进加工贸易转型升级。

（六）积极推进能源结构调整。大力发展可再生能源，抓紧制订出台可再生能源中长期规划，推进风能、太阳能、地热能、水电、沼气、生物质能利用以及可再生能源与建筑一体化的科研、开发和建设，加强资源调查评价。稳步发展替代能源，制订发展替代能源中长期规划，组织实施生物燃料乙醇及车用乙醇汽油发展专项规划，启动非粮生物燃料乙醇试点项目。实施生物化工、生物质能固体成型燃料等一批具有突破性带动作用的示范项目。抓紧开展生物柴油基础性研究和前期准备工作。推进煤炭直接和间接液化、煤基醇醚和烯烃代油大型台套示范工程技术储备。大力推进煤炭洗选加工等清洁高效利用。

（七）促进服务业和高技术产业加快发展。

三、加大投入，全面实施重点工程。

（八）加快实施十大重点节能工程。

（九）加快水污染治理工程建设。

（十）推动燃煤电厂二氧化硫治理。

（十一）多渠道筹措节能减排资金。

四、创新模式，加快发展循环经济

（十二）深化循环经济试点。

（十三）实施水资源节约利用。

（十四）推进资源综合利用。

（十五）促进垃圾资源化利用

（十六）全面推进清洁生产。

五、依靠科技，加快技术开发和推广

（十七）加快节能减排技术研发。在国家重点基础研究发展计划、国家科技支撑计划和国家高技术发展计划等科技专项计划中，安排一批节能减排重大技术项目，攻克一批节能减排关键和共性技术。加快节能减排技术支撑平台建设，组建一批国家工程实验室和国家重点实验室。优化节能减排技术创新与转化的政策环境，加强资源环境高技术领域创新团队和研发基地建设，推动建立以企业为主体，产学研相结合的节能减排技术创新与成果转化体系。

（十八）加快节能减排技术产业化示范和推广。在钢铁、有色、煤炭、电力、石油石化、化工、建材、纺织、造纸、建筑等重点行业，推广一批潜力大、应用面广的重大节能减排技术。

（十九）加快建立节能技术服务体系。

（二十）推进环保产业健康发展。

（二十一）加强国际交流合作。

六、强化责任，加强节能减排管理

（二十二）建立政府节能减排工作问责制。

（二十三）建立和完善节能减排指标体系、监测体系和考核体系。

（二十四）建立健全项目节能评估审查和环境影响评价制度。

（二十五）强化重点企业节能减排管理。

（二十六）加强节能环保发电调度和电力需求侧管理。

（二十七）严格建筑节能管理。

（二十八）强化交通运输节能减排管理。

（二十九）加大实施能效标识和节能节水产品认证管理力度。

（三十）加强节能环保管理能力建设。

七、健全法制，加大监督检查执法力度

（三十一）健全法律法规。

（三十二）完善节能和环保标准。

（三十三）加强烟气脱硫设施运行监管。

（三十四）强化城市污水处理厂和垃圾处理设施运行管理和监督。

（三十五）严格节能减排执法监督检查。

八、完善政策，形成激励和约束机制

（三十六）积极稳妥地推进资源性产品价格改革。理顺煤炭价格成本构成机制。推进成品油、天然气价格改革。完善电力峰谷分时电价办法，降低小火电价格，实施有利于烟气脱硫的电价政策。鼓励可再生能源发电以及利用余热余压、煤矸石和城市垃圾发电，实行相应的电价政策。按照补偿治理成本原则，提高排污单位排污费征收标准，将二氧化硫排污费由目前的每公斤 0.63 元提高到每公斤 1.26 元。全面开征城市污水处理费并提高收费标准，吨水平均收费标准原则上不低于 0.8 元。提高垃圾处理收费标准，改进征收方式。

（三十七）完善促进节能减排的财政政策。

（三十八）制定和完善鼓励节能减排的税收政策。

（三十九）加强节能环保领域金融服务。

九、加强宣传，提高全民节约意识

（四十）将节能减排宣传纳入重大主题宣传活动。

（四十一）广泛深入持久开展节能减排宣传。

（四十二）表彰奖励一批节能减排先进单位和个人。

十、政府带头，发挥节能表率作用

（四十三）政府机构率先垂范。

（四十四）抓好政府机构办公设施和设备节能。

（四十五）加强政府机构节能和绿色采购。

附录 3　有关名词解释

1. 国内生产总值：按市场价格计算的国内生产总值的简称。由国家统计局国民经济核算司根据不同生产部门的特点和资料来源情况而采用不同方法计算。

2. 第一产业：农业（包括种植业、林业、牧业、副业和渔业）。

3. 第二产业：工业（包括采掘业、制造业、自来水、电力、蒸汽、热水、煤气）和建筑业。

4. 第三产业：第一、第二产业以外的其他行业。

5. 能源生产总量：一定时期内全国（地区）一次能源生产量的总和，是观察全国（地区）能源生产水平、规模过程构成和发展速度的总量指标。一次能源生产量包括原煤、原油、天然气、水电及其他动力能（如风能、地热能等）发电量，不包括低热值燃料生产量、生物质能、太阳能等的利用和由一次能源加工转换而成的二次能源产量。

6. 能源消费总量：一定时期内全国（地区）各行业和居民生活消费的各种能源的总和，是观察能源消费水平、构成和增长速度的总量指标。能源消费总量包括原煤、原油、天然气和电力，不包括低热值燃料、生物质能和太阳能等的利用。能源消费总量分为三部分。

（1）终端能源消费量：一定时期内全国（地区）各行业和居民生活消费的各种能源在扣除了用于加工转换二次能源消费量和损失量以后的数量。

（2）能源加工转换损失量：一定时期内全国（地区）投入加工转换的各种能源数量之和与产出各种能源产品之和的差额。它是观察能源在加工转换过程中损失量变化的指标。

（3）能源损失量：一定时期内能源在输送、分配、储存过程中发生的损失和由客观原因造成的各种损失量，不包括各种气体能源放空、放散量。

7. 能源弹性系数：是研究能源生产量的增长与国民经济增长之间关系的指标。计算公式为：

能源弹性系数＝能源生产总量年平均增长速度/国民经济年平均增长速度

8. 电力生产弹性系数：是研究电力生产量与国民经济增长之间关系的指标，计算公式为：

电力生产弹性系数＝电力生产量年平均增长速度/国民经济年平均增长速度

9. 能源消费弹性系数：是反映能源消费增长速度与国民经济增长速度之间比例关系的指标。计算公式为：

能源消费弹性系数＝能源消费总量年平均增长速度/国民经济年平均增长速度

10. 电力消费弹性系数：是研究电力消费增长速度与国民经济增长之间关系的指标，计算公式为：

电力消费弹性系数＝电力消费量年平均增长速度/国民经济年平均增长速度

11. 能源加工转换率：一定时期内，能源经过加工转换后，产出的各种能源产品的数量与投入加工转换的各种能源数量的比率。是观察能源加工转换装置和生产工艺先进与落后、管理水平高低等的重要指标。计算公式为：

能源加工转换率＝加工转换产出量/加工转换投入量

12. 标准煤：单位质量含有 29310kJ/kg 热量的煤（7000kcal/kg）。

参考文献

[1] 陈鹏编著．中国煤炭性质、分类和利用．北京：化学工业出版社，2001.

[2] 方朝亮，刘克雨主编．世界石油工业关键技术现状与发展趋势．北京：石油工业出版社，2006.

[3] 张希良主编．风能开发利用．北京：化学工业出版社，2005.

[4] 郭茶秀，魏新利编著．热能存储技术与应用．北京：化学工业出版社，2005.

[5] 姚强等编著．洁净煤技术．北京：化学工业出版社，2005.

[6] 袁振宏等编著．生物质能利用原理与技术．北京：化学工业出版社，2005.

[7] 沈辉，曾祖勤主编．太阳能光伏发电技术．北京：化学工业出版社，2005.

[8] 翟秀静，刘奎仁等主编．新能源技术．北京：化学工业出版社，2005.

[9] 汪集旸，马伟斌等编著．地热利用技术．北京：化学工业出版社，2005.

[10] 毛宗强编著．氢能——21 世纪的绿色能源．北京：化学工业出版社，2005.

[11] 清洁能源行动办公室组织编著．清洁能源促进政策应用于分析．北京：中国环境科学出版社，2005.

[12] 王开岳主编．天然气净化工艺．北京：石油工业出版社，2005.

[13] 王革华等编著．能源与可持续发展．北京：化学工业出版社，2005.

[14] 李传统主编．新能源与可再生能源技术．南京：东南大学出版社，2005.

[15] N. Gregory Mankiw 著．经济学原理．（微观经济学分册）．梁小民译第 4 版．北京：北京大学出版社，2006.

[16] 朱世云，林春绵主编．环境影响评价．北京：化学工业出版社，2007.

[17] [英] 约翰·格拉森，里基·泰里夫，安德鲁·查德威克著．环境影响评价导论．鞠美庭，王勇，王辉民译．北京：化学工业出版社，2007.

[18] 胡成春．清洁新能源——21 世纪的能源．北京：北京科学技术文献出版社，1995.

[19] 王长贵，崔容强，周篁．新能源发电技术．北京：中国电力出版社，2003.

[20] 中国环境与发展国际合作委员会，能源战略与技术工作组．能源与可持续发展（1）．北京：中国环境科学出版社，2002.

[21] 中国环境与发展国际合作委员会，能源战略与技术工作组．能源与可持续发展（2）．北京：中国环境科学出版社，2004.

[22] 梁彤祥等编著．清洁能源材料导论．哈尔滨：哈尔滨工业大学出版社，2003.

[23] 吴宗鑫．以煤为主多元化的清洁能源战略．北京：清华大学出版社，2001.

[24] 蔡睿贤，林汝谋．绿色能源与科技．北京绿色奥运与科技奥运 2002 年特邀报告，2002.

[25] 蔡睿贤，林汝谋．中美专家关于整体煤气化联合循环（IGCC）技术报告，DOE/FE-0357，1996，73-80.

[26] 林汝谋，蔡睿贤．整体煤气化联合循环发电技术的综合研究．中国科学院能源委员会 1996 年年会特邀报告，太原．发电设备，1998，总 134 期：31-37

[27] 倪维斗，靳晖，李政，郑洪弢．二甲醚（DME）经济解决中国能源与环境问题的重大关键．能源与环境，2003，1：9-14.

[28] 倪维斗，李政，薛元．以煤气化为核心的多联产系统——资源/能源/环境整体优化与可持续发展．中国工程科学，2002.

[29] 金红光．新一代能源环境动力系统．中国科学基金，2001，15（1）：47-50.

[30] 赵仁恺．中国核电的可持续发展．中国工程科学，2000，2（10）：33-40.

[31] 中国环境与发展国际合作委员会能源战略与技术工作组．能源与可持续发展．北京：中国环境科学出版社，2003.

参考文献